让马王堆医学文化活起来丛书

总主编 何清湖 副总主编 陈小平

马王堆 香文化

主编 葛晓舒 邓婧溪

CSK 湖南科学技术出版社 ·长沙

国家一级出版社 全国百佳图书出版单位

《让马王堆医学文化活起来丛书》

编委会

《让马王堆医学文化活起来丛书·马王堆香文化》

编委会

序

　　文化是事业赓续的根脉，更是开创新局的源泉。习近平总书记在党的二十大报告中明确提出，要"推进文化自信自强，铸就社会主义文化新辉煌"。这是因为文化自信是推进一个国家、一个民族持续发展的最基本、最深沉、最强大的力量。随着"两个结合"重要论断的提出，习近平文化思想为我们担负起新时代文化使命、建设中华民族现代文明提供了根本遵循和行动指南。

　　湖南是中华文明的重要发祥地之一，湖湘文化是中华优秀传统文化的重要组成部分，具有文源深、文脉广、文气足的独特优势。近年来，湖南立足新的文化使命，加强文化强省建设力度，着力推动湖湘文化创造性转化、创新性发展，成为推进中国特色社会主义文化建设、中华民族现代文明建设的生力军。"惟楚有材，于斯为盛"的湖南文化产业享有"文化湘军"的盛誉；湖南中医药列入全国"第一方阵"，可以用"三高""四新"予以概括，即具有高深的渊源、高精的人才、高坚的基础和战略思想新、总体部署新、发展形势新、主攻策略新的特色与优势。加快推进湖湘中医药事业的高质量发展，首先就要以高度的文化自信凝聚湘湘中医药传承创新发展"三高""四新"的新动能。

湘湘中医药文化底蕴深厚，古今名医辈出，名药荟萃。长沙马王堆汉墓出土医书、长沙太守医圣张仲景坐堂行医遗址，可以说是全世界独一无二的、永远光辉璀璨的中医药文化宝藏。因此，进一步坚定湖湘文化自信，不仅要立足中华传统文化视野审视湘湘中医药文化，更要站在建设中华民族现代文明的高度，挖掘好、发挥好湘湘中医药文化的时代价值。

马王堆汉墓出土医书是目前保留和显示我国古代早期医学发展水平的最真实、最直接的证据，具有重要的传统文化思想和珍贵的医学学术价值。作为我国地域中医药文化的典型代表和湘湘中医药文化的宝藏，马王堆医书文化具有跨越时空、超越国界、服务当代的永恒魅力，值得大力传承、弘扬和创新发展。

长期以来，湘湘中医药文化在立足湖南、辐射全国、放眼世界的道路上，先贤后杰前赴后继走出了坚实的"湘军"步伐。近年来，何清湖教授积极倡导湖湘中医文化研究，其团队长期深耕于马王堆汉墓出土医书的挖掘、整理和提炼，坚持追根溯源、与时俱进，形成了一系列具有聚焦性、时代性和影响力的学术成果，充分彰显了坚定文化自信、勇担文化使命的新时代中医人风采。

2024 年，正值马王堆汉墓文物出土 50 周年，何清湖教授及其团队编著、出版《让马王堆医学文化活起来丛书》。伏案读罢，深为振奋，尤感欣慰，这是湖湘中医药传承传播与创新发展的又一力作。慨叹"桐花万里丹山路，雏凤清于老凤声"——丛书分为 10 册，既基于精气神总体阐释马王堆医学文化的核心内涵和独特理念，又围绕食疗、酒疗、足疗、导引术、方剂、经络、房室养生等多方面深研马王堆医书的学术理念与临床方术，不仅做到了"探源中医，不忘本来"，而且坚持了"创新发展，面向未来"。每一个分册既有学术理论的整理和发掘，又有学术脉络的梳理和传承，更有当代转化的创新和发展，呈现出该研究团队多年来对马王堆医学文化的深度挖掘、深入思考、深广实践的丰硕成果，堪称具有深厚的理论积淀、开阔的学术视野、丰富的临床实践的一套兼具科学性、传承性和创新性的学术著作。

我希望并深信，本套丛书必将进一步擦亮"马王堆医学文化"这张古代中医药学的金牌，让马王堆医学文化活起来，展现其历久弥新的生命力，从而赓续湖湘医脉，在传承创新中促进中医人坚定文化自信，推动中医药传承创新发展。

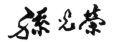

2024 年 5 月 8 日

孙光荣，第二届国医大师，第五届中央保健专家组成员，首届全国中医药杰出奖获得者，中国中医药科学院学部执行委员，北京中医药大学远程教育学院主要创始人、中医药文化研究院院长。

总序

　　习近平总书记指出，中华文明源远流长、博大精深，是中华民族独特的精神标识，要从传承文化根脉、弘扬民族之魂的高度做好中华文明起源的研究和阐释，让更多文物和文化遗产活起来。这些精辟论述，内涵深刻、思想精深，为研究和发展中华优秀传统文化提供了根本遵循。

　　1972—1974 年，湖南长沙东郊的马王堆汉墓惊艳了世界。其中出土的医学文献及与中医药相关的文物，为我们揭示和重现了我国古代早期医学发展的真实面貌。它们是最直接、最珍贵的历史、医学和文化价值的体现，堪称湖湘文化乃至中华文明的瑰宝。2024 年是马王堆汉墓文物发掘 50 周年，以此为契机，我和我的团队坚持在习近平文化思想指引下，以发掘、传承、弘扬和转化为主线，对马王堆医学文化进行了重新梳理和深入挖掘，《让马王堆医学文化活起来丛书》由此应运而生。

　　本丛书共分 10 册，系湖南省社科基金重大项目"湖南中医药强省研究"、湖南省社科基金重大委托项目"马王堆中医药文化当代价值研究"与湖南省中医科研重点项目"健康湖南视域下马王堆医学文化的创造性转化与创新性发展研究"的重要成果。本丛书系统攫取了马王堆医学文化的精粹:从精气神学说到运用方药防病治病,从经络针砭到导引术,从房室养生到胎产生殖健康再到香文化、酒疗、食疗、足疗。每一分册都立足理论基础、学术传承及创新发展三个层面,从不同角度展示马王堆医学文化的博大精深。

其中,精气神学说作为中医学的重要范畴,其理论的阐释和实践的指导对于理解中医养生文化至关重要。因此,《马王堆精气神学说》一书不仅追溯了精气神概念的源流,更结合现代医学的视角,探讨了其在健康管理、生活方式以及心理健康等领域的应用与发展。《马王堆方剂》则试图挖掘马王堆医书《养生方》《杂禁方》《疗射工毒方》《五十二病方》中的方剂学相关内容,这些古老的药方蕴含了丰富的本草知识与医学智慧,为古人防病治病提供了重要支撑,也为后世医学研究提供了宝贵资料。《马王堆经络与针砭》通过剖析马王堆汉墓出土的医书对于经络及针灸砭术的记载,进而讨论分析马王堆医学对于中医经络学说及针灸技术形成发展中的贡献及其在现代的应用与创新发展。《马王堆导引术》聚焦于古代医学家对人体生命和健康的深刻认识。导引术是一种调理人体阴阳平衡、促进气血畅通的运动养生方法,马王堆医学中对于导引术的记载与实践不仅为我们了解古人的养生之道提供了有效途径,同时也为现代人提供了一种古老而有效的健康运动方式。《马王堆房室养生》重点关注性医学领域,系统总结了马王堆医书中关于房室养生的理论知识,为现代性医学研究提供了历史依据和参考。本书不仅传承了古代房室养生文化，更将促进社会对现代性医学的关注与认识。《马王堆胎产生殖健康》一书深入解读了《胎产书》，挖掘了古代胎产生殖健康方面的知识和经验。本书还结合现代生殖医学理论和技术对这一古老记载进行了探讨，以期为现代生殖医学研究和实践提供借鉴和启示。《马王堆香文化》带领读者走进中国古代香文化的瑰丽世界，从香料的使用到香具的制作，从祭祀到医疗，全面展示了秦汉时期楚地用香的特色和文化特质，为香文化研究提供了宝贵的第一手资料。《马王堆酒疗》研究了马王堆医学中酒疗的精髓，将促进酒疗理论在当代的传承发展和守正创新，本书不仅系统阐述了酒疗学说的内涵以及价值，更科普了酒的相关知识，让公众得以更科学地认识酒与健康的关系。《马王堆食疗》和《马王堆足疗》则系统梳理了马王堆系列医书与文物中与食疗、足疗有关的内容，为深刻理解秦汉生活和古代文化观念增添了更加鲜明生动的资料，也为现代药膳食疗和足疗理论与技术的发展提供了重要理论支持和实践借鉴。

总之，在研究古老的马王堆医学文化的过程中，我们发现了无尽的医学与哲学智慧。完全有理由相信，本套丛书的编纂和出版一定能够重新唤起人们对马王堆医书的广泛关注和深刻认识，古老的马王堆医学文化一定能够焕发出新的生机与活力。同时，我们更希望通过对这一古代医学文化开展深入研究，能够为当代医学理论和实践的发展，尤其是为当代人们的健康生活提供更多有益的启示和借鉴。

在建设中华民族现代文明的征途上，我们迎来了一个风正好扬帆的时代。我和我的团队将坚定文化自信，毅然承担起历史赋予的使命，与各界人士携手合作、共同奋斗，在湖湘这片承载着厚重历史的土地上，共同谱写出健康与幸福的华美乐章！

　　本套丛书在编撰过程中，得到了国医大师孙光荣的指导，以及湖南省中医药文化研究基地、湖南医药学院马王堆医学研究院、互联网（中西协同）健康服务湖南省工程研究中心、湖南教育电视台、湖南博物院、启迪药业集团股份公司、珠海尚古杏林健康产业投资管理有限公司、湖南省岐黄中医学研究院有限公司、湖南东健药业有限公司、谷医堂（湖南）健康科技有限公司、颐而康健康产业集团股份有限公司、湖南健康堂生物技术集团有限公司、柔嘉药业股份有限公司、国药控股湖南有限公司等单位的大力支持，在此一并感谢。

何清湖

2024 年 5 月

前言

　　中国具有悠久的香文化历史，原始社会即开始识别香草，用于祭祀和医疗。中国香文化是采用气味芳香的植物或动物组织成分，合制成各具功效的香品，达到养生祛病、洁净环境、静心安神、陶冶性情等目的。中国系统的香文化肇始于春秋，成熟于秦汉，发展于六朝，完备于隋唐，鼎盛于宋元，广行于明清。1972—1974年长沙马王堆发掘了三座西汉墓，是长沙国丞相轪侯利苍的家族墓，其中一号墓轪侯夫人辛追的墓葬尤其保存完整，陪葬品极为丰富。马王堆汉墓不仅出土了十余种植物香料，包括茅香、高良姜、桂皮、花椒、藁本、杜蘅、佩兰、干姜等，还出土了陶熏炉、香囊、香枕、香奁、香熏罩等众多香具。这些香料用于居室熏香、防病保健、饮食调味，集中反映了汉代楚地用香的习俗和文化特质。马王堆三号汉墓出土了大量简帛书籍，其中医书有14种，马王堆医书记载了大量香药的使用，如桂、蜀椒、蘪芜、艾、青蒿、佩兰、姜等，广泛用于内科病、外科病及养生方中。

　　本书作为《让马王堆医学文化活起来丛书》之一，分理论基础、学术传承、创新发展三部分进行撰写，集中整理了马王堆汉墓文物和马王堆医书中相关的香文化资料，总结了秦汉时期楚地用香特色，秦汉医疗用香情况，并对后世香文化的发展进行了梳理，阐述了香文化在医疗养生中的应用，中外香料交流历史，并对当代香文化创新发展成果、香文化的价值和展望进行了总结。本书第一章由葛晓舒、邓婧溪撰写，第二章由刘蔚、宋万金撰写，第三章由李雪晶、王云、郑慧娥、杨买华撰写，第四章由杨月、龙芝撰写，第五章由周艳枝、卢柳希撰写，第六章由朱明芳、吴淑辉、赵丹、霍思懿撰写，第七章由胡以仁、曹淦撰写，江昱蓉进行全书文献核对和参考文献整理。宋万金作为学术秘书统理全书学术问题。本书编写团队皆为湖南中医药大学的中青年教授、副教授，研究中医文化与中医文献的博士、硕士，大家怀着对湖湘文化的无比热爱参与此次编写任务，本书的整理也进一步丰富了湖湘中医文化宝库的成果。本书邀请禾吉香堂香主陈蕾对书稿内容进行审核，她也为本书提供了大量原创图片，在此深表感谢！

本书文物图片由法门寺博物馆、故宫博物院、湖南博物院等单位授权使用，一并表示感谢！

本书是国内第一次整理马王堆香文化，编写中肯定存在不足之处，恳请读者提出宝贵意见，令此书共臻完善！

葛晓舒　邓婧溪

2024 年 3 月

目录

第
一
篇

理论基础

第一章　马王堆汉墓出土文物与香文化

第一节　马王堆汉墓出土文物中的香料与香具

　　"香"之一字，殷商甲骨文作 ，形如"容器中盛禾黍"。东汉许慎《说文解字》："香，芳也。从黍从甘。"《春秋传》："黍稷馨香。"本义当指五谷之甘美气息，后引申为泛指美好的气味。中国香文化发源于春秋战国时期，是中华民族在长期的历史进程中，围绕各种香品的制作、炮制、配伍与使用而逐步形成的能够体现出汉民族精神气质、民族传统、美学观念、价值观念、思维模式与世界观的独特物品、技术、方法、习惯、制度与观念。香在古代使用的原因，其一是我国古代先民崇尚天人合一，敬畏自然，认为焚香可以沟通天地、对话神灵，香被广泛应用于各种祭祀活动中；其二是君子佩戴香囊以明心志，如屈原在《离骚》中所言"扈江离与辟芷兮，纫秋兰以为佩"，表达品质高洁，同时"合百草兮实庭，建芳馨兮庑门"，营造出一个芬芳馥郁的花草之家，体现浪漫的生活情趣；其三是卫生保健目的，取香药芳香开窍、调和阴阳、扶正祛邪、生发元气、安和五脏的功用，用以治病疗疾、驱赶蚊虫、清洁空气、改善环境等。而"香药"一词最早见于三国时期的佛教经典《大般涅槃经》。历来对于香药的概念阐释颇多，但主要是两个层面，一是广义地指所有的香品、香料，二是狭义地指具有芳香气味的、含有丰富的挥发油成分，在予人芬芳的同时还兼有药用价值的香。为方便区分，本书直言"香药"即取其广义，而用"中医香药"时即是取其狭义。

香药多是取于天然植物芳香部位的香材，也有少部分是取于动物身体的芳香物质。中国香文化用到的香药有 400 余种，合香常用的有一百多种。从早期使用的兰、蕙、椒、桂，到被誉为四大名香的沉香、檀香、龙涎香、麝香，绝大部分香药在我国都有出产或曾经出产，也有一些来源于中外药物交流。绝大多数香药都具有清扬走窜、祛疫辟秽、开胃醒脾、芳香燥湿等功效。1972—1974 年，长沙马王堆三座西汉墓陆续发掘，这是西汉长沙国丞相軑侯利苍的家族墓，一号墓为軑侯夫人辛追之墓，规模大，陪葬品十分丰富，展现了王侯之家的富贵生活。二号墓为軑侯墓，三号墓为軑侯之子利豨墓。其中一号墓出土了多种植物香药及若干香具。这些宝贵的文物，为后人研究先秦秦汉时期的香文化提供了重要的实物资料。出土的植物香药经鉴定有茅香、高良姜、姜、桂、花椒、辛夷、藁本、佩兰、杜蘅等 10 余种。此外出土的各式各样的香具，各有所用，有彩绘陶熏炉、香囊、香奁、香袋、药枕、竹制香薰罩等，这些香具不仅仅能焚香于室，也能将香料置于其中便于贵族成员随身佩戴或使用。

一、出土植物香药介绍

马王堆一号墓、三号墓中均出土香药，为现存最早的中草药实物标本。其中一号墓出土药物保存较好，出土时分置于药袋、香囊、枕头和熏炉中。据三号墓出土的医书记载，汉代使用的药物有 240 余种。出土药物中尚能辨认出的有辛夷、佩兰、茅香、花椒、桂皮、杜蘅等 10 余种。以香草辟秽是楚人的习俗，马王堆汉墓出土的中草药大多带有香药性质，印证了这一点（图 1－1）。

（一）茅香

出土情况：外形为细长的根茎，大多切成长 0.5—3 厘米的短段；也有较完整的，长至 42 厘米。根茎细柱形，稍波状弯曲，多干瘪扁缩，直径 1—2 毫米；表面棕色或灰黑色，微有光泽，有纵棱，节明显，微膨大隆起，节间长 2—6.5 厘米；节上有短分枝，近平行方向分出，枝端具纺锤形的芽，长约 5 毫米；顶端钝圆，有 3—5 个密集的轮节，密生黄棕色柔毛；节处尚生数条纤细的须根，有的残留部分叶鞘。质地柔韧。

图 1-1　马王堆汉墓出土香药

　　茅香为禾本科植物茅香的根茎，又称香茅（《本草纲目》）、香麻（《本草图经》）。茅香具有祛风通络、温中止痛的作用，主治感冒头身疼痛、风湿寒痹脘腹冷痛、跌打损伤、泄泻，《开宝本草》："苗、叶，可煮作浴汤，辟邪气，令人生香。"根据现代药理研究，茅香中所含的挥发油具有驱虫杀蝇的作用，在防止蚊虫叮咬、防止虫蛀方面都具有一定的作用。茅香在马王堆汉墓出土的香具中频繁出现，不仅绣花香囊和草药袋中可见其身影，在熏香炉的炉盘中也放有燃烧过的茅香根茎。由此推测，西汉时的楚人除了日常将茅香"作浴汤，辟邪气"外，或许已经了解到茅香驱虫的特性，并且利用其特性对墓室进行了防虫处理。

（二）高良姜

　　出土情况：外形为根茎的碎段，大多纵向剖开或撕裂成碎片，完整的甚少。较完整的呈细圆柱形，稍弯曲，有短分枝；长1.5—3厘米，直径2—5毫米。表面暗红棕色并显油润性或灰黑色而干枯，有明显微波状隆起的环节。节间长2—5毫米，有的上侧残留茎基，下侧有少数细根或者断痕。

高良姜为姜科植物高良姜的根茎，最早记载于《名医别录》中，被归为中品。高良姜辛、热，归脾、胃经，温中散寒，理气止痛，主治脘腹冷痛、呕吐嗳气，《日华子本草》言其"治转筋泻痢，反胃呕食解酒毒消宿食"。高良姜作为南方的道地药材，是南药的重要代表，亦是国家卫生健康委员会认定的药食两用中药，常被作为天然调味香料或用于药膳当中温胃消食，如可缓解肝气犯胃、寒邪犯胃、胃胀呕吐、溃疡病等病症的高良姜香附汤。现代提取的高良姜精油具有辛香、果香、花香、甜香等气息，是一种很好的调香材料。

（三）桂皮

出土情况：外形呈类方形、长方形或不规则形的树皮碎片，暗棕色，长5—12毫米，宽2.5—4.6毫米，厚2—3毫米。栓皮已削去，外表面平坦或稍隆起而有凹凸，微具光泽。

桂，属于我国早期的四大名香兰、蕙、椒、桂之一，是为樟科樟属植物天竺桂、细叶香桂或川桂等树皮的通称。《神农本草经》中将菌桂、牡桂均列为上品，言其"味辛，温。主百病，养精神，和颜色，为诸药先聘通使。久服，轻身、不老，面生光华，媚好常如童子"。其实人们很早就已经认识了桂，屈原《离骚》中有"杂申椒与菌桂兮，岂惟纫夫蕙茝"和"矫菌桂以纫蕙兮，索胡绳之纚纚"等大量描写菌桂的句子，将桂作为芳香草木以喻君子高洁。此外，人们也早早将其作为调料使用，《礼记·檀弓上》："丧有疾，食肉饮酒，必有草木之滋焉。以为姜桂之谓也。"除了丧葬期间，姜、桂都是餐桌上常见的调料。汉唐以来盛行的屠苏酒也离不开桂，《本草纲目》《四时纂要》《七修类稿》中都记载了用桂制作屠苏酒的办法，桂酒由于味道与众不同，其价值也远高于普通酒品，古人认为其幽香清远，可以娱神，所以常用于祭祀，这在《楚辞》中多有体现。

（四）花椒

出土情况：完整者呈类球形，直径4—4.5毫米，果皮暗棕色，自顶端沿背腹缝线开裂至基部，露出黑色种子。果皮外表面稍皱缩，散有疣状突起的腺点，直径0.5—1毫米；内表面灰棕色，较平滑。种子类球形或卵圆形，偶有呈半球形，直径2.5—3.5毫米，外层种皮薄而脆，黑色光亮，种脐近圆形而略凹陷，内种皮坚硬。碎断的果柄长 1 厘米左右，直径在 1 毫米以下，有短分枝，灰黑色。

花椒，是指花椒的种子和种皮，是我国早期四大名香之一，其浓郁的香气被认为与兰花的芬芳同属道德的芬芳，古代对道德高尚的人，会有"椒兰之德"的美誉。出土花椒为芸香科植物竹叶椒的果实。竹叶椒之名，见于《嘉祐本草》。《神农本草经》载有蜀椒、秦椒。在汉代竹叶椒可能作为秦椒品种之一入药。现代亦将蜀椒（川椒、大红袍）、秦椒、竹叶椒等统作"花椒"。《神农本草经》中载秦椒为中品："味辛，性温。主风邪气，温中，除寒痹，坚齿发，明目。久服轻身，好颜色"，蜀椒则"味辛，温。主邪气咳逆，温中，逐骨节皮肤死肌，寒湿痹痛，下气。久服之，头不白，轻身增年"。

花椒在古代有着独特的吉祥含义。一是椒籽乌黑繁多，有多子的含义。封建时代在基于血脉构架的权力结构中人们崇尚多子多福。《诗经·椒聊》："椒聊之实，蕃衍盈升。彼其之子，硕大无朋。椒聊且，远条且。椒聊之实，蕃衍盈。彼其之子，硕大且笃。" 就以椒蕃实多籽赞美家族子嗣绵延，人丁兴旺。基于多子的美好寓意和花椒辛温的性味，汉代还流行"椒房"，即用花椒和泥粉饰后宫妃嫔所居住的房子。二是《诗经·载芟》中 "有椒其馨，胡考之宁"，就是记载秋后丰收祭祀时给老年人享用椒酒，祝福他们福寿安康。《神农本草经》中言花椒"久服轻身好颜色"又"久服之，头不白，轻身增年"，道明其延年益寿的功效。在马王堆汉墓中花椒频频现身，除了其自身沁人心脾的清香外，也离不开花椒吉祥的寓意，想必是安葬者对辛追夫人福寿安康、轪侯家族绵延兴旺的祝福。

（五）辛夷

出土情况：外形为干缩的花蕾、苞片碎片及花梗断段。完整的花蕾呈长卵形或卵形，长 0.6—1.3 厘米，直径 4—6 毫米，少数基部带短分枝；外裹苞片，表面密被灰黄色带光泽的长绒毛，长 3—4 毫米，苞片内表面棕紫色。剥去苞片，内有暗紫色花被片，紧密结合呈尖卵形；另可见花被片脱落后的锥形蕊柱，上有螺旋状排列的雄蕊和雌蕊着生痕。花梗断段较多，长 1—2.4 厘米，直径 2—4 毫米，表面棕紫色，有类三角形或半月形叶痕，其上方偶见腋芽，并可见环节及细小灰黑色疣状突起的皮孔。

辛夷是木兰科植物玉兰的花蕾以及花梗，又名木笔花。辛、温，归肺、胃经，散风寒、通鼻窍，主治风寒头痛、鼻塞、鼻渊、鼻流浊涕。《神农本草经》将其归为上品，"主五脏身体寒热。风头脑痛，面野，久服下气，轻身明目，增年耐老"。辛夷芳香清冽，善治头面目鼻之疾，且有美白之功效，古方"七白膏"中就含有辛夷。辛夷也是古人常用的香药，屈原就在他的作品中多次提及。《九歌·山鬼》："乘赤豹兮从文狸，辛夷车兮结桂旗。"《九歌·湘夫人》："桂栋兮兰橑，辛夷楣兮药房。"从辛夷中提炼出的挥发油，具有较为浓郁的清凉香，香气质好，味浓清雅，无杂气，稀释后有清新飘逸的薄荷香气，是一种重要的香料。

（六）藁本

出土情况：外形为根茎的碎段及碎片。较完整者长约 3 厘米，直径约 1 厘米，皮部表面银灰褐色，枯缩，凹凸不平，部分或大多剥落露出暗棕色木部，断面髓部枯蚀凹陷。另有较细的纵剖碎片，可见明显膨大的节。

藁本为伞形科植物藁本的根茎，《神农本草经》列为中品，云："味辛、温。主妇人疝瘕，阴中寒肿痛，腹中急，除风头痛，长肌肤，悦颜色。"藁本镇痉止痛，为头痛要药，善治巅顶头痛，辛温雄烈，能除去血中之湿邪。湖南处卑湿之地，当地居民多易感受湿邪，而藁本因其香味浓烈、芳香走窜，可以胜湿，所以在墓中出现也不足为奇。

（七）姜

出土情况：外形为干缩的碎块。其中完整的一段长约 1 厘米，直径约 3 毫米，一端有长约 2 毫米的短分枝；表面暗灰褐色，具有一个略微隆起的环节，分枝也有环节。其余数块为纵剖的碎片，边缘向内卷曲，似为新鲜时剖开；有的外表面亦可见环节，内部大多朽蚀。

姜是姜科植物姜的根茎，《神农本草经》中列为中品，辛、温归肺、胃、脾经，"下气生于干并治嗽，疗时疾、治呕逆不下食"。被历代中医学者尊为"呕家圣药"。在中医里，生姜亦被认为有很好的恢复和补充身体阳气的作用，有"男子不可百日无姜"的说法。姜辛辣，除作为餐桌上常见的调料，可以祛腥膻气、解鱼蟹毒外，其清新的木质香气给人阳光普照的温暖感，经常用来被用来调香，时至今日，包含姜花味道调香的香水依旧在市场上长盛不衰。

（八）杜蘅

出土情况：外形为扁缩碎断的细根，略弯曲，长约 1 厘米，直径 0.5—1 毫米。表面灰褐色，有不规则稍扭曲的纵皱纹及干瘪凹陷。

杜蘅是马兜铃科植物莲花细辛的根，神农本草经中列为中品，辛、温、小毒。祛风散寒、消痰行水、活血解毒，主治风寒感冒、痰饮咳喘、水肿、风寒湿痹、跌打损伤，头痛、齿痛、胃痛、痧气腹痛、瘰疬肿毒、毒蛇咬伤。《名医别录》："煮风寒咳逆，做浴汤，香人衣体。"杜蘅是先秦时期非常著名的香草，文人骚客们热衷于将杜蘅放入自己的诗词歌赋中。《楚辞·湘君》："芷葺兮荷屋，缭之兮杜蘅。"《楚辞·河伯》："被石兰兮带杜蘅，折芳馨兮遗所思。"杜蘅作为香草广受欢迎可见一斑。

（九）佩兰

出土情况：外形主要为细小的管状花及瘦果，约紫黑色。完整的头状花序具有花 5—6 朵；总苞圆筒状，长约 5 毫米，苞片近 10 枚。另有花梗，长 1—2 厘米，具分节的柔毛。花全为两性管状花，长 4—5 毫米，花冠先端 5 裂，裂片三角形，长 0.5 毫米；雄蕊 5 枚，花药聚合，顶端有膜质附片，柱头 2 深裂，分叉呈棒状，伸出花冠外。瘦果圆柱形，长 2.5—3 毫米，大多具 5 棱，冠毛多数，毛状，长 4—5 毫米。

佩兰是菊科植物佩兰的花及果实，《中国药学大辞典》："本品夏月佩之辟秽，气香如兰，故名。"《神农本草经》将其列为上品，称为兰草。佩兰异名众多，如水香（《神农本草经》），都梁香（《药录》），大泽兰（《雷公炮炙论》），兰泽（《本草拾遗》），燕尾香、香水兰（《开宝本草》），省头草（《唐瑶经验方》），女兰、香草（《本草纲目》），醒头草（《得配本草》）等。

《本草纲目》："兰可佩，可浴，可绉。"《荆楚岁时记》："五月五日，谓之浴兰节。"沐兰汤这一习俗在古代极为普遍，人们选择在端午节前后沐兰汤。佩兰富含挥发油，有特殊香气，用佩兰煎水沐浴，既可预防和缓解多种暑湿或蚊虫引起的皮肤疾病，还可起到开窍提神、祛风除湿等作用。《离骚》中"纫秋兰以为佩"就是将佩兰制作成香囊佩带，以辟秽。除了制作香囊，古人还用佩兰制作药枕，佩兰药枕具有芳香行散、开窍提神的功效，可辅助治疗鼻塞和头痛，佩兰因此又称"醒头草"或"省头草"。

《本草经疏》:"兰草辛平能散结滞,芬芳能除秽恶。"佩兰气味清雅,有很好的药用价值,性味辛、平,归脾、胃经,具有芳香化湿,醒脾开胃,发表解暑之功效,用于湿阻中焦,脾经湿热,脘痞呕恶,口中甜腻,口臭,多涎,舌苔垢腻,对于湿热气候的湖南来说是一味平和且常用的良药。

《汉书·地理志》:"楚地……有江汉川泽山林之饶……信巫鬼,重淫祀。"巫术文化浓烈的楚地,利用香薰来祭祀驱邪是一直延续着的习俗。《神农本草经百种录》:"香者,气之正,正气盛则除邪辟秽也。"上述出土香药多数含有挥发油,能起到芳香辟秽的作用。南方多湿气,多瘴气,疫病多发,蚊虫滋生,这些香药用来熏香或佩戴能除潮湿,驱赶蚊虫。

此外,出土香药大多性味辛温,根据《神农本草经》《本草纲目》等医书记载,茅香主治"恶气,令人身香,治腹内冷";桂皮主治"腹中冷痛,咳逆结气,脾虚恶食,湿盛泄泻,血脉不通";花椒"除风邪气,温中,去寒痹";高良姜"治腹内久冷气痛,去风冷痹弱";干姜"温中散寒,逐风湿冷痹,腰腹疼痛";杜蘅治"胸胁下逆气"等。佩兰"疏风解表,祛风活血,散瘀止痛,去伤解郁",这些药物皆有温阳通痹、温经活脉、散寒止痛之功,能够治疗心胸冷痛、肝胁痛、寒痹等病症。据墓主人辛追的尸检报告可得知其生前患有动脉粥样硬化、冠心病、多发性胆结石、血吸虫病等多种疾病,由此可得知辛追生前有心胸、肝胆疼痛之症,这些芳香类的中草药正好起着对症治疗作用。

根据这些出土香药的产地来源来看,西汉早期贵族所使用的香药大多源自本土,以植物类香料为主,且多数都为芳香类中药,较为平易近人。后世在宫廷中流行的龙涎香、乳香、苏合香、沉香、檀香等名贵香料均未出现。据此推测,此时名贵的树脂类、动物类香料还没有经商路、朝贡等方式从南海或者西域传入国内,此时的香文化尚未受到外来香料的影响,仍然是一个相对封闭的自然发展状态。

二、出土香具介绍

香具是使用香料时所需要的一些器皿用具,随着香文化的发展,在经济制度、宗教思想、政治思想、社会思想等因素的影响下，香具也在不断地变化。马王堆汉墓中出土的香药都盛放在不同的香具中：两盏彩绘陶熏炉，一盏盛满燃烧过的茅香，一盏盛放有茅香、高良姜、辛夷、藁本；绣花香枕内置佩兰；四只绣花香囊中，一只盛放茅香，一只盛放花椒，另外两只盛放有辛夷和香茅；六个绢药袋中，一袋全盛花椒，剩余五袋均装有花椒、茅香、高良姜、姜、桂皮，其中三袋有藁本，两袋有辛夷和杜蘅；辛追夫人两个手握绢包中有茅香、花椒、高良姜及桂皮。

（一）彩绘陶熏炉

出土情况：一号墓出土的陶熏炉，高 13.5 厘米，由盖和炉身组成，盖上有鸟形钮和镂孔，炉内装有高良姜、辛夷等香药（图 1-2）。

图 1-2　马王堆一号墓彩绘陶熏炉

二号墓出土两件陶熏炉，通高 13 厘米、器身口径 13 厘米、圈足底径 8.6 厘米。盖顶微拱，盖与器身子母口相合。盖顶立鸟一只。器身浅盘平底，细柄喇叭形圈足。盖顶面有多重三角镂孔纹饰。器身周壁上下两圈镂孔三角镂孔，间以细点镂孔和刻划网纹，其间以弦纹相间，弦纹内填朱红色，器表其他部位原施黄色彩，但大多剥落（图 1-3）。

早在四千多年前的新石器时代，我国就出现了用于熏烧的器具。到了西周时期，朝廷更是专门设立了掌管熏香的官职。《周礼》："剪氏掌除蠹

图 1－3　马王堆二号墓彩绘陶熏炉

物，以攻螫攻之，以莽草熏之，凡庶蛊之事。"而熏香所用的熏炉也种类
繁多，在我国战国时期，就已经出现了凤鸟衔环铜熏炉，在汉代，熏炉更
是占有重要地位，是汉代墓葬中常见的随葬品。根据考古发掘资料，汉代
熏炉在全国范围内出土数量约有 469 件，出土地点遍布全国。

　　《史记·孝文本纪》记载崇尚节俭的汉文帝生前修陵墓时曾下令：
"治霸陵皆以瓦器，不得以金、银、铜、锡为饰。"故而西汉初王侯墓葬很
少见金银。马王堆汉墓中出土的为陶熏炉，较为质朴，据推测可能为陪葬
明器。中原地区的王公贵族墓葬中，则发现了更加精美的"博山炉"，汉
代流行神仙方术和黄老之学，传说海上有三座仙山：蓬莱、方丈、瀛洲。
这三座仙山就是"博山"。"博山炉"的造型源于此，在众多香具中独树
一帜，炉盖如山形，山形重叠，其间雕有飞禽走兽，象征传说中的海上仙
山——博山（图 1－4）。

　　值得注意的是，在辛追夫人的熏炉中已经出现了多种香料的混合使
用，到东汉出现了"和香"，即将多种香料按照一定的配比使用。古人用
薰炉熏香避邪祛秽，消毒空气，驱赶蚊虫。此外香药中含有挥发油，这些
芳香气体的发散，通经走络，开窍醒神或能镇静安神，具有调节人的情
绪、养生保健的积极作用。

图 1-4　西汉博山炉

（二）薰炉罩

出土情况：一号墓出土的薰炉罩，高 21 厘米、底径 30 厘米、口径 10 厘米。骨架以竹篾编成，上蒙细绢（图 1-5）。

图 1-5　马王堆一号墓竹薰炉罩

三号墓出土一件薰炉罩，底径 20 厘米、上部直径 6.3 厘米、高 15 厘米，截锥形，用宽 0.8 厘米的竹篾编成，周围敷以细纱。

薰炉罩，又称熏笼，用来配合熏炉使用。使用时，将香药放入熏炉内焚烧，以竹、木、陶瓷等材质制成，外蒙细绢，罩在熏炉上，缕缕清香通过细绢均匀散发，可保持室内空气洁净，此外还能香薰衣被。《汉官仪》中记载："尚书郎入直台中，给女侍史二人，皆选端正，指使从直，侍史执香炉烧熏以从入台中，给使护衣。"马王堆汉墓出土了两件大小不一的竹熏罩，说明那时已经有了熏手巾、熏衣、熏被等不同物品用不同器具的习俗。

（三）香囊

出土情况：一号墓出土香囊，长50厘米，底径13厘米。上部为素绢，下部用黄色绮地"信期绣"缝制，底为几何纹绒圈锦，腰有系带。此件为西汉贵妇随身携带的香袋，内装茅香，遣策称其为"香囊"，一号墓出土4件香囊，内盛茅香、花椒、辛夷等香料，三号汉墓出土3件香囊残片（图1-6）。

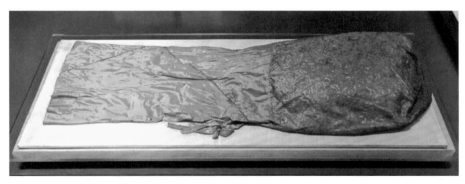

图1-6 马王堆一号墓绮地"信期绣"香囊

香囊属于佩囊的一种，因囊中盛放香料而得名。中国的香文化历史悠久，作为香文化的重要组成部分——香囊，本身承载着大量的文化信息，反映了不同时期人们的审美观念与社会习俗。古人佩戴香囊的历史可以追溯到商周时期。据《礼记·内则》："男女未冠笄者，……皆佩容臭"，容臭即为香囊。春秋战国时期，古人佩戴香囊风俗日盛。《离骚》之"椒专佞以慢慆兮，樧又欲充夫佩帏"，佩帏即香囊。到了汉魏时期，"香囊"的名称正式出现在文献中，繁钦的《定情诗》有"何以致叩叩？香囊系肘后"。

香囊不仅仅用于身体佩戴，还被用来悬挂于帷帐之内。在汉代还有一种"帱帐"，就是垂挂香囊的帐子。古乐府《孔雀东南飞》有诗句云："红罗复斗帐，四角垂香囊"。此外还有为了防止书籍生虫，在书箱中放上香囊，利用挥发的气味驱除蛀虫，如《太平御览》引《晋中经簿》："盛书皂缥囊书函中皆有香囊二"；在厕所里置香囊可以消除异味，东晋裴启的笔记小说《语林》云："刘尚书诣石季伦，如厕，见有绛纱帐大床，茵蓐甚丽，两婢持锦香囊。尚书惶遽反走，语季伦：'向误入卿室内。'季伦云：'是厕耳。'"从这些例子可见，香囊在古代的用途十分广泛。

马王堆汉墓出土香囊的制作工艺相当精美，材质都采用桑蚕丝，品种上有"绢""绮""锦"和"罗"。除织造时形成的特有图案外，这几件香囊中还有在绢地上用辫子绣刺绣出精美的信期绣和乘云绣图案。辛追遗体出土时两手握类似的绣花绢面香囊，囊内盛香药，头枕香枕，映照了古楚地的习俗"昼配香囊，夜用香枕"，可以"避不祥""杀虫毒"。

（四）香枕

出土情况：一号墓出土香枕，长 45 厘米，宽 10.5 厘米，高 12 厘米。两端的枕顶用起毛锦，上下两面为茱萸纹绣，而两个侧面则用"长寿绣"香色绢。上下和两侧面的中部，各有一行绛红线缕钉成的四个十字形穿心结，每个结都是横线压竖线，两端也各有一个十字结，以便约束枕内填塞的草芯，出土时内部填塞佩兰叶（图 1-7）。

图 1-7　马王堆一号墓黄褐绢地"长寿绣"枕头

将具有芳香开窍、活血通络、镇静安神、益智醒脑等功效的香药炮制后，作为枕芯装入枕中，睡时枕用，从而达到养生保健或治疗疾病的作用，我们称之为香枕（药枕）疗法。香枕可由绢布、玉石、陶瓷等材质制成。辛追夫人出土时头上即枕着一个绢布药枕，内部装满佩兰。佩兰为菊科植物，在《神农本草经》中被列入上品，称兰草。它性平味辛，能芳香化湿，醒脾和胃，清暑辟秽，可以治疗头晕、胸痞、呕吐及水湿内阻等病。用它做香枕，既有芳香化湿和抑菌消毒辟秽的作用，又具养血安神助眠之功效。

（五）香奁

出土情况：五子漆奁，一号汉墓出土，直径 11 厘米，高 5.9 厘米，为化妆奁盒。内有五个小奁，分别盛放化妆品及花椒、香草等植物。该奁为夹纻胎，盖里外中心部分针刻云气纹，并加朱绘，盖边缘及器身近底处针刻几何纹，并朱绘点纹。

三号墓出土锥画双层六子漆奁，夹纻胎，顶微拱，直壁，平底。器身分上、下两层（图 1-8）。其中两件小圆奁据竹简记录："员（圆）付篓二，盛阑膏。"

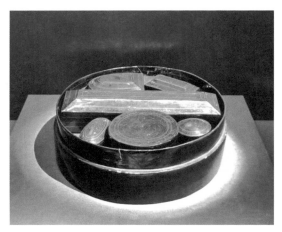

图 1-8　马王堆三号墓锥画双层六子漆奁

据《盐铁论·散不足》记载，汉代的一件漆杯，价值抵得上十件铜杯，而且是"一杯棬用百人之力，一屏风就万人之功"。而马王堆汉墓出土了 700 多件亮丽如新的漆器，涉及礼器、乐器、兵器、葬具及日常生活用具等各个方面，几乎囊括了汉初所有漆器的种类以及新工艺，代表了汉初漆工艺制作的最高水平。

一号墓中出土的五子漆奁及三号墓出土的双层六子漆奁中均盛有香药及其制品。"奁"，古时泛指盛放器物的匣子，有食奁（盛放食物的匣子）、妆奁（盛放梳妆用品的匣子），在这里特指专门盛放香料的匣子，称为"香奁"，又称香笥、香合、香函、香箱等。

出土的两个香奁均采用针刻工艺，即用锥或针在未干透的漆膜上镌刻纹饰，遣策称"锥画"，俗称"针刻"。此技法在战国时已经产生，至汉代时更发展为在刻画出来的线缝内填入金彩，称之为"戗金"工艺，使其产生类似铜器上金银错的花纹效果，这代表了汉代髹饰工艺的发展水平。制胎方法均为夹纻胎，为漆工艺中的一种，亦称"脱胎"。是以木、泥或石膏为胎，利用漆的黏性以及麻布的张力使其层层黏合重叠于胎上，脱去原胎髹漆而成。夹纻胎胎质地轻巧，坚实牢固，不会变形，不会开裂，在当时是名副其实的奢侈品。化妆盒中香药、香膏、香脂的出现，可以印证当时香文化的盛行。

（六）草药袋

出土情况：草药袋六件，盛放在一个竹笥中，形制相同，均作圆筒状，用单层烟色素绢缝制而成，腰缀绢带。出土时，五个袋内都盛有花椒、桂、茅香、高良姜和姜；其中两袋除这五种药草外，又有辛夷和杜蘅，三袋又有藁本，另外一袋则仅盛花椒。其用途可以当作盛放香药的用具，亦可充当香囊使用。

第二节　马王堆医书中的香药疗法与养生保健

中国的香文化具有几千年的历史，在漫长的历史发展中，用香由最初的祭祀行为演变为生活中嗅觉和味觉的感知，发现香料还可以用在烹调饮食、防病祛疫、净化空气中，从而形成复杂的香文化。生活用香和宗教用香成为两大主流。在生活用香中渐渐发现了香药的医疗价值，随着医学经验的积累愈加丰富，对芳香类药物药效的认识也不断深入，更多的芳香类中草药被运用在疾病的治疗上，在马王堆出土的医书就有许多香药的临床应用。中医的香文化就是采用具有芳香气味的药物,按照君臣佐使的配伍原则,合成具有不同功效的香品,达到养生祛病、洁净环境、安神定志、陶冶性情等目的。

中医的香药是具有药用价值的香料,可以按照来源分为八类:木本类香药、树脂类香药、根茎类香药、果实类香药、树皮类香药、草叶类香药、花类香药、动物类香药。早在先秦时期,中国就普遍发现了白芷、菖蒲、川芎、蒲黄、花椒、枳实、陈皮、肉桂、香茅、艾叶、侧柏叶、广藿香、零陵香、麝香等众多的香药。这些香药可以用来洁净空气、防病保健、熏衣香体、祛除湿邪、饮食调味等,在使用方法上有室内焚香,佩戴香囊,香料烹调食物,香药灸疗,香药入汤剂等。

马王堆汉墓不仅出土了大量香料实物和香具,在马王堆医书中也记载了许多用香药的治病方和养生方。其中最常见的香药有:桂、艾、青蒿、蘼芜、佩兰、姜、蜀椒、秦椒等。

一、马王堆医书中的常用香药

南方地区因其湿润的气候,多湿气、瘴气,导致疫病频发和蚊虫滋生。长沙在汉代属于南楚,素来被称为"卑湿之地",更是因其寒湿的气候不利于健康长寿。每当夏季到来,暑湿交蒸,又给流行病的传播提供了有利的环境。然而,马王堆汉墓时期的楚人,面对这样的环境挑战,早已在饮食方面找到了应对之策。他们巧妙地运用芳香类药物与食物相结合,旨在祛湿防霉、杀虫去秽。从马王堆汉墓中出土的随葬食品中,我们可以看到姜、花椒、桂皮等辛香料的存在。此外,还有由豆豉与姜组成的调味品。这些辛香料的选择与湖南地区的地理气候特点紧密相连。姜、花椒、桂皮等味辛性温,具有健脾除湿、温中散寒的功效。淡豆豉不仅是治疗时疾、疫疠瘟瘴的药物,还能与食物一同烹饪,发挥祛湿的奇效。

因此,这些辛温发散的药物与食物的完美结合,不仅能够为楚人提供美味佳肴,还能有效地祛寒除湿、开郁行气,为楚人的健康生活提供了坚实的保障。

除内服外,芳香类药物的外用在当时也是广为流行。《五十二病方》是我国现存最早的古医学方书,也是在马王堆汉墓群出土,里面就有记载用艾叶焚熏可以治疗外阴及肛周皮肤瘙痒；此外还详细记载了许多芳香类药物入方治疗各种外伤杂病，如蜀椒入方，可以治疗伤、寒、疸、痈、痂等疾病。在《养生方》中也记载了大量的香药使用，在补中益气和强身保健中发挥了重要作用。

马王堆医书中常见的香药如下：

（一）桂

秦汉"桂"是常见的香木，《说文解字》："桂，江南木，百药之长，梫桂也。"《尔雅》："梫，木桂。"郭璞注："今人呼桂皮厚者，为木桂，及单名桂者，是也，一名肉桂，一名桂枝，一名桂心。"

《神农本草经》记载有"箘桂""牡桂"两种桂。"牡桂味辛，温，主上气咳逆，结气，喉痹，吐吸，利关节，补中益气，久服通神，轻身不老。""箘桂味辛，温，主百病，养精神，和颜色，为诸药先聘通使，久服轻身不老，面生光华，媚好常如童子。"两种桂都味辛，性温，主治略有不同。牡桂止咳、补中益气，箘桂养身，主治百病。

马王堆汉墓出土的"桂"，实物为浙樟科桂树的皮，是已去粗皮的板状桂皮。马王堆医书《五十二病方》中用桂的就有十三方。另外如《养生方》《杂疗方》等方书也有很多应用桂的方药。

《五十二病方》有"囷桂"，即《本经》"箘桂"。"箘桂"又称"筒桂"，一说本称"筒桂"误传为"箘桂"，一说先有"箘桂"后误传为"筒桂"，又一说箘桂干燥过后易卷曲呈筒状，故亦名"筒桂"，两者为同物异名，不存在先后误传。唐代《新修本草》："箘者竹名，古方用筒桂者是。"《本草拾遗》："筒卷者即箘桂也，以嫩而易卷。古方有筒桂，字似箘字，后人误而书之，习而成俗。"

"桂"在中药史上由于宋代以后多称桂枝，因而造成一些混乱。魏晋《名医别录》在《本经》"箘桂""牡桂"基础上另增"桂"一条。并对三者在毒性、功用、主治、产地四方面区分："桂，味甘、辛，大热，有毒。主温中，利肝肺气，心腹寒热，冷疾，霍乱，转筋，头痛，腰痛，出汗，止烦，止唾，咳嗽，鼻齆，能堕胎，坐骨节，通血脉，理疏不足，宣导百药，无所畏。久服神仙，不老。生桂阳。二月、七八月、十月采皮，阴干。得人参、麦冬、甘草、大黄、黄芩调中益气，得柴胡、紫石英、干地黄治吐逆。"《名医别录》与陶弘景《本草经集注》首载"箘桂""牡桂""桂"三目，或与道家《仙经》"服三桂"之说有关。陶弘景在《神农本草经集注》云："案《本经》唯有箘桂、牡桂，而无此桂，用体大同小异，今俗用便有三种。以半卷多脂者单名桂，入药最多，所用悉与前说相应。"说明当时"桂"已成为入药主流，而此前《本经》所记载的"箘桂""牡桂"反而使用较少。

唐代桂的划分开始有些混乱，《新修本草》认为，箘桂与牡桂均是桂，是桂的两种，只是皮不同而已，各自根据皮的老嫩划分，其中牡桂的嫩枝皮便是桂枝，并认为陶弘景多"桂"一条是错误的。唐本草是偏重用"牡桂"的，牡桂即肉桂。"其牡桂嫩枝皮，名为肉桂，亦名桂枝。其老者，名牡桂，亦名木桂，得人参等良。"牡桂"小枝皮肉多，半卷。中必皱起，味辛美。一名肉桂，一名桂枝，一名桂心。出融州、柳州、交州甚良。"唐代陈藏器《本草拾遗》则认为箘桂和牡桂是同一种植物的不同入药部位，箘桂是厚嫩易卷成筒状的小枝皮，牡桂是老薄大枝皮或树皮，两者去除粗皮后称为桂心。北宋陈承《本草别说》厘清了桂的分化与功用，"谨按诸家所说桂之异同，几不可用考。然筒厚实，气味重者，宜入治脏及下焦药；轻薄者，宜入治头目发散药。故《本经》以箘桂养精神，以牡桂利关节，仲景《伤寒论》发汗用桂枝，桂枝者枝条，非身干也，取其轻薄而能发散。"

但大概于宋哲宗在位时"桂枝"的药材开始产生了分化。从牡桂的枝皮变成了枝皮与桂的嫩小枝条（柳桂）并称"桂枝"，一时间存在"枝皮""柳桂"两种"桂枝"入药的情况，而自明至清，柳桂逐渐取代了牡桂枝皮作为"桂枝"入药，约于清初正式称为"桂枝"并沿用至今。

明代李时珍认为箘桂与牡桂非同一种药物。从叶的形状、花的颜色、药物外形三个方面将牡桂与箘桂区分得很清楚，但并未将桂与牡桂加以区分，《本草纲目》中记载："桂有数种，以今参访，牡桂，叶长如枇杷叶，坚硬有毛及锯齿，其花白色，其皮多脂。箘桂，叶如柿叶，而光狭光净，有三纵文而无锯齿，其花有黄，有白，其皮薄而卷，今商人所货，皆此二桂，但以卷者为箘桂，半卷及板者为牡桂。即自明白。"

马王堆医书和马王堆汉墓出土的桂香料实物证明，早期桂应是樟科植物肉桂的树干及粗枝之皮。现代湖南亦常见桂花树，此为木犀科植物，与古代樟科肉桂树截然不同，桂花树多用桂花入药。

（二）艾

艾在古代药典中也称"艾蒿""白蒿""冰台""灸草"等。很早就被古人发现可以捣绒引火或作为艾灸的材料。艾蒿有香味，且香气浓烈，味苦、微温、无毒。有温经、祛湿、散寒、止血、安胎、止咳等功效。可煎水洗浴，或制成药枕。艾草烟熏可以消毒杀虫。古代广泛用艾治疗伤寒、妊娠有寒、中风、咽喉肿痛、癫痫诸风、小儿脐风、头风面疮、白痢、痔疮、妇女崩中、吐血、盗汗、水肿、鹅掌风、背疮初发、虫蛇咬伤等疾病。

在马王堆医书中，灸法用艾较多。《说文解字》解释"灸"字就说："灸，灼也。"段玉裁注解说："今以艾约体曰灸，是其一端也。"马王堆医书的灸法有用蒲草绳子的，也有用艾的，以艾灸比较多见。可见在当时对艾绒灸法运用已经普遍。

（三）青蒿

青蒿为菊科蒿属植物，气味芳香，喜温暖湿润气候。青蒿古代即为治疗疟疾常用草药，最早见于东汉《神农本草经》："味苦，寒。主治疥瘙，痂痒，恶疮，杀虱，留热在骨节间，明目。"明代缪希雍《本草经疏》认为青蒿"禀天地芬烈之气以生，故其味苦，其气寒而芬芳，其性无毒。疥瘙痂痒恶疮皆由于血热所致。留热在骨节间者，是热伏于阴分也。肝胃无热则目明，苦能泄热，苦能杀虫，寒能退热，热去则血分平和，阴气日长，前证自除，故悉主之也。诸苦寒药多与胃气不宜，唯青蒿之气芬芳可人，香气先入脾，故独宜于血虚有热之人，以其不犯胃气故尔。是以蓐劳虚热，非此不除矣。"

青蒿在马王堆医书《五十二病方》中出现，主要是清热的作用。

（四）蘪芜

蘪芜即川芎，多产于河边泽畔水草丛生处。在《诗经》中多有提及，意指川芎苗。蘪芜在《神农本草经》已经有记录。南朝齐梁间的道医陶弘景在《本草经集注》云："蘪芜今出历阳，处处亦有，人家多种之。叶似蛇床而香，方药用甚稀。"唐代官修本草著作《唐本草》："蘪芜有两种，一种叶似芹叶，一种如蛇床，香气相似，用亦不殊尔。"明代李时珍《本草纲目》记载蘼芜"茎叶蘼弱而繁芜，故以名之。当归名蕲，白芷名篱，其叶似当归，其香似白芷，故有蕲茝、江蓠之名。"古代把川芎的嫩苗称为"蘼芜"，结根后称为"芎䓖"。大叶似芹者为"江蓠"，细叶似蛇床者为"蘼芜"。

蘼芜作为香草，古代多用于祭祀用植物和药物。可作香料或填充香囊。汉乐府有《上山采蘼芜》一诗，描述一位妇人上山采摘蘼芜时偶遇再婚"故夫"的情景。蘼芜为香草，妇女们常常采摘蘼芜的鲜叶，在阴凉处风干，可作香囊香料，因此蘼芜象征对过去美好时光的怀念。

中国历代药典多记载蘼芜味辛，性温。主治咳嗽气逆，惊悸，并能辟除邪恶鬼魅，解除蛊毒，治疗鬼疰，除蛔虫、赤虫、蛲虫等寄生虫，还可主治身中老风，头中久风，风眩等。长期服用可使人神志清醒、洞明通达。

（五）佩兰

佩兰为菊科泽兰属的多年生草本植物，生于潮湿温暖处，为芳香草本，香味似兰花，古代妇女儿童喜欢将其佩于身上，故名佩兰。佩兰的功效在《神农本草经》中列为上品，说它"味辛平，主利水道，杀蛊毒，辟不祥，久服益气，轻身不老，通神明"。杀蛊毒一般在古代指的是具有杀寄生虫的用途，佩兰辟不祥的作用多用于防治瘟疫。《本草经疏》记载佩兰能够开胃除恶，清肺消痰，散郁结。

现在认为佩兰能补益正气，芳香悦脾，助脾运化，水湿自利。佩兰辛散还能助肝疏泄。所以佩兰舒脾气，散肝郁，通利三焦，去臌胀。佩兰能除秽浊之邪，民间端午节佩戴的香囊多用藿香、佩兰等配伍辟疫祛邪。

（六）姜

姜为姜科姜属植物，有芳香及辛辣味。根茎多供药用，有生姜、干姜、炮姜等不同制法。姜的根茎、姜皮、姜叶都可作药物。味辛，性微温。归肺、脾、胃经，具有解表散寒、温中止呕、温肺止咳、解毒的功效，常用于风寒感冒，脾胃寒证，胃寒呕吐，肺寒咳嗽，解鱼蟹之毒等。

《神农本草经》有干姜，"干姜味辛温，治胸满咳逆上气，温中止血，出汗，逐风，湿痹，肠澼，下利，生者尤良，久服去臭气，通神明。"

马王堆医书中以《五十二病方》为代表，多处用姜。并与"桂"连用，其温补发散之用途明显。

（七）蜀椒

先秦用椒类药物，分为秦椒和蜀椒。马王堆医书中出现的多是蜀椒，即现代用的花椒。花椒为芸香科青椒或花椒的干燥成熟果皮，主产于四川、陕西、河北等地。在东汉《神农本草经》中记载，"蜀椒味辛温，主邪气咳逆，温中，逐骨节、皮肤死肌，寒湿痹痛，下气。久服之，头不白，轻身增年。"魏晋《名医别录》记载蜀椒"一名巴椒"，因为生于"武都及巴郡"。明代李时珍在《本草纲目》中总结蜀椒的作用，强调花椒温养脾肺肾的功效，认为它"纯阳之物，乃手足太阴、右肾命门气分之药。其味辛而麻，其气温以热。禀南方之阳，受西方之阴，故能入肺散寒治咳嗽；入脾除湿治风寒湿痹、水肿泻痢；入右肾补火，治阳衰溲数，足弱久痢诸症"。李时珍认为蜀椒和椒目尽管略有不同，但蜀椒可以主治水气肿满，崩中带下，元气伤损，腹内虚冷，寒湿脚气，疮肿作痛，手足皲痛，漆疮作痒，风虫牙痛，痔漏脱肛，肾风囊痒等。李时珍指出，蜀椒有小毒，不宜多吃，但日服少量，有益无害，可以轻身延年。

马王堆医书中《五十二病方》《养生方》多次提到蜀椒。与温补药物共同使用。

（八）秦椒

《神农本草经》记载秦椒味辛，温，有毒。治风邪气，温中，除寒痹，坚齿，长发，明目。久服轻身，好颜色，耐劳，增年，通神，生川谷。秦椒多产于现陕西、甘肃一带。是古代治疗寒湿痹证常用的温补药物。东汉《释名》称为"大椒""椒"，多用果壳，一般去掉椒目使用。明代李时珍《本草纲目》认为秦椒可以主治饮多尿少，手足心肿，久患口疮，牙齿风痛等。

马王堆医书仅《养生方》的除中益气方提到秦椒一次。

二、马王堆医书中使用香药的条文与注解

马王堆医书中使用芳香药物的实例与注解如下：

（一）《阴阳十一脉灸经》甲本

【少】阴之眽（脉），久（灸）则强食产肉，缓带，皮

（被）髪，大丈（杖），重履而步，久（灸）幾息則病已矣[1]。

【注释】

〔1〕此句为强调少阴脉灸法的作用，灸少阴脉可以增强胃口，多长肉。如果披发，携带大杖，重重脚踩地行走的话，再加上艾灸，艾灸的火星才熄灭，病就好了，是形容疗效优越的夸张之词。

（二）《五十二病方》

香药的运用在马王堆汉墓出土的帛书《五十二病方》中有较多的描述（图1-9）。诸伤、巢者、颓（癫）、牡痔、疸痹、痂、虫蚀、蛊等病中的十二个病方中有桂、箘桂、冶箘桂、美桂等入药；诸伤、寒、疸、痹、痂等病的七个病方中有用椒、蜀椒等入药。蚖、□蠸者等的三个病方中有佩兰入药；诸伤、牝痔、疸、痹等病中有用畺（薑），枯薑即干姜入药。

图1-9 《五十二病方》帛书

【諸傷】[1]：□□膏、甘草各二[2]，桂、畺（薑）、椒□

□□□□□□□□□□□□□□□□□□□□□□□□□一□□毁一垸音（杯）酒中[3]，飲之，日【壹】飲，以□其□。

【注释】

〔1〕诸伤：伤，此指创伤，损伤。古代所谓"伤"含义较广泛。从本书内容来看，诸伤是指因金刃、竹木等创伤和跌打损伤一类病证。

〔2〕各二：指某膏和甘草两药在本方中与其他药物配伍时的比例，各两份。

〔3〕毁一垸音（杯）酒中：毁意指破碎。垸，即通丸。毁一丸杯酒中，意即将一丸药破碎后置于一杯酒中。

【按语】

这几句说明的是跌打损伤用桂、姜、椒泡酒方，这些温补的药物可以促进伤口恢复。

取枲垢[1]，以艾裹，以久（灸）積（癥）者中顛，令闌（爛）而已[2]。

【注释】

〔1〕枲垢：马王堆帛书整理小组认为：枲，粗麻；枲垢，未详。今考《集韵》："垢，一日尘。"枲垢，疑为粗麻加工时落下的粉尘，也就是麻屑。

〔2〕令闌（爛）而已：即使疝病破除而痊愈。一说为化脓灸的意思。

【按语】

这一句说明的是用艾绒裹着麻屑灸法治疗颓疝，采用化脓灸方法。

胊養（癢）[1]：痔，痔者其直（脏）旁有小空（孔），空（孔）兑兑然[2]出，時從其空（孔）出有白蟲[3]時從其空出，其直（脏）痛，尋（燖）然類辛狀[4]。治之以柳草一捼、艾二[5]，凡二物。爲穿地，令廣深大如（盍[6]），燔所穿地，令之乾，而置艾其中，置柳草艾上，而燔其艾、草；而取（盍），穿其斷[7]，令其大圜寸，以復（覆）之。以土雍（壅）（盍），會毋盍[8]，烟能灺（泄），即被盍以衣，而毋蓋其盍空（孔）。即令痔者居（踞）盍，令直

（脽）直（值）盍空（孔）[9]，令烟熏直（脽）。熏直（脽）热，则举之；寒，则下之；圈（倦）而休。

【注释】

〔1〕朐（qú）养（癢）：肛门痒。

〔2〕兑兑然：这里指漏管上小下大。

〔3〕白蟲：据二四五行有"蟯白徒道出"，当为蟯虫。

〔4〕寻（燖）然类辛状：寻，温热也。辛，酸痛。全句意为局部灼热辛痛。

〔5〕柳蕈一捼、艾二：本句应读为"柳蕈一、捼艾二"。捼当作动词，而非量词。

〔6〕盍（yòu）：陶制小盆，古代器皿。

〔7〕穿其断：打穿它的底部。

〔8〕曾毋盍：会，密合也。此处缺字，据文意拟补作"泄"。

〔9〕令直（脽）直（值）盍空（孔）：把肛门对准盍底的孔。

【按语】

这一句说明的是治疗蟯虫病肛门痒，凿地为坎，放入柳蕈和艾草，点燃进行熏蒸疗法。或者用有孔的陶器，放入药物，点燃烟熏。

取牛胆、乌豪（喙）[1]、桂，冶等，殽□[2]，【熏】以□病[3]。

【注释】

〔1〕牛胆（扭）：即牛肉。乌豪：即乌头。

〔2〕殽□：殽，混合也。此处缺文，据文意拟补为"燔"或"弁"字。

〔3〕熏以□病：此处缺字，拟补为"已"字。

【按语】

本段论述巢者的治疗方法。为外治烟熏之法。巢者究属何病，因书中没有症状描述，故无法考察。马王堆帛书整理小组认为是体臭一类的病。但牝痔中有"末有巢者""巢塞直者"，都是虫蚀一类的病证，治法也多用烟熏。巢者，可能是虫蚀而有孔之类的病，或是其他外伤病感染后，疮孔中有虫一类的病证。这里可以看到用的是牛肉、乌头、桂，制成粉末点燃烟熏。

　　冶囷（菌）【桂】尺、獨□[1] 一升，并冶，而盛竹甬（筩）中，盈筩□□□□□□□□□□□□□□□□□即冪[2]（幕）以布，而傅之隋（膭）下，爲二處，即道其□□□□□□□□□□□□□□□□□之。炊者必順其身，須其身安定，□□□□□□□□□□□□□□□頹（癩）己，敬以豚塞[3]，以爲不仁，以白□□□□□□□□□□□□□□□□縣（懸）茅比所[4]，且塞壽（祷），以爲□。

【注释】

〔1〕独□：药名，当是独活。见《神农本草经》，有主"女子疝瘕"的功效。

〔2〕冪：以布覆盖。

〔3〕塞：报答神福的祭祀。《汉书·郊祀志上》："冬塞祷祠。颜师古注：'塞，谓报其所祈也'。"

〔4〕比所：比，《广雅·释诂》："近也。"比所，即近处。

【按语】

本段说明的是用箘桂、独活等药物，冶碎装在竹筒中，盖上布，燃烧进行熏蒸疗法，治疗颓疝。药用和祈祷方法结合。

　　□【取】女子月事布，漬，灸之令溫□□□□□□□□□□□□□□□□□□□□□□□□四榮□，燔量簧[1]，冶桂五寸□上□。

【注释】

〔1〕量簧：疑为药名，但不详，待考。

【按语】

本节和以上都是治疗颓疝的方法。本文用桂的散剂来焚烧治疗，属于熏蒸疗法。颓疝是古代常见的病证，相当于现今的腹股沟疝。由小肠坠入阴囊所致，平卧则入腹，站立则下坠，若不能恢复或嵌顿，则成危候。在药物治疗中，值得注意的是，采用了肉类等蛋白质丰富的营养物质外，也重视桂、乌头、独活等温热药物的使用。

【牝】痔[1] 之入窍中寸，状类牛几三□然，后而溃出血[2]，不后上乡（嚮）[3] 者方：取弱（溺）五斗，以煮青蒿大把二，鲋鱼如手者[4] 七，冶桂六寸，乾薑（薑）二果（顆），十沸，抒置甕中，貍（埋）席下，为窍，以熏痔，药寒而休。日三熏，因（咽）敝[5]，饮药將（漿），毋饮它。为药漿方：取蕳莖乾冶二升，取者（薯）茹（蔠）[6] 汁二斗以漬之，以为漿，饮之，病已而已。青蒿者，荆名曰【萩】[7]。蕳者，荆名曰卢茹[8]，其葉可亨（烹）而酸，其莖有刾（刺）。●令。

【注释】

〔1〕牝痔：牝，母也。牝痔当为今天的内痔。

〔2〕后而溃出血：后，指解大便。全句意为大便时痔核破溃出血，这是内痔的主要特征之一。

〔3〕不后上乡：乡与向通。有归向和趋向之意。上乡：上向，即上趋。全句意为不大便时痔核内缩。这也是内痔的重要特征。

〔4〕鲋鱼如手者：鲋鱼，即鲫鱼。《肘后方》载有以鲫鱼羹治"肠痔，每大便必有血"。如手者，指像手掌一样大的鲫鱼。

〔5〕因（咽）敝：咽敝，即为咽喉闭塞。从下文中有"饮药浆，毋饮它"看，这里指喉中干渴。

〔6〕薯蓣：即薯蓣，见《神农本草经》。

〔7〕青蒿者，荆名曰萩：青蒿，《神农本草经》谓草蒿"一名青蒿"。萩，《尔雅·释草》："萧，萩。"郭璞注："即蒿。"全句意为青蒿在荆楚地方称为萩。

〔8〕卢茹：卢茹，即茜草。《神农本草经》名茜根。《本经》谓卢茹能"蚀恶肉、败疮死肌……排脓血"。与本方主治相符。

【按语】

本节将青蒿、干姜、桂、鲫鱼等煮热后放入小罐子内，在病人床下熏蒸治疗内痔。都是利用药物温通经脉的作用。

冶麋（蘪）蕪本、方（防）風[1]、烏豪（喙）、桂皆等，漬以淳酒而捖之，大如黑叔（菽），而吞之。始食一，不智（知）益一，□爲極[2]。有（又）可，以領傷[3]。恒先食食之[4]。

【注释】

〔1〕方（防）風：防风，药名，见《神农本草经》上品，但无治痔的记述。

〔2〕□爲極：谓增加到若干丸（原文缺损）为极量。全句意为开始服一丸，不效再加一丸，以若干丸为最大量。

〔3〕領傷：領，理也，治也。领伤，即治理诸伤。

〔4〕先食食之：即饭前服用。

【按语】

本节在《五十二病方》中都是治疗痔疮的方法。可见当时对于内痔的观察已经非常仔细。本书论述内痔的治疗方法也是非常丰富的，有内治、外治与内外治结合等多种形式。内治法中有药物疗法、服食疗法。外治法中主要是熏法，其次还有手术疗法与坐浴法。书中对于熏痔疗法，论述特别详细，有埋在席下熏的；有置于器皿中熏的；有在地面上挖洞燔药而熏；有煮药于水中以热气熏的。充分反映了当时在痔疮方面所取得的突出成就。

睢（疽）病[1]：治白薟（蘞）[2]、黃蓍（耆）、芍樂（藥）、桂、畺（薑）、椒、朱（茱）臾（萸），凡七物。骨睢（疽）[3]倍白薟（蘞），【肉】睢（疽）[4]【倍】黃蓍（耆），腎睢（疽）倍芍藥，其餘各一。并以三指大最（撮）一入梧（杯）酒中，日五六飲之。須已□

【注释】

〔1〕睢（疽）病：即痈疽病。

〔2〕白薟（蘞）：句中提到白蘞、黄芪、芍药治痈疽，也提到桂、姜、椒、朱（茱）臾（萸），桂即牡桂，姜即干姜或生姜，椒即蜀椒，茱萸即吴茱萸。凡此四味，均性味辛温或辛热，但在《神农本草经》《名医别录》等本草著作中，都没有记载其治痈疽的作用。

〔3〕骨睢（疽）：《灵枢·刺节真邪》："以手按之坚，有所结深中骨，气因于骨，骨与气并，日以益大，则为骨疽。"

〔4〕肉睢（疽）：《灵枢·刺节真邪》："有所结中于肉，宗气归之，邪留而不去，有热则化而为脓，无热则为肉疽。"

【按语】

本节说明的是冶碎药物后泡酒，治疗痈疽病。用到姜、桂、椒、吴茱萸等温热药。

　　　睢（疽），以白薟、黄耆（耆）、芍药、甘草□物者（煮），□、畺（薑）、蜀焦（椒）、樹（茱）臾（萸）□物而当一物，其一骨□□□三□□以酒一桮（杯）□□□□筋者倏倏翟翟〔1〕　□□之其□□□□□。日四□。一欲潰〔2〕，止〔3〕。

【注释】

〔1〕筋者倏倏翟翟：筋者，疑指筋疽。前文提到骨疽、肉疽、肾疽几种。《刘涓子鬼遗方》载"筋疽皆发脊两边大□，其色苍。"可参。倏倏，犹倏忽，言极快极短的时间。翟，□羽也，此处有明显和突出之意，谓筋疽发展快而明显。

〔2〕一欲潰：疽一旦要溃破时。

〔3〕止：停止服药。

【按语】

本条治疗方药与上文方药基本相同。从原文"一欲潰，止"来看，当时治疗疽的一条主要原则是温通辛散，促其外溃。这种治法在后世仍经常使用。本条提出了治疽病的主方。其中，白薟、黄耆、芍药为第一组药，均有消痈疽疮肿的作用；桂、姜、椒、萸为第二组药，四物合用，能辛温散结、通阳下气。对于寒性疽病，本方基本切合。尤其难能可贵的是，本条还将疽病分作几种类型，根据不同类型，有针对性地重用方中某味主药，以期取得更好的疗效。这种思维方法，摆脱了运用单方验方治病的原始状况，开始进入辨证论治的阶段。在张仲景辨证论治体系确立之前四百多年，能出现这样的记载，确实是一项惊人的成就。

加（痂）

燔礜，冶鸟豪（喙）、黎（藜）膚、[1] 蜀叔（菽）[2]、庶[3]、蜀椒、桂各一合，并和，以頭脂□□□布灸以熨，卷（倦）而休。

【注释】

〔1〕黎（藜）膚：《神农本草经》："味辛寒。主蛊毒咳逆，洩利肠澼，头疡疥瘙恶疮，杀诸蛊毒，去死肌。"

〔2〕蜀菽：尚志钧氏认为："疑即巴豆。《蜀都赋》云：'其中有巴菽、巴戟。'《广雅》云：'巴菽，巴豆也。'"

〔3〕庶：疑为蔗，甘蔗。见载于《名医别录》。多用于内服。另《滇南本草》载："治百毒诸疮，痈疽发背，捣烂敷之。"可参考。

【按语】

本条文说明的是治疗疥疮病"加"，将乌头、藜芦、巴豆、甘蔗、蜀椒、桂等，用布包裹灸熨。起到芳香温热发散作用。

白茝[1]、白衡[2]、箘桂[3]、枯畺（薑）[4]、薪（新）雉[5]，●凡五物等。已冶五物□□□取牛脂[6] □□□细布□□，并以金銚[7]燔桑炭，鬶（鬵）弟（沸），發亭（歆）[8]，有（又）復燔弟（沸），如此□□□布【抒】取汁，即取水银[9]靡（磨）掌中，以和藥，傅。旦以濡漿細□□□之□□□□□。傅藥毋食□豕肉，鱼及女子[10]。已，面頹□□者。

【注释】

〔1〕白茝：白芷之别名。《神农本草经》："白芷味辛温，主女人漏下赤白，血闭阴肿，风头目泪出，长肌肤润泽，可作面脂。"《名医别录》："可作膏药面脂，润颜色，一名白茝。"

〔2〕白衡：疑为杜蘅。寇宗奭云："杜蘅用根似细辛，但根色白。"《名医别录》："味辛温，无毒，主治风寒咳逆，香人衣体。"

〔3〕箘桂：《神农本草经》："味辛温，主百病，养精神，和颜色，为

诸药先聘通使，久服轻身不老，面生光华，媚好常如童子。"

〔4〕枯薑：应即干姜，见载于《神农本草经》。

〔5〕薪（新）雉：杨雄《甘泉赋》称"辛夷"。辛夷，《神农本草经》："味辛温，主五藏身体寒热，风头脑痛，面黚。"

〔6〕牛脂：牛油。《本草纲目》载："主治诸疮疥癣白秃，亦入面脂。"可参考。

〔7〕金銚：一种铜制有柄烹器。

〔8〕發覃（歊）；使热气发散。歊，热气也。

〔9〕水銀：帛书整理小组注："水字据对印页反印文定。"

〔10〕及女子：即近女子。此处是指禁止房事。

【按语】

本节非治痈方，而是美容剂。几乎所有的药，如白芷、杜蘅、箘桂、辛夷、牛脂、水银都有美容或香体作用，用药之后，面容色泽发生了改变。因此，本条实为介绍面脂的制作及使用方法。白芷、杜蘅、箘桂、干姜都有行气、健脾、美容功效。

（三）《养生方》

我欲合氣，男女蕃兹〔1〕，爲之若何？少河曰：凡合氣之道，必□□□□□□□□□□□□曰：君何不薈（羹）茅艾〔2〕，取其湛〔3〕，以實五賞石膏白□□□□□□□□□□□□□□□〔4〕，端夜茨琼，白雖賞，登左下右，亦毋暴成。

【注释】

〔1〕我欲合氣，男女蕃兹：合氣，交接。蕃兹：蕃滋。男女番滋谓生儿育女。一说指男女双方身体健盛。

〔2〕茅艾：茅根和艾叶。

〔3〕湛：帛书整理小组注：为潘，汁也。

〔4〕白□：帛书整理小组注：白字下一字疑读为煅字。

【按语】

本条文是《养生方》里房中术的一些方法（图1-10）。指出可以用茅根、艾叶煎汁，但因缺文具体用法不详。

图 1-10 《养生方》帛书

【勺】[1]：日以五月望取勃蠃[2]，渍□□□□□布□中，
陰乾，以□□熱。

【一曰】：取乾恒（薑）、桂、要苕、蛇牀[3]、□□，皆
冶之，各等，以蠠（蜜）若棗脂[4] 和丸，大如指端，裹以
疏布，入中[5]，熱細[6]。

【注释】

〔1〕勺：本题内容为女子用药方，"勺"与帛书《杂疗方》"约"题
相参，勺当通"约"。又，本法能使身体部位发热发痒，约或又通"灼"，
使发热也。

〔2〕勃蠃：当即《尔雅·释虫》蚹蠃，郭注："即蜗牛也。"又写作
蚹蠃、茀蠃、蒲蠃、薄蠃等。

〔3〕要苕、蛇牀：当即薰苕，又称紫葳。蛇牀，蛇床子。后世房中补

益亦为常用之药。

〔4〕若枣脂：若，或也。枣脂：枣脂，即帛书《杂疗方》"约题"下的枣膏，在此膏、脂义同。《小尔雅·广物》："棘实谓之枣。"枣脂当以此熬制。

〔5〕入中：不详。一说以布裹药丸纳入阴中，以刺激女子性要求。

〔6〕热细：当为"入中"后的一种微微痒热的感觉。

【按语】

本条文用干姜、桂和紫葳、蛇床子一起治成碎末，加蜂蜜、枣脂为丸，作为行房中术时女性外用塞药。

【益甘】[1]：□伏霝[2] 去滓，以汁肥豯[3]，以食女子，令益甘中美[4]。取牛䚡[5] 燔治之，□乾恒（薑）、箘桂□皆并□[6]，□□囊盛之，□以醯渍之，入中[7]。

【注释】

〔1〕益甘：文中"益甘中美"的省文。

〔2〕伏霝：即"便近内"题下"伏灵"，亦即茯苓，为房中补益之常药。

〔3〕以汁肥豯：豯，《说文》："生三月豚。"以汁肥豯谓用茯苓汁烹煮乳猪。

〔4〕以食女子，令益甘中美：一说，亦读为嗌。全句谓令女子吃已烹制好的乳猪肉，使其感到口甜心快。一说，以烹制好的乳猪肉塞入女子阴道，激发其性欲，使阴中有快感。结合本题内容，似以后说为宜。

〔5〕牛䚡：《神农本草经》中品有牛角䚡，牛䚡当是其简称，主治"下闭血、瘀血、疼痛、女子带下血。"牛角䚡一名角胎，即牛角尖中之坚骨。

〔6〕干恒姜：即干姜。

〔7〕入中：塞入阴道中。帛书《杂疗方》约题称此为"入前中"。是一种直接刺激女子性欲的方法。

【按语】

古代房中方术，其实就是所谓"御女"之术，其方药及性活动式多属男子所设。本条文提到女子用药问题，介绍了女子阴道给药的方法，是为了加速和提高女子的性兴奋和对性的要求，所用干姜、箘桂、蛇床子等都是辛热之品，对女子阴冷、性欲淡漠者当有一定作用。

【除中益氣】^[1]

【一曰】：取芍桂^[2]二，細辛四，荻^[3]一，戊厲^[4]一，秦林（椒）^[5]二，【三】指最（撮）以爲後飯，令人強。

【注释】

〔1〕除中益氣：整治致益的意思。此处除中即治中、益中之意。本题文中亦有"益中"一词。

〔2〕芍桂：当即箘桂。芍、菌同属形声字，形符从草，声符韵近。

〔3〕荻：青蒿。帛书《五十二病方》"牝痔"题："青蒿者，荆名曰荻。"《玉篇》："蒿也。"一说荻通"楸"。

〔4〕戊厲：读为牡蛎。见《神农本草经》上品。

〔5〕秦椒：见《神农本草经》中品："味辛温，主风邪气，温中，除寒痹，坚齿发，明目，久服轻身，好颜色，耐老增年，通神。"

【按语】

本条文讲除中益气之法，就是补中益气法。箘桂、细辛、青蒿、牡蛎、秦椒冶为粉末，饭后服用。可以健脾胃、行气温阳。

【一】曰：取細辛、乾桓（薑）、箘桂、烏豪（喙），凡四物，各冶之。細辛四，乾桓（薑）、菌、烏豪（喙）各二，并之，三指最（撮）以爲後飯，益氣，有（又）令人免（面）澤。

【一】曰：取白苻、紅苻^[1]、伏霜各二兩，桓（薑）十果（顆），桂三尺，皆各冶之，以美醯二斗和之。即取刑馬膂肉^[2]十□，善脯之，令薄如手三指，即漬之醯中，反復挑之，即扁（漏）之，已扁（漏），陰【乾】楊（煬）之，□□□潰（沸），有（又）復漬楊（煬）如前，盡汁而止。楊（煬）之□脩，即以椎薄段之^[3]，令澤，復楊（煬）

□□□ 之，令 □ 澤，□□□□□□□□□□□□□□□ 漆
（漆）[4] 髹之，乾，即善臧（藏）之。朝日晝□夕食食各三
寸[5]，皆先飯□□□□□□□□□□□□。□□□各冶等，
以爲後飯。

【注释】

〔1〕白符、紅符：即五色符中的白符、赤符。掌禹锡等引《吴普本
草》则云："五色石脂，一名青、赤、黄、白、黑符。"《神农本草经》有
"青石赤石黄石白石黑石脂等"条。

〔2〕脊肉：指背脊两侧的肌肉。刑马脊肉就是杀取供食用的马的肥
肉。制作药物当以脊肉为是，肥肉似不适宜。因肥肉不耐文中所述反复
炀、煮，又"以椎薄段之"。《名医别录》云马肉："味辛苦冷，主热，下
气，长筋强腰脊，壮健强志，轻身不饥。"

〔3〕以椎薄段之：椎，捶击之器。段，通"煅"，古代在石上捶击干
肉（脩），有时加上姜桂，称煅脩。以椎薄段之，谓用椎子把干肉捶成
薄片。

〔4〕漆：生漆，《神农本草经》上品："久服轻身耐老。"

〔5〕朝日晝□夕食食各三寸：帛书整理小组认为此句的大意是，每日
三餐前各服所制肉脯三寸。

【按语】

本方由细辛、干姜、箘桂、乌头组成，饭后服用，云可"益气，又令
人面泽"。上述药物皆辛香温热之品，对振奋身体功能，促进循环和代谢
当有一定的作用，长期少量服用，或可取益气、美容之效。

【醪利中】[1]

【一曰】：爲醪，細斬漆（漆）、節各一斗，以水五
□□□□浚[2]，以汁煮茈【威】[3] □□□□□□□□□，有
（又）浚○○○鞠（麴）、○麥鞠（麴）[4] 各一斗，□□□，
卒其時，即浚□□□□黍稻□□□各一斗，并□，以鞠
（麴）汁脩（滫）之，如恒飯[5]。取【烏】豙（喙）三果
（顆），乾畺（薑）五，焦□□，凡三物，甫□□投之，先

三五

置□罂（罂）中，即酿黍其上，□汁均沃之，有（又）以
美酒十斗沃之，勿挠，□□。□涂（塗）之。十一□孰
（熟）矣，即发，勿釃[6]，稍□□清汁尽，有（又）以□□
酒沃，如此三而□□。以餔食饮一音（杯）。已饮，身膻
（體）养（瘍）者，靡（摩）之。服之百日，令目【明耳】
蒽（聪），末[7] 皆强，□□病及偏枯。

【注释】

〔1〕醪利中：利中之醪。利者，益也。利中即益中、内补之意。帛书
《杂疗方》有"益内利中"题。

〔2〕浚：《说文》"抒也。"段注："抒者，挹也，取诸水中也。"在此
为去（取出）滓留汁的意思。

〔3〕茈葳：即紫葳，见《神农本草经》中品，《名医别录》云有"益
气"的作用。

〔4〕麦麹：用麦做成的酒母。此即药酒酿制过程所用的发酵物。

〔5〕以麹汁瀹之，如恒饭：谓以麦曲汁浇黍稻并拌匀，像平时做饭洗
米一样。意在促进发酵过程。瀹，本义为淘米汁，引申为发酵。

〔6〕勿釃：即不要滤酒。

〔7〕末：四末，四肢也。或六末，谓四肢及前后二阴。

【按语】

本段说明的是在酿酒时加入乌头、干姜等，常服此酒可以强身健体
除病。

（四）《杂疗方》

内加[1]：取桂、薑、椒、蕉荚等[2]，皆冶，【並】合。
以穀汁丸之，以榆□搏之，大【如】口口口臧（藏）筒中，
勿令歇[3]。即取入中身空（孔）中[3]，举，去之。

【注释】

〔1〕内加："内加"与"约"似指用于男女不同性别治法的总称。凡
言内加之条，常以药布为法，用时多以揩、撮、缠于中身为法，而其显效
则以"举"字言之，是知"内加"乃用于男性以激发性欲，使性器官勃

起的方法。而凡以"约"字所领诸条，其用药多为"小囊裹"，或以蜜、枣膏等物为丸，用法则是"入前中""嗛前""□庫中"等，其药效的发挥则以"知而出之"言之，比较显见是用于女性。因此，"约"字之义似并非衰、止等意，而是用于激发女子情欲、促进女性性功能方法的代称。故内加、约，均是指激发性欲的方法，仅仅因为一用于男性，一用于女性而别为二名。

〔2〕蕉荚：即皂荚。

〔3〕勿令歇：指勿使药物之气外泄。又，《方言》："歇，涸也。"指水液干枯。勿令歇，或又指勿使药丸枯干。气无泄，丸勿枯，方可用之。

〔3〕中身孔：句下谓"睪"，当为用于男子。中身孔之于男性，疑指脐孔。

【按语】

以上"内加"所领诸条，条后皆以"举"言之，是指为激发男子性欲的方法。记载了外用和内服两种用药方法。

内服法仅见以春鸟卵入桑枝中蒸后置黍中食之。取鸟卵之产于春季者，用春字主生、主情欲之意。或谓其能激发人之情欲。

大部分为外用法，又分为两类。一为药丸外敷，二为药布法。所用药物主要有白松脂、杜虞、赤脂、蓬虆、桃毛、桂、姜、椒、皂荚、蜂螯之犬肝、谷汁、醋等，除药名无考者外，余皆辛香温热，益精延年之品，具有补肾壮阳的功用。由于药物和外物的双重刺激，或因此而能激发情欲，使阴茎勃起。

约：取桂、乾薑各一，蕃石二，蕉【荚】三，皆冶，合。以丝缯裹之，大如指，入前中，智[1]（知）而出之。

【注释】

〔1〕智：即知，觉也。本文指女性用药以后的感觉，这种感觉当指女性情动。

●約：取巴叔（菽）[1]三，蛇牀二，桂、薑各一，蕉荚四，皆冶，并合。以蠠（蜜）若棗膏[2]和，丸之，大如赣[3]，入前中。及爲，爲小囊裹，洗嗛[4]前，智（知）而出之。

【注释】

〔1〕巴叔：《神农本草经》谓巴豆："一名巴叔。""味辛温，……破症瘕结聚，坚积留饮……荡练五藏六府，开通闭塞。"

〔2〕棗膏：以大枣果肉制成之膏。《神农本草经》谓大枣："安中养脾，助十二经，平胃气，通九窍，……和百药。"蜜和枣膏均为制丸药的赋形剂。

〔3〕蘵：《神农本草经》载有薏苡仁，《名医别録》云薏苡仁一名蘵。

〔4〕嗛：《说文》："嗛，口有所衔也。"嗛前，将药囊衔于前阴阴道内。

【按语】

这里用蜀椒、蛇床子、姜、桂等辛温芳香药物冶碎，炼蜜为丸，作为房中术塞药使用。阴户内塞药可激发女子性欲。所用药物主要有矾石、桂、姜、巴豆、皂荚等。这些药物多为辛温大热之品，具有温阳通经的作用，局部用于阴户内，能刺激性器官，从而激发情欲。直接在阴道内用药，由于辛热类药的刺激性较大，故而帛书多以枣膏或蜜为丸，外以布为小囊，而且指出用药不宜过度。这种塞药方法对女子性欲淡漠者，会具有一定程度的激发作用。

从马王堆医书中香药的使用可以看出，当时香药的主要作用是利用药物芳香温燥的性质，发挥温阳、通经、止痛、健脾、化湿等作用。大量香药会形成配伍，如干姜配伍蜀椒，干姜配伍箘桂，蜀椒配伍蛇床子，蘼芜配伍箘桂，青蒿配伍箘桂，等等。大部分香药制成散剂，可以内服，也可以制成丸剂、汤剂，部分香药可以用焚烧熏蒸的疗法治病。香药也发挥了食疗作用，在烹煮肉食时添加，发挥治病与养生的功效。马王堆医书中的香药使用情况是中医香文化早期发展的成就，具有重要的参考价值。

第二章　先秦秦汉楚文化中的香文化

第一节　楚文化中的香文化

　　中国的香文化肇始于远古，萌发于先秦，初成于秦汉，成长于六朝，完备于隋唐，鼎盛于宋元，广行于明清，是中华民族在漫漫几千年的历史中，通过对各种香品的制作配伍和使用，而逐渐形成的一种有着中华民族特色的文化，体现了中华民族的特有精神气质，具有重要的美学价值，是我国文化中的重要组成部分。

　　楚文化是在楚国时期由楚人创造的在精神观念和物质表现方面均具有自身特征的地域文化，诞生于西周，扩展于东周；春秋之时楚人北上问鼎中原，楚文化北渐；战国初期，楚国南征东拓，楚文化东渐、南渐；战国中期，鼎盛的楚文化与周文化南北"半天下"。此后秦灭六国，统一天下，然二世而亡，秦末汉初陈胜、怀王、项羽复兴楚制。刘邦等楚人集团建汉，初时楚文化多延续，至武帝盛世，"春秋大一统"，楚文化、秦文化、齐鲁文化合流，独立的楚文化不复存在，而是成为汉文化的一部分存续，经千年嬗变，影响至今，为我国文化史上最重要的源泉之一。

　　楚文化与香文化关系密切。一方面，先秦、汉初香文化萌芽发展之始，丝绸之路尚未开通，中外香料贸易未开启，所用香料均为本土香料，受地域条件所限，当时香料多产自中土南方，且大部分产自长江流域。而先秦长江流域多为楚之疆域，为楚文化区。故楚文化必然在香文化发展早期就对其产生过某种程度的影响，甚至有学者如肖军，持"香文化起源于楚文化"的观点。另一方面，在香文化的历史进程中，文人、士大夫不仅是香文化的参与者，更是推动者，对于中国香文化的传承和发展起着十分重要的作用。而在先秦，对香文化的发展起最重要的推动作用的文人士大夫莫过于楚文化的代表人物——楚国的爱国主义诗人屈原。作为楚人的屈原在其作品中涉及大量香草、香木，并开创了"香草美人"观，无疑反映了先秦楚地对香草的普遍使用，折射出先秦楚文化中俨然有用香、崇香之风，香文化当是楚文化的重要组成部分。故研究先秦、秦汉楚文化中的香文化，对全面了解楚文化的特征与正确梳理香文化的早期发展脉络均具有重要意义。

在探讨、梳理楚文化中的香文化之前，笔者将先用部分笔墨描述楚文化与香文化各自的概念、历史进程、文化特征等内容，以便后续结合讨论。

一、楚文化

楚文化，顾名思义即"楚"的文化，与"楚族""楚地""楚国"等元素密不可分。但对于其概念的界定，苏秉琦先生在《苏秉琦考古学论述选集》指出"我们不能简单地说，楚地、楚国、楚族的文化就是楚文化，因为前边三者明显是因时而异的。"那么对于楚文化的该概念，我们该如何理解呢？俞伟超先生在《先秦两汉考古学论集》对此有过十分精当的表述："就是中国古代楚人所创造的一种有自身特征的文化遗存，讲得具体一点，就是这种文化遗存有一定的时间范围、一定的空间范围、一定的族属范围，一定的文化特征内涵。在这四个方面，一定的文化内涵特征是最重要的。"因此我们在论述楚文化时，不仅要明确其时、空以及族属范围，更要梳理清楚其文化内涵。

（一）楚文化的时间范围

关于独立的楚文化不复存在的时间，学界多认为其在汉武帝推行"春秋大一统"后。那么此处，我们只需就其形成时期展开讨论。

要界定楚文化的起源，首先要追溯楚民族与楚国的起源。对于楚民族的先祖，《史记·楚世家》记载："楚之先祖出自帝颛顼高阳。高阳者，黄帝之孙，昌意之子也。高阳生称，称生卷章，卷章生重黎。重黎为帝喾高辛居火正，甚有功，能光融天下，帝喾命曰祝融。共工氏作乱，帝喾使重黎诛之而不尽。帝乃以庚寅日诛重黎，而以其弟吴回为重黎后，复居火正，为祝融。吴回生陆终。陆终生子六人，坼剖而产焉。其长一曰昆吾；二曰参胡；三曰彭祖；四曰会人；五曰曹姓；六曰季连，芈姓，楚其后也。昆吾氏，夏之时尝为侯伯，桀之时汤灭之。彭祖氏，殷之时尝为侯伯，殷之末世灭彭祖氏。季连生附沮，附沮生穴熊。其后中微，或在中国，或在蛮夷，弗能纪其世。周文王之时，季连之苗裔曰鬻熊。鬻熊子事文王，蚤卒。其子曰熊丽。熊丽生熊狂，熊狂生熊绎。熊绎当周成王之时，举文、武勤劳之后嗣，而封熊绎于楚蛮，封以子男之田，姓芈氏，居丹阳。"其中"楚之先祖出自帝颛顼高阳"，神话色彩浓重，疑为一种假托，实难考证。

而考古发现的有关楚先祖资料最有价值的是包山二号墓出土的竹简，简载："举祷楚先老僮、祝融、酓熊各一群""举祷楚先老僮、祝融、酓熊各两牂，享祭"。老僮，《大戴礼记·帝系》曰："颛顼氏娶于滕氏，滕氏奔之子，谓之女禄氏，产老童"，《集解》引樵周曰："老童即卷章"。酓熊，学界多将"酓"释为"穴"，即穴熊，但亦有学者释"酓"为"鬻"，鬻熊。按《史记》，两者非同一人，但按孔广森《补注》："《楚世家》云：'附沮生穴熊。其后中微，弗能纪其世。'广森谓鬻熊即穴熊声读之异，《史》误分之。"由是可知酓熊即鬻熊（穴熊）。故按包山楚简记载的楚之先祖有：老僮（卷章）、祝融、酓熊（鬻熊/穴熊）三位。此三位亦见于葛陵简，当是可信。

因此可以推理楚民族之先祖到楚居丹阳之时的谱系为"老僮——祝融——鬻熊——熊绎"。但自老僮到熊绎封于丹阳，这一时期的文化只能叫做比较单纯的楚民族文化，而并非后来我们所谓"在长江中游地区土著文化的发展基础上，融合了中原文化和其他文化的一种总概念"的楚文化。后者的时代上限当定在春秋中期前后。

故我们此处讨论的楚文化的时间范围即春秋中期前后至汉武帝后。

（二）楚文化的空间范围

由于如颛顼、祝融、季连、穴熊等楚先祖叙事神话色彩浓厚，太史公亦语焉不详，云"其后中微，或在中国，或在蛮夷，弗能纪其世"，无法考证其活动范围。笔者此处仅讨论自熊绎之后的信史。

1. 楚居丹阳到春秋初期

《史记·楚世家》："熊绎当周成王之时，举文、武勤劳之后嗣，而封熊绎于楚蛮，封以子男之田，姓芈氏，居丹阳。"又《史记·孔子世家》："且楚之祖封于周，号为子男五十里。"《礼记·王制篇》："天子之田方千里，公侯田方百里，伯七十里，子男五十里……"，故可以得知这一时期楚人的活动范围为丹阳"五十里"的狭小区域。至于丹阳究竟在何处，史书记载不详，学界也众说纷纭，莫衷一是，主要有"秭归说""枝江说""丹淅说""当涂说""南漳说""商县说"等。而熊渠前后，楚国向江汉平原扩张。《史记·楚世家》："熊渠生子三人。当周夷王之时，王室微，诸侯或不朝，相伐。熊渠甚得江汉间民和，乃兴兵伐庸、杨粤，至于鄂……乃立其长子康为句亶王，中子红为鄂王，少子执疵为越章王，皆在江上楚蛮之地。"关于熊渠所伐的庸、杨、越，段渝考证三地都处在汉、丹、淅相联系的范围内，均离楚国本土不远，而史书亦记载，到春秋初叶，楚国只是"土不过同"之地（杜预云：方百里为一同）。可知此自熊绎封于丹阳到春秋初，楚的空间范围基本没太大变化，始终在汉、丹、淅之间不到一百里的土地。

2. 春秋中期到战国时期

《国语·郑语》："（周）平王之末，而秦、晋、齐、楚代兴……楚蚡冒于是乎始启濮。"《史记·楚世家》记载楚武王"始开濮地而有之"，由占领濮人之地始，楚国日益强大，逐步进入称霸江汉、问鼎中原。据学者统计，春秋战国期间，为楚所灭的国家和部族有六七十个之多。《史记·货殖列传》曾将楚全盛时期的版图一分为三："自淮北沛、陈、汝南、南郡，此西楚也……彭城以东，东海、吴、广陵，此东楚也……衡山、九江、江南、豫章、长沙，是南楚也。"王勇认为，尽管各地入楚时间长短不同，但由于南方许多民族有着与楚大致相同的地理环境，加之长期交往，民俗有很多相近的地方，这一庞大版图内的居民普遍都认同楚文化。故春秋战国时期，楚文化的空间范围应为淮北沛、陈、汝南、南郡，彭城以东，东海、吴、广陵，衡山、九江、江南、豫章、长沙等地。

（三）楚文化的族属范围

楚文化的缔造民族无疑为楚民族或言荆楚民族，但还需言明此楚族的具体指示。按《史记》，楚之先祖为芈姓，季连之苗裔。西周成王时，楚之先祖熊绎封于"楚蛮"，自此芈姓，季连之苗裔这一支民族方与"楚"产生交集，并在此楚蛮之地生存、发展、壮大，即我们所指楚民族，而此前并无楚人、楚族、楚民族之称。但必须指出的是，楚文化并非单纯的楚民族文化，而是多民族文化融合发展的产物。

首先是江汉楚蛮各族对于楚文化的浸润。据张正明考证，楚文化固然是楚民族缔造的，但纯粹意义上的民族文化仅存于发端的短暂时期，兴国拓疆后的楚国南方境内，除主体民族荆楚以外，还生活着众多土著蛮族，其主体是三苗的后裔。石慧考证指出自商到春秋，楚人入湘前境内居住着大量扬越族群以及巴人。这些被历代史家泛称为"南蛮"或"楚蛮"的部落、族群，虽无统一的文字，并入楚国的时间早晚及与楚族同化的程度也并不一致，但它们都有各自的秉性与文化习俗，有的还保留了较多异民族的特点。作为客籍的楚族习染既久，江汉间土著楚蛮文化的某些因素、特质浸润到楚文化之中便在所难免。其次，作为在周王朝封邑之地发展的文化，楚文化自诞生之始就必然受中原各民族的影响。

因此谈及楚文化的族属范围，应当说它是以荆楚民族为主体缔造的，融合诸如三苗、杨越、巴人等楚蛮各族并掺杂中原各族色彩的多民族文化。

二、楚文化的文化特征

作为考古学文化的楚文化，其文化特征主要体现在出土的遗物方面，如"楚式铜器""楚式陶器""楚式镇墓兽""楚币""楚度量衡器""楚漆器"等。其中又以"楚漆木竹器"与"楚式鬲"最为重要。鬲是楚人的最主要炊具，特点是高足、足窝浅，与当地传统的罐形鼎与盆形鼎近似，被称为鼎式鬲或楚式鬲，因其基本形态、制作方法和发展变化均与中原商式、周氏鬲不同，自成系统而备受学界研究重视。也因其普遍存在于楚遗址和楚墓中，故是追溯楚文化渊源、探讨楚文化发展变化的最重要器具。而漆器于春秋战国时期的主要产地就是楚国，丰富多彩的漆器是楚文化的基本特征之一。

除了考古学意义上的文化特征，作为地域文化概念的楚文化亦有其本身的一些典型文化特点，如尚巫、重商、尚左、尚东、尚火、尚赤、尊凤、尊尊、享乐、重诺、空想、个人英雄主义、崇尚浪漫与自由，等等。下面简单阐述其中最具代表性的几点：

（一）信鬼尚巫

楚文化中巫文化色彩浓重在史学诸书上记载颇多。《列子·说符》："楚人鬼而越人禨。"《吕氏春秋·孟冬纪》："荆人畏鬼而越人信禨。"《汉书·地理志》："（楚）信巫鬼，重淫祀。"桓谭《新论·言体》："昔楚灵王骄逸轻下，简贤务鬼，信巫祝之道，斋戒洁鲜，以祀上帝，礼群神，躬执羽绂，起舞坛前。吴人来攻，其国人告急，而灵王鼓舞自若，顾应之曰：'寡人方祭上帝，乐神明，当谋福佑焉。'不听赴救……"《汉书·郊祀志》："楚怀王隆祭祀，事鬼神，欲以获福助却秦师……"王逸《楚辞章句·九歌序》："昔楚国南郢之邑，沅、湘之间，其俗信鬼而好祠。""淫祀"一词，《礼记·曲礼》："非其所祭而祭之，谓之淫祀，淫祀无福。"《汉书·地理志》"信巫鬼，重淫祀"或就楚地所祀对象范围广、祭祀频繁而言。亦有学者，如张君考证认为"楚人不淫祀、重祖祀"继而反驳楚重淫祀之说。但无论其是否淫祀，据上述史料看，楚人自上而下的信鬼尚巫之风盛行无疑。除史料外，考古发掘资料也存有"楚人重巫"的证明。最典型的为楚墓中大量存在作为"楚地巫觋死后魂升天的法器"的楚式镇墓兽。

但必须指出的是，此处"巫"并非仅是宗教或迷信上的叙事，楚地"巫"的概念，按《国语·楚语》记观射父："民之精爽不携贰者，而又能齐肃衷正，其智能上下比义，其圣能光远宣朗，其明能光照之，其聪能听彻之，如是则明神降之，在男曰觋，在女曰巫"，可知楚人所言"巫"不仅能沟通天地，交于神人，掌祭祀之事，还需行为检点、品质高尚、能言善辩、聪明智巧、能烛知过去、昭明未来，了解山川之号，四时之生，上下之神，氏姓之出，天文、地理、人事无所不知，是楚社会中了解神话、天文、历法、地理、民俗、历史、医药等各种知识的精英。

（二）热衷商贾

《战国策·楚策三》中楚怀王云："黄金、珠、玑、犀、象出于楚……"《史记·货殖列传》云："江陵故郢都，西通巫、巴、东有云梦之绕……楚夏之交，通渔盐之货，其民多贾……东有海盐之饶，章山之钥，三江五湖之利……多竹木，豫章出黄金，长沙出连、锡"，《管子·轻重甲》中管仲亦云："使夷吾得居楚之黄金，吾能令农勿耕而食，女勿织而衣"，以上史料无疑说明楚地物产丰饶且楚人热衷商贾。

（三）感性浪漫

《史记·货殖列传》言楚人："……其俗剽轻，易发怒……轻刻，矜己诺"，《说苑·指武》言楚"士多轻悍"，《史记·楚世家》："（楚庄王）二十年，围宋，以杀楚使也。围宋五月，城中食尽，易子而食，析骨而炊。宋华元出告以情。庄王曰：'君子哉！'遂罢兵去。"由是可见，楚人具有感性、冲动、重诺等性格特质，这样的楚民族性格所创造的楚文化亦是充满感性浪漫色彩的。原始、神秘、激情、迷离的巫文化，玄虚、抽象、自由、幻想的老庄哲学，充满神话色彩、追溯天地神祇、轻歌曼舞、香草摇曳、肆恣自由而又悲美的《楚辞》无一不体现了楚文化浓厚的感性色彩与浪漫情怀。

三、楚文化里的香文化

香文化是楚文化的重要组成部分，楚人行香用香之事、崇香爱香之情在先秦典籍里不难窥见。春秋战国，《庄子·证王》篇即有"越人熏之以艾"的描述，《韩非子》有"楚人有卖其珠于郑者，为木兰之柜，熏以桂椒"的记载，"书楚语，作楚声，纪楚地，名楚物"，有"香草美人"鼻祖之称的，楚文化代表作的《楚辞》更是"香气弥漫"，是先秦涉及香草香木最多的典籍。

据潘富俊考证，若以植物体全部或花、果部分具有特殊香气的香草或是植物体至少某些部位有香气的香木来界定《楚辞》中的香草香木，共计34种。其中香草22种，分别是：江离（芎藭、蘼芜）、白芷、泽兰、蕙（九层塔）、茹（柴胡）、留夷（芍药）、揭车（珍珠菜）、杜蘅、菊、杜若（高良姜）、胡（大蒜）、绳（蛇床）、荪（菖蒲）、苹（田字草）、蘘荷、石兰（石斛）、枲（大麻）、三秀（灵芝）、藁本、芭（芭蕉）、射干及撚支（红花）等均为一年至多年生草本。香木有12种，分别为：木兰、椒（花椒）、桂（肉桂）、薜荔、椴（茱萸）、橘、柚、桢（女贞）、甘棠（杜梨）、竹及柏等，有些为木质藤本，有些则为灌木及乔木。

以《太平御览》收录香部为例，先秦时期典籍所引的香，主要品类已有：麝、郁金、兰香、蘪芜、蕙草、藕车、杜蘅、白芷、荃香、熏香、芸香等 11 种。除了麝香之外，草本植物香，《楚辞》几乎全部囊括在内。因此《楚辞》也被认为是先秦楚地香文化的代表作。故本章将以《楚辞》为切入点探讨先秦楚文化里的香文化。

秦二世而亡，史料不丰，关于楚地楚人的行香用香之事以少见于史料，但《语书》言秦在楚地推行秦律移风易俗时"吏民莫用……私好、乡俗之心不变"，故楚地用香习惯大抵如前。迨至汉初，以刘邦为代表的楚人集团延续了大量的楚文化传统，故一般认为汉初虽"汉承秦制"，但不论是政治、文化、礼乐、习俗都保留了大量楚文化元素。因此汉初的用香文化仍在我们楚文化中香文化的讨论范围之内，集中体现汉初用香文化的莫过于马王堆汉墓出土的大量的香料、香具，其内容于本书第一章与本章第二节有详述，兹不赘述。

（一）《楚辞》中提及的香草

"楚辞"之名，始见于汉武帝时期。司马迁《史记》："买臣以'楚辞'与助俱幸，侍中，为太中大夫，用事。"应为"楚辞"二字在文献中的最早记载。北宋·黄伯思《翼骚序》云："屈宋诸骚，皆书楚语，作楚声，纪楚地，名楚物，故可谓之'楚辞'。"可见楚辞最初是指战国时期以屈原、宋玉等为代表的楚人辞作。但由于汉成帝时，刘向整理古籍文献，把楚国人屈原、宋玉等所创作的"骚体诗"和汉代人贾谊、淮南小山、东方朔、严忌、王褒、刘向等人创作的拟骚诗，汇编成集，分成十六卷，定名为《楚辞》。于是，故楚辞又有作品集的内涵。除此之外，后世学者又以"楚辞"指示诗歌体、文体，也有以"楚辞"专指屈原作品者，总之，"楚辞"一词具有多重内涵，本篇所言"楚辞"是为屈原、宋玉等楚人所作诗歌。一般采纳《史记》《汉书》以及《楚辞章句》中所言的楚辞篇目作为本篇探讨的对象。

《楚辞》中所频繁提及的部分香草、香木有：

1. 江蓠（蘪芜）

江蓠于楚辞中凡三见：《离骚》："扈江离与辟芷兮""又况揭车与江

蓠"，《惜诵》："播江蓠与滋菊兮"。蘪芜见于《少司命》："秋兰兮蘪芜，罗生兮堂下"。"江蓠"，《楚辞章句》但言"香草名"，未言其性状。罗建新考证其为楚地水芹属的一种常见植物，长于水滨，气芳、味美，可济饥，有保血益气、令人肥健之功用。

2. 芷（茝、药）

"芷"于《楚辞》中凡见五处：《离骚》："扈江离与辟芷兮""杂杜蘅与芳芷""兰芷变而不芳兮"，《湘夫人》："芷葺兮荷屋"，《招魂》："菉蘋齐华兮，白芷生。""茝"于《楚辞》中凡见四处，《离骚》："擥木根以结茝兮"，《思美人》："擥大薄之芳茝兮"，《悲回风》："兰茝幽而独芳"，《大招》："茝兰桂树，郁弥路只。""药"见于《湘夫人》："辛楣兮药房。"

"芷"，《楚辞章句》但言其气香芳，未言其性状。罗建新考证"芷"即"白芷"，乃南土植物，生水滨，根肥白，茎高大，叶色紫，花白黄，气芳郁，有通窍表汗之功用。而"药""茝"均为"芷"之异名。

3. 兰（蕙）

《楚辞》中涉及"兰"之意象众多，有"秋兰""春兰""石兰""幽兰"等兰草，还有"兰膏""兰旌""皋兰""兰藉""兰汤"等与兰相关的物品，如《离骚》："纫秋兰以为佩""余既滋兰之九畹兮""步余马于兰皋兮""结幽兰而延伫""谓幽兰其不可佩""兰芷变而不芳兮""余以兰为可恃兮""览椒兰其若兹兮"。《东皇太一》："蕙肴蒸兮兰藉。"《云中君》："浴兰汤兮沐芳"。《湘君》："荪桡兮兰旌""桂棹兮兰枻"。《湘夫人》："沅有芷兮澧有兰""桂栋兮兰橑""疏石兰兮为芳"。《少司命》："秋兰兮蘪芜""秋兰兮青青"。《山鬼》："被石兰兮带杜蘅"。《礼魂》："春兰兮秋菊"。《悲回风》："兰茝幽而独芳"。《招魂》："光风转蕙　泛崇兰些""兰膏明烛　华容备些""兰薄户树　琼木篱些""兰膏明烛　华镫错些""结撰至思　兰芳假些""皋兰被径兮　斯路渐"。《大招》："茝兰桂树，郁弥路只"。对于诸"兰"，《楚辞章句》均释作"香草名"，未言及性状。罗建新考证楚辞里的诸"兰"，一指"兰草"或"泽兰"。此"兰"有"泽兰""都梁香"诸异名，生南方泽傍，茎长，叶对生，花春红白而秋紫，叶、花俱香，可作浴汤，亦可为活血、行气、利水之药材。

二指兰花，其中"幽兰"为兰花，而"蕙""春兰""秋兰"均为兰花的一种。

4. 木兰

"木兰"在《楚辞》中凡三见：《离骚》："朝搴阰之木兰兮""朝饮木兰之坠露兮"。《惜诵》："梼木兰以矫蕙兮"。"木兰"，《楚辞章句》未作释言，罗建新则考证其为生于零陵、益州、巴峡诸南土山间之木本植物，亦可名之"玉兰"，其干高，枝叶俱疏，花内白外紫，皮似桂而香，且具"去皮不死"之特性。除"木兰"外，楚辞中亦有言"兰"实际为"木兰"者，即《湘君》："桂棹兮兰枻"，《湘夫人》："桂栋兮兰橑"。王逸《楚辞章句》："枻，船旁板也"，船旁板至少应是木质材料，则"枻"应为木本植物。而王逸《湘夫人》"兰橑"注："以木兰为橑也"。则《湘君》所谓"兰枻"之"兰"，亦为"木兰"也。

5. 留夷

"留夷"在楚辞中见于《离骚》："畦留夷与揭车兮"。《楚辞章句》里王逸但释"留夷"为"香草名"，未言其他。按罗建新考证"留夷"即"芍药"，乃生中岳谷及丘陵之山草，或白或赤，花香，可为药草，能入脾破血中之气结，又能敛外散之表气以返于里。

6. 揭车

"揭车"在楚辞中凡二，《离骚》："畦留夷与揭车兮""又况揭车与江离"。"揭车"性状，王逸无注。罗建新考证"揭车"即"藒车香"，为南方香草，味辛，叶黄，花白，有辟虫功效。

7. 杜蘅（衡、杜若）

杜蘅在楚辞中凡三见，《离骚》："杂杜蘅与芳芷"。《九歌·湘夫人》："缭之兮杜蘅"。《山鬼》："被石兰兮带杜蘅"。

"杜若"在楚辞中亦三见，《湘君》："采芳洲兮杜若""搴汀洲兮杜若"。《山鬼》："山中人兮芳杜若"。"杜蘅""杜若"《楚辞章句》均释为香草名，按罗建新考证"杜蘅"为江淮间香草，有"杜""土卤""楚蘅""杜蘅""土杏""马蹄香"等别名，叶似葵，形如马蹄，根色黄白，香甚佳，可作浴汤及衣之用，或能已瘿。而"杜若"即"杜蘅"。

8. 宿莽

"宿莽"在楚辞中凡二见，《离骚》："夕揽洲之宿莽"，《思美人》：

"搴长洲之宿莽"。宿莽，王逸《楚辞章句》注曰："草冬生不死者，楚人名之宿莽。"而《尔雅·释草》载："卷施草，拔心不死"，郭璞《注》："宿莽也"，洪兴祖《楚辞补注》："《尔雅》云'卷施草拔心不死'，即宿莽也。"由是可知，"宿莽"即"卷施草"，一种"拔心不死"的香草。

9. 桂（箘桂）

"箘桂"在楚辞中凡二见，《离骚》："杂申椒与箘桂兮""矫箘桂以纫蕙兮"。"桂"则在楚辞中论及较多，如《九歌·东皇太一》："奠桂酒兮椒浆"《九歌·湘君》："桂棹兮兰枻。"《九歌·湘夫人》："桂栋兮兰橑。"《九歌·大司命》："结桂枝兮延伫。"《九歌·东君》："援北斗兮酌桂浆。"《九歌·山鬼》："辛夷车兮结桂旗。"《远游》："丽桂树之冬荣。"《大招》："蕙兰桂树。"关于"桂"与"箘桂"的溯源与二者之间的关系，上篇"马王堆医书中的香药疗法养生保健"中有详述，此不赘述。一言以蔽之，楚辞里的"桂"为南方常见的一种冬夏常青，气味辛香，可用以入药的桂树，而"箘桂"则是其中桂中"叶似柿叶者"的品种。

10. 椒

椒在《楚辞》中凡八见，《离骚》："杂申椒与箘桂兮""谓申椒其不芳""怀椒糈而要之""椒专佞以慢慆兮""览椒兰其若兹兮"。《九歌·东皇太一》："奠桂酒兮椒浆。"《九歌·湘夫人》："播芳椒兮成堂。"《惜诵》："繄申椒以为粮"。《悲回风》："折若椒以自处。"王逸注曰："'椒，香木也。其芳小，重之乃香''椒，香物，所以降神'"。但言椒为香气轻微，可以用来降神的香木，未言及其他性状。吴仁杰《离骚草木疏》注云："《山海经》：'琴鼓之山，多椒柘'，郭璞注：'椒为木，小而丛生，下有草木则蠚死'……陆玑疏云：'椒似茱萸，有鍼刺。叶坚而滑泽……'"《本草》载有秦椒、蜀椒两种；《图经》云："今南北所生一种椒，其实大于蜀椒，当以实大者为秦椒，服食药当用蜀椒。蜀椒高四五尺，四月结子，无花，但生于叶间，如小豆颗而圆，皮紫赤色。此椒江淮及北土皆有之，但不及蜀中者皮肉厚，气味浓耳。"

由是可知，椒为不甚高的一种香木，有秦椒、蜀椒两种，《楚辞》中所指为枝上有针刺，枝叶坚硬滑泽，无花，四月结籽，籽形圆如豆而皮色赤紫，气味芬芳可服食亦可入药的蜀椒。

(二)《楚辞》用香分类与内涵

1. 生活用香

(1) 自发采摘香品

《楚辞》中多处提及有意地采摘、获取香物，如《离骚》："朝搴阰之木兰兮，夕揽洲之宿莽。"（搴，拔取。揽，采摘。）《九歌·湘君》："采薜荔兮水中，搴芙蓉兮木末。"《九歌·湘夫人》："搴汀洲兮杜若。"《思美人》："擥大薄之芳茝兮，搴长洲之宿莽。"（擥，揽，采摘。）这种自发地、有目的地采摘香物的行为，至少在侧面说明：①当时楚人对当地香物的认识水平较高，能够熟悉其性状、味道、生长环境，并能与其他普通植物区分。②楚人对芳香植物偏爱，具有明显的爱香情结。

(2) 服饰、佩戴香草

《楚辞》中频繁提及以香草作为装饰或佩戴香囊，如《离骚》"扈江离与辟芷兮，纫秋兰以为佩"（扈，披带。辟，编织。纫，连缀。佩，佩饰）。"制芰荷以为衣兮，集芙蓉以为裳"（制，裁制）。"苏粪壤以充帏兮，谓申椒其不芳"（帏，香囊）。"既替余以蕙纕兮，又申之以揽茝"（蕙纕，蕙草编成的衣带）。"户服艾以盈要兮，谓幽兰其不可佩"（服，佩戴）。《九歌·湘君》"薜荔柏兮蕙绸"（薜荔，香草，又名木莲。柏，通"箔"，帘子。蕙绸，用蕙草做的帐子）。《九歌·山鬼》"荷衣兮蕙带，被薜荔兮带女罗"（蕙带，蕙草做的腰带）。由是可知，楚人普遍运用香物用于装饰，或简单处理用于装点衣物，或直接以香物为配饰，或以香物制成香囊佩戴，可见在楚地爱香、以香为美，并早有随身佩戴香物、香囊以香身辟秽的社会风气。

(3) 居室用香

《楚辞》中亦有用香木建造房屋，用香草装点居室的描述，如《九歌·湘夫人》："苏壁兮紫坛，播芳椒兮成堂"（壁，墙壁。坛，中庭）。"桂栋兮兰橑，辛夷楣兮药房"（栋，屋栋。橑，屋椽。楣，门楣）。"疏石兰兮为芳，芷葺兮荷屋，缭之兮杜蘅"（芳，通"防"，屏风。葺，修葺）。依此可知，楚人当时已用芳香植物建筑房屋、装点居室以起到美饰、增香、辟秽、去虫的功用。另外，用香建造居室非一时之功，说明楚人当时不仅能轻易获取大量香物，还能熟练贮存、处理、再加工香物，使其变成建造、装点房屋的材料。

（4）种植、栽培香品

《楚辞》中不乏培植香品的描述，如《离骚》"余既滋兰之九畹兮，又树蕙之百亩"（滋，培植。树，种植），"畦留夷与揭车兮，杂杜衡与芳芷"（畦，分畦种植）。《惜诵》"播江离与滋菊兮，愿春日以为糗芳"（播，播种）。毋庸置疑，远古至先秦香文化的萌芽与初起时期，人们对于香料的使用还多为天然植物香品，而据《楚辞》可知，早在先秦，楚人就在使用野外香品之外，另有自发培植香物的行为。这一方面说明楚人对香物的了解水平颇高，能掌握其生存习性与栽培方法，另一方面也可见其爱香之甚，以庭院种植香物作为生活情趣。

（5）以香物作赠礼

在楚辞中亦有不少以香物赠人的描述，如《九歌·湘君》："采芳洲兮杜若，将以遗兮下女。"《九歌·湘夫人》："搴汀洲兮杜若，将以遗兮远者。"《九歌·山鬼》："被石兰兮带杜衡，折芳馨兮遗所思。"（遗，赠送。）众所周知，中国自古以珍品或美好事物赠人，《楚辞》中多次提及以香物赠予"所思之人""身边的侍女"等亲近之人，说明楚人以香物为美、为珍，并且早在先秦就初步形成以香品赠人的礼仪文化。

（6）饮食用香

在楚辞中不乏饮香酒和服食香物描述，如《离骚》："朝饮木兰之坠露兮，夕餐秋菊之落英。"（餐，吞食）《九歌·东君》："援北斗兮酌桂浆。"（酌，酌饮。桂浆，桂花酒）《惜诵》："擑申椒以为粮"（擑，舂）、"播江离与滋菊兮，愿春日以为糗芳"（糗芳，芳香的干粮）。饮桂酒、食糗芳、餐秋菊，说明早在先秦时期，楚人就已掌握用香物酿酒、制作食物的技能，饮食用香文化在先秦楚文化里早已存在。

2. 祭祀用香

除上述生活用香外，《楚辞》里更是存在着大量巫事、祭祀用香的描述，如《离骚》："巫咸将夕降兮，怀椒糈而要之。"（椒：椒浆，花椒浸泡的用于祭祀的酒。糈，祭神用的精米。）《九歌·东皇太一》："蕙肴蒸兮兰藉，奠桂酒兮椒浆。"（蕙肴，蕙草包裹的祭肉。兰藉，用兰草铺陈的用于祭礼的草垫。奠，进献）《九歌·少司命》："秋兰兮麋芜，罗生兮堂

下。"（堂下，祭堂之下）

由是可知，早在先秦，楚人便以香物祭神。但《楚辞》中祭祀所用香物多是香物制作的祭酒、直接罗列的香物、香物包裹的祭品、香物铺陈的祭祀器具等，几乎没有与"熏、燃、燎"香物以行祭礼有关的叙事。这跟前文所述远古时期我国先民举行燎祭似乎大有差别，很可能是楚文化中独特的香文化体现。但不论何种形式的用香祭祀，先秦楚人将"香"与国之大事——祭祀活动结合，至少可以明确看出楚人爱香、崇香的观念，并可推断出祭祀用香文化行于楚地早已有之。

3. 以香比德

正如王逸"引类譬喻，故善鸟香草，以配忠贞"、司马迁"其志絜，故其称物芳"的评价，除了以上所述用香行为外，《楚辞》中更多的是以香物寄托情思或以香喻德，以香婉转表达对美德的追求、对气节的坚守、对理想的执着。如"扈江离与辟芷兮，纫秋兰以为佩"（王逸注：行清洁者佩芳，言己修洁），"余既滋兰之九畹兮，又树蕙之百亩"（王逸注：言行仁义勤身自勉，犹莳众香也）、"朝搴阰之木兰兮，夕揽洲之宿莽"（木兰去皮不死，宿莽拔心不亡，喻君子美德）……凡此种种皆"取其香，言其馨洁"。而以香喻君子，喻美德，喻志节在《楚辞》中的滥觞，亦体现了楚地香物的丰饶，表现了楚文化里香气比德、香气养性的观念以及楚文化浓厚的爱香、崇香情结。

综上所述，先秦楚地行香、用香、崇香、爱香早已蔚然成风。在楚地，不仅存在完备的祭祀用香体系，更有覆盖日常生活方方面面的生活用香行为。而在行香之外，"香气养性""以香喻德"的中国香文化核心观念在楚地也已明显显现。

第二节　马王堆医学香料使用与楚文化

马王堆医学香料使用与楚文化关系密切。西汉初年，强大而统一的汉王朝疆域辽阔，政权基本获得巩固，相对于战国及秦王朝等时期而言，国家不再苦于战乱，人民也能安居乐业、和平交往。这一时期，我国的各种地域文化逐渐在交流互鉴中获得融合式发展。有学者研究指出，汉王朝建立后尤其是汉武帝制定罢黜百家的国策之后，楚文化、秦文化和齐鲁文化这三种地域文化大体上步入合流的历史进程。因此，楚文化中某些因子是合流后融合而成的新的汉文化的组成部分。正如楚文化中与香文化关系极为密切的传统节日端午节，起源于楚地人民每年对楚国先贤屈原的纪念，融入新的汉文化后逐渐成为中华民族共同的传统佳节，并传承和保留了在门口悬挂艾叶、菖蒲等医学香草，佩戴香囊的香文化习俗。这种香文化习俗也表现为马王堆医学香料的使用，反映了楚文化中已经渗透到楚人饮食起居各个环节中的香文化。在新时代传承好、发展好马王堆医学香料的使用，有必要深入整理研究相关文献和文物，深刻把握马王堆医学香料使用与先秦秦汉时期楚文化的内在关联，从而展现香文化这一中华优秀传统文化所具有的古代科学属性。

一、马王堆出土文献中的医学香料及使用的记载概况

马王堆医学香料使用，就文物的出土形式而言，有实物、文字等多种形式。马王堆医学香料和其使用方法，或者以实物形式出现在出土的随葬品之中，或者以文字形式记载在出土的帛书简牍上。马王堆医学香料中的实物，有赖于出土遣册、医书等文字形式的记载和说明。

先说马王堆医学香料的实物形式。马王堆医学香料中的实物属于马王堆汉墓出土的随葬品的重要组成部分。随葬品种类繁多，其名称一般记载在简牍上的出土遣册之上。因为年代久远，这些文物距今已有 2000 余年（其中最早的二号墓利苍墓约在公元前 186 年下葬），出土的随葬品与记载随葬品的遣册都有不同程度的损坏，但仍有极高的研究价值。尤其是随葬品与遣册这两类文物可供比对研究，互相印证。出土文物中有大量的随葬品，既属于药材，又属于香料，例如花椒、肉桂、高良姜、香茅草等医学香料。关于这些医学香料的记载更是反映了楚人饮食起居等生活各环节均浸润着深刻的香文化影响。马王堆医学香料可供墓主人饮用、食用、熏香、沐浴、美化环境等日常使用。一方面，在墓主人的日常使用中可实现这些医学香料的养生保健等功能；另一方面，也可供墓主人驱瘟断疫、治病疗疾等医药用途，可实现这些医学香料的临床功效。医学香料丰富多彩，展现了墓主人以及楚文化圈中对于肉桂、花椒、高良姜、辛夷、青

蒿、细辛等医学香料的深刻了解与科学使用。就用途而言，这些医学香料既是药材又是香料，既有治病疗疾的医学功效，又有通神入窍的芬芳气味，既可供食用，也适于外用，既能维护卫生健康，又能提高生活质量。

再说马王堆医学香料的文字形式。随葬品中既有医学香料的实物，也有清单，还有医书记载这些医学香料使用的方法与功效。随葬品的清单，在考古学领域中称之为遣册，一般写在竹简之上。马王堆汉墓出土了大量涉及医学香料清单的遣册类竹简，且保存情况较为良好。这些出土的遣册类竹简共 312 枚，其中半数以上是随葬各类食品的记录，种类繁多。随葬品中食品所占比重如此之高，足见楚文化对于生活中的饮食制作的高度重视。

重视饮食是楚文化的重要特征。而重视香道是楚地饮食文化的制胜之道。楚地饮食文化在秦汉时期就极为发达，享誉中华。"楚苗之食"等菜肴曾被汉赋名家枚乘在名篇《七发》中赞美"此亦天下之至美也"。如此发达而具有地域特色的楚地饮食文化在数千年的传承发展中成就了中华民族八大菜系中著名的湘菜。湘菜不仅位居八大菜系之一，而且当前在楚文化区域之外的全国各地也有着相当高的市场占有率。根据 2022 年中国烹饪协会的行业统计数据，湘菜市场占有率高达 17.6%，位居全国第一。湘菜作为内地菜系的翘楚，其市场占有率略超粤菜这一沿海菜系的 16.2%。"色、香、味"是中国饮食文化中非常看重的三个维度。一道美食，尽量要做到"色香味俱全"。马王堆医学香料在墓主人调味品清单中的大量出现，就展现了大幅度提升食物的香与味的方法之一。香，主要指食物的香味，香气扑鼻是人们对美食的第二印象（第一印象是"色"）。嗅觉是人类记忆中保存最久的感觉，能调动人们的食欲。味，主要指食物的味道、口味。众口难调，不同的菜系有不同的口味。一般而言，口味相对丰富的菜系会拥有更多的受众。相对于其他七大菜系而言，湘菜的一大特征就是用料广泛、香味浓郁、口味丰富。这一特征可以在马王堆汉墓出土的随葬品中的大量食物及医学香料中找到历史依据。

遣册中记载的食物和医学香料，绝大部分是楚地的常见物种。楚地属于亚热带季风气候，光热充足，降水丰沛，动植物资源丰富。因此，能进入楚地饮食文化的本地食材种类丰富多样。楚地饮食文化就地取材，采用多种楚地常见的医学香料作为调味品进入食谱，深刻体现了中华民族传统饮食文化所坚持的"药食同源"理念：既追求菜肴的色味俱佳、香气扑鼻的美食特征，也追求菜肴能促进健康、益寿延年的功能导向。楚地饮食中大量使用的高良姜、花椒、肉桂、香茅草等医学香料，也作为调味品记载在出土遗册之上。

马王堆汉墓的出土遗册以调味品等形式记载了丰富的医学香料，这是马王堆医学香料的重要组成部分。就地取材、烹香用香，反映了先秦汉初的楚地贵族之家在日常生活中广泛运用香文化的历史事实。马王堆医学香料在楚地贵族之家往往可以实现一物多用、物尽其用。日常熏香、佩香、调味、香浴、治疗之用，反映了药食同源、熏烧佩戴、煮汤熬膏、入酒调味、园林美化、驱除瘟疫等马王堆医学香料使用的古代科学理念。这些医学香料在马王堆出土文物中的大量出现，体现了楚文化注重香料与香道的特点，也反映了深受楚文化影响的南方湿热地区人民有着适应楚地的亚热带季风气候的科学智慧，也说明楚文化注重以香文化渗透到饮食起居等多领域来维护人体卫生健康和提升生活质量的古代科学特征。

马王堆医书中文字数量最多的《五十二病方》收录了大量方剂。这些方剂中使用了大量的医学香料，主要是植物，也有少许动物和矿物。如各种姜、葱（包括干葱），蜂产品（包括蜜、蜂子）、肪膏（脂膏）等。姜在我国是有着悠久种植历史的医学香料。姜作为香料，在现代农产品加工业中，其茎、叶、根茎均可提取芳香油，用于食品、饮料及化妆品香料中。姜作为药物，临床上具有抗氧化、开胃健脾、防暑、降温、杀菌解毒、活血等功效。楚地多山地丘陵，降水充沛，经常有人因道路湿滑而扭伤脚踝。用生姜煮水进行足疗可以较快治愈脚踝扭伤。姜作为医学香料，还是楚地饮食文化或湘菜中最重要的调味品之一。湘菜的十大名菜，普遍用姜作为调味品。《五十二病方》中还能看到与香文化、医学均关系密切的重要溶剂——酒。酒有酒香，而且酒的香气与酒的味道并驾齐驱，共同构成品鉴某种酒的品质重要的两大维度。在重视香道的楚文化中，在酒中添加桂花、郁金等各种香料的做法既有医学用途，也可以提升酒香、调整酒味，从而达到提升生活品质的目的。根据《五十二病方》记载，添加了不同医学香料的酒，有各种医学用途。既有用于内治方，也有用于外用、外治方。马王堆医书中记载的房中养生方中也有通过在药物中添加医学香料的各种方法，或以消除某些性功能障碍，或以促进房中导引养生。

马王堆医书中的《养生方》收录多种具有不同养生功效的医学香料。其中仅植物类医学香料就有干姜、桂、兰、薤、艾、秦椒等。《养生方》记载了很多药物入胃经或脾经，比如干姜、青蒿、秦椒等。还记载了一些入肾经的药物，譬如细辛等。对胃经或脾经的涵养，便于人体吸收食物、空气、饮水中的后天之气。肾脏被中医学认为是"先天之本"。温养肾经可延缓衰老，提高免疫力，增强人体抵御风、寒、热、湿、燥、火等外邪的能力。楚地的亚热带季风气候，冬季寒冷少雨、夏季高热多雨、春秋天气多变、昼夜温差较大。《养生方》记载多种楚人可以就地取材的医学香料的使用方法及功效，协助人体增强体质、避免亚健康。艾（艾蒿）与青蒿，同属蒿类植物，也同为医学香料，各有不同的香味和功效。艾，是中医临床最常使用的药物之一。针灸用的艾条，就主要用艾制作。艾具有止咳平喘、温经止血、去除体内的湿气和寒气功效，可疏通经络，用于各种出血，例如衄血、月经、吐血、呕血、便血、崩漏、咯血等症状，可促进机体新陈代谢，祛除体内寒气，用于治疗因为外感寒邪导致的月经不调、头晕、小腹冷痛、头痛、宫寒不孕等症状，还可驱蚊。青蒿，因为屠呦呦发明青蒿素而名满天下，是知名度最高的中药材之一。青蒿，可用于清热凉血，清虚热、潮热。桂与兰，同属观赏价值较高的园林植物，也同为医学香料。这两种马王堆医学香料的使用，在墓主人等楚地贵族的日常生活中可谓随处可见。楚地贵族居住的建筑物，室内室外都可能种植桂与兰。室外可种植在窗前栏下，室内则以盆栽形式放置。桂与兰的观赏价值可通过美化居住环境体现。开花时节清香四溢、怡情养性，可实现桂与兰的一部分香料价值。其另一部分香料价值则通过采花入酒、入茶、入沐浴用的香汤、入香囊、入菜等来实现。桂与兰还有较高的医用价值。肉桂属于樟科，是温里药，能温中散寒、理气止痛，有扩张血管、促进血液循环、增强冠脉及脑血流量、抗血小板凝集、抗凝血酶、镇静、镇痛、解热、抗惊厥、促进肠运功、增强消化功能、缓解胃肠痉挛性疼痛、抗溃疡、降血糖、抑菌等功效。桂花属于木犀科，味辛，性温，归肺、脾、肾经，有祛痰止咳、行气止痛、活血化瘀等功效。兰花具有芳香开窍、醒脑提神、开胃健脾、除疲安神、益气生津、祛风除湿、散寒止痛、化瘀止血等多种功效。

马王堆医书《十问》中有一段威王与战国名医文挚的对话，记载了马王堆医学香料的使用并分析了其功效。在这段对话中，威王问文挚："子绎之，卧时食何氏是有？"威王问文挚睡觉之前吃什么对养生有益？文挚回答道："淳酒，毒韭。"文挚推荐了酒与韭菜这两种食物，并在后文解释韭菜的生命力极强，"草千岁者唯韭"；韭菜的功效有"春三月食之，疴疾不昌，筋骨益强"，能够控制人体的旧疾不再复发，还能强筋健骨，因而韭菜被称为"百草之王"。先说淳酒。"淳"通"醇"，用于修饰"酒"，意思是味道浓烈、酒香扑鼻。马王堆汉墓出土文献中有多处关于酒䊷的制作和使用的记载。酒䊷，是用于酿酒的主要原料。按照现代科学理论来分析，酒䊷的主要成分是曲霉产生的淀粉酶。马王堆出土文献中记载的酒䊷制作中还会加入多种医学香料，如椒、桂、艾等。这种添加了椒、桂等医学香料制作成的酒，酒香四溢、酒味甘醇。楚文化的代表人物之一屈原（公元前340—前278），在《九歌》中就记载了这种香酒，并称之为"桂酒""椒浆"："蕙肴烝兮兰藉，奠桂酒兮椒浆。"前一句指的是各种香气四溢的美食，后一句指的就是各种香酒。这些添加了香料制作的美食也和香酒一样带有楚地饮食文化的重视融合香道的特征。菜肴中添加了"蕙""兰"等医学香料。蕙，属于兰科，味辛，性平，归肺、脾、肝经。功效为调气和中，止咳，明目。主治胸闷，腹泻，久咳，青盲内障。屈原不仅记载了楚地将香气四溢的美食和酒用于祭奠神灵的风俗，还写下了大量关于酒的诗句。《招魂》中有："瑶浆密勺，实羽觞些。挫糟冻饮，酎清凉些。华酌既陈，有琼浆些""美人既醉，朱颜酡些""娱酒不废，沈日夜些""酎饮尽欢，乐先故些"等。《东君》中有："操余孤兮反於降，援北斗兮酌桂浆。"据史料记载，战国各国中最为饮酒成风的就是楚国。而且楚人主要是饮用各种添加了医学香料的香酒。战国时期，甚至还有在晋楚两军对垒之时，因楚国主将醉酒而不得不退兵的奇事。再说韭菜，它是我国传统蔬菜，我国很多地区至今有大量野生韭菜生长。韭菜既是蔬菜，也是中医常用的药材，是国家卫生健康委员会确定的"药食同源"的食品之一。韭菜属于《黄帝内经》高度推崇的五菜之一。五菜指的是葵、韭、藿、薤、葱。《灵枢·五味》："葵甘、韭酸、藿咸、薤苦、葱辛。"《素问·脏气法时论》："五菜为充。"韭菜性温，含有挥发性精油及硫化物等特殊成分，能散发出一种独特的辛香气味，有助于疏通肝气，具有增进食欲、增强消化的功能。韭菜还具有补肾壮阳、润肠通便等功效。马王堆医书《十问》中，战国名医文挚向威王解释了为什么主张服用韭菜的原理。韭菜生命力强，属于多年生草本植物，是"草千岁者"。中医用药讲究天时、地利、人和。食用韭菜的最佳时间段是在"春三月"，多年生的韭菜度过寒冬萌发新苗，采而食之，既能治病又可养生。韭菜既是药材，又是蔬菜，还是香料，并且适宜楚地种植，种植方法也较为简便。采食韭菜者，可以就地取材，坚持食用，久久为功。

二、楚文化饮食起居中的医学香料的科学广泛使用

首先，楚文化影响的地区在制作菜肴时大量使用医学香料。

马王堆医学香料的名称与实物，散见于马王堆汉墓的各类文物之中。马王堆医学香料有一部分的名称就记载在登记各种食物的遣册上，其中包括各种调味品。还有一部分实物文物出现在随葬品中的食物类别之中。由于岁月的流逝，马王堆汉墓的随葬品中虽然有很多可供研究的简牍遣册和食物类文物出土，这些简牍遣册和食物类文物也各有不完整之处，可供互相参照进行研究。大致情况可分为三类：某些医用香料品种仅出现在简牍遣册上，未在随葬品中见到实物；某些医用香料品种未出现在可供辨识的出土简牍遣册上，但可以在随葬品中见到实物；某些医用香料品种既出现在简牍遣册上，也出现在随葬品中的实物之中，可将文物与文字对应起来。这三类情况都说明这些医学香料可能是在墓主人日常饮食中使用的，其实也很可能在饮食起居的其他环节中使用。

会在烹调食物时使用多种医学香料，正是楚地饮食的重要特质。在现代餐饮业的发展中，很多人对于起源于楚文化的湘菜的第一印象是"辣"，对于使用各种辣椒作为调味品来制作湘菜有着深刻的印象。其实，源远流长的楚文化有着辣椒之外的更为本质的菜肴特征，那就是多种医学香料的

在制作菜肴中的使用。辣椒原产地不在我国，而是在美洲。学者张箭在《辣椒在全球的传播》一文中认为，"约在明代万历年间，辣椒传入中国"。其实辣椒在传入中国之后多年，我国依然有很多地域饮食文化中几乎不使用或较少使用辣椒这一香辛料。真正将辣椒纳入日常饮食制作中广泛使用的不过湘菜、川菜等屈指可数的几个菜系。外来物种辣椒之所以成为现代湘菜的最主要的调味品之一，是因为楚地饮食中本来就有大量使用生姜、花椒、桂皮等本土医学香料的悠久传统。比照之下，在中国餐饮业中市场占有率也相当高的粤菜，其特点是强调食物的自然风味，口味以清淡为主，尤其擅长用各种烹饪方法来保持食材的原汁原味。粤菜等菜系就缺乏接纳辣椒这一外来物种的可供借鉴的制作传统。而湘菜就可借鉴楚文化在饮食中已有的使用生姜、花椒、桂皮等医学香料的丰富制作方法来研究辣椒在烹饪中的使用。正如生姜、花椒、桂皮等医学香料一样，辣椒也是药材。具有温中散寒，下气消食的功效，主治胃寒气滞，脘腹胀痛，呕吐，泻痢，风湿痛，冻疮等。

先秦两汉时期，香浓美味的楚地饮食就已经享誉中原各地了，在时间上远在辣椒进入湘菜制作食谱之前。枚乘《七发》以"天下之至美"来赞美"楚食馔"。"至美"的高度赞美意味着楚地菜肴绝不仅仅是味道鲜美。因为传统中华饮食文化对于美食的评价是多维度的。味道鲜美，仅仅只是多维度中之一种。而且一部分人觉得美味的食物，可能并不受另一部分人的喜爱。美食的另一个受到楚文化高度重视的维度就是菜肴必须气味香浓。这就需要精心挑选一些包括医学香料在内的调味品来调香。在楚文化对香道的高度重视的文化氛围之下，楚人在制作菜肴时经常会选择大量使用医学香料。汉初文献《淮南子·齐俗训》评价气味芬芳、香气浓郁是楚文化食物的重要特点："荆吴芬馨，以啖其口。"荆吴都属于楚文化圈，制作出来的菜肴气味"芬馨"，散发出精心调制出来的食物香气，令人食指大动。

长沙马王堆汉墓一号墓竹简记载的随葬食品就近 150 种，出土的 48 个竹笥中有 30 个盛有食品。其中能辨认的医学香料有花椒、肉桂、高良姜、香茅草等。花椒，是历代本草书籍中均有记载的医学香料。《神农本草经》中最早开始记载花椒的药用功效。花椒，性辛散温燥，入脾胃，长于温中燥湿、散寒止痛、止呕止泻。临床上常用于脘腹冷痛、呕吐、泄泻、不思饮食等症状。还可驱蛔杀虫，可用于小儿虫积腹痛。花椒既可用于烹饪食物，也可用于酿制香酒椒浆。肉桂，是樟科植物肉桂树的干燥树皮。味辛、甘，性大热。归肾、脾、心、肝经。高良姜，味辛，性热。归脾、胃经。有温胃止呕，散寒止痛的功效。用于脘腹冷痛，胃寒呕吐，嗳气吞酸。据《本草纲目》记载，高良姜能健脾胃，宽噎膈，除瘴疟。《千金方》记载，高良姜用于治疗卒心腹绞痛如剧，两胁支满，烦闷不可忍；与厚朴、当归、桂心等同用，如高良姜汤。香茅草，据《广东中药》记载："祛风消肿。主治头晕头风，风疾，鹤膝症，止心痛"。有祛风通络、温中止痛，止泻之功效。

楚文化的重要文献《楚辞》中的名篇《招魂》用"厉而不爽"来描述楚地饮食的味道厚重丰美。所谓"厉而不爽"，就是添加各种医学香料等调味品使菜肴味道浓烈，即"厉"；这种调味有一个适度原则，就是要求适合消费者的口味、不宜破坏人的口味，即"不爽"。湖南等楚国故地这种口味较重的饮食习俗，至今保留在湘菜传统之中。马王堆汉墓中曾出土姜、桂皮、辛夷、茱萸等可用于调味的医学香料。辛夷，用于风寒头痛、鼻塞流涕、鼻衄、鼻渊，可治风寒表证。

其次，楚文化影响的地区在制作酒类时大量使用医学香料。

据史书记载，在东周列国中，楚国饮酒风气最盛。能反映出楚人嗜酒风气之盛的经典案例之一是在公元前 575 年，楚军与晋军战于鄢陵，结果却因楚军主将子反醉酒而不得不连夜撤退。而且，楚墓中所见酒器在饮食器具中所占比例，显然要高于其他列国墓中所见。曾侯乙墓出土酒器中还有内壶外鉴的酒器"冰鉴"，内壶为一方酒壶，外鉴为一大方鉴，鉴壶之间有空隙，用于温酒或冰镇。楚地的酒和饮食一样，也要求气味芬芳，也经常在酿酒时添加多种医学香料。马王堆一号汉墓就出土了白酒、米酒、温酒、肋酒各两坛，另有尚见酒类沉渣而可容七十升以上的贮酒钟两件、钫四件。《楚辞·大招》中用"清馨冻饮，不歇役只"来描述清淡、馨香、凉爽的酒饮。"馨"，就是描述酒香浓郁、气味芬芳。马王堆汉墓中出土的漆器大部分是酒器，据简文记载："髹画橦（钟）一，有盖，盛温酒"，又有四件容"四斗"的钫壶盛"米酒"。其中还有十七件"君幸酒"

漆耳杯,据记载其容量为 4 至 7 升不等。王勇在《楚文化与秦汉社会》中介绍,在楚国,最具传统特色的酒是添加了香茅草汁液的香茅酒。据周世荣《从〈楚辞·招魂〉看马王堆竹简〈遗册·饮食〉》中介绍:"马王堆汉墓简文中有'鞠一石布囊一',三号汉墓中有'鞠二石布囊一'。"简文中的"鞠"就是酿酒用的酒母。《九歌·东皇太一》:"奠桂酒兮椒浆。"汉《郊祀歌》亦有"奠桂酒,宾八乡"句。洪兴祖《楚辞补注》引汉《乐歌》:"莫利酒,勺椒浆"。桂酒和椒浆在马王堆医书中有记载,即在制作"鞠"(酒母)的过程中添加桂、椒等各种医学香料,以增加酒的香味、调整酒的味道并增加酒的保健功能。

其三,楚文化影响的地区在制茶、制香囊、制香膏时大量使用医学香料。

楚地的茶文化中,也有在茶中添加医学香料的风俗习惯。湖南省的湘西、益阳至今仍然有吃由茶叶生姜等制作而成的擂茶的习俗存在,是将生姜等医学香料添加到茶饮之中。楚文化中对医学香料的使用,还包括用于香汤沐浴和香薰衣物。屈原在《九歌·云中君》中曾赞美道"浴兰汤兮沐芳,华采衣兮若英。"楚文化高度重视医学香料在日常生活中的使用,经常用医用香料研末装入精心制作的香囊等佩饰之中,用于预防疾病、驱除邪浊、男女相悦。马王堆汉墓中出土的丝织品中有饰花香囊、绣绩香囊和绣罗锦底香囊,这些文物反映了楚文化中重视香道、使用香囊的风气。王夫之在《楚辞通释》中记载:"粉以涂面,黛以画眉,芳泽香膏衔以涂发。"可见,楚文化中还有将医学香料制作成"芳泽香膏"用于美发护发的特色做法。

其三,楚文化影响的地区在建筑园林中大量使用医学香料。

楚文化中具有地域特征的干栏式建设,是楚文化中香道会如此盛行的重要原因之一。楚文化中的建筑在春秋战国时期极富特色,成为当时列国仿建的对象。《左传》襄公三十一年,"公作楚室",杜注:"适楚,好其宫,归而作之。"所谓干栏式建筑,就是以楚地盛产的木材、竹子为材料做成的楼宇。常见的为上下两层或多层,上层住人;下层通风透光,靠近水边。江苏省镇江市丹徒区东周墓出土铜盘上有建筑纹饰,上图是干栏式建筑,屋盖为叠檐,下面的干栏空间有禽类活动。江南三大名楼,包括黄鹤楼、岳阳楼、滕王阁，都属于楚文化的干栏式建筑，分别建筑在长江、洞庭湖、鄱阳湖边。靠近水边居住，有便于取水等种种优点，但也会遭遇建筑下层饲养动物、放置杂物带来的空气浑浊、蚊虫众多等具体问题。楚人日常佩戴的香囊中的医用香料就能驱除邪浊、减少蚊虫叮咬以及随之而来的传染病。《九歌·湘君》"水周兮堂下"，可见水边或半筑于水上的干栏式建筑，在楚国非常普遍。楚文化还重视在住宅周边种植医学香料，美化环境、净化空气。这些医学香料还便于楚人就近取材，随时采摘医学香料入酒、入茶、入药、入食物，煮用于沐浴的香汤，制作随身佩戴的香囊以及美发护发的香膏等。楚地贵族经常在户外密植石斛等兰蕙、辛夷，在堂下水边种上芰荷、水葵。石斛，兰科，是药用范围较广的中药。2015版《中华人民共和国药典》将其列为药用石斛的主要来源。主要含有生物碱类、多糖类、黄酮类、酚类等多种化学成分，其中生物碱为其主要药理活性成分，具有降血糖、改善记忆、保护神经、抗白内障、抗肿瘤等药理作用。辛夷，木兰科，为常用中药，以干燥的花蕾供药用，具有温肺通窍、祛风散寒等功效。主治风寒感冒、鼻窦炎、牙痛、头痛等症。菖蒲有镇静、抗惊厥、抗抑郁、改善学习记忆、抗心脑缺血损伤、调节胃肠运动、平喘、祛痰、镇咳等多种药理。芰荷，睡莲科，主治暑湿泄泻、眩晕、水汽浮肿、雷头风、吐血、衄血、崩漏、便血、产后血晕。入心经、肝经、脾经、胆经、肺经。用于清热解暑、升发清阳、凉血止血、暑热烦渴、脾虚泄泻、血热吐衄。临床上用于多种出血症及产后血晕。水葵，具有清热、消肿、解毒的功效，主治湿热痢疾、黄疸、水肿、小便不利、热毒痈肿，具有一定的药用价值。《湘夫人》："筑室兮水中，葺之兮荷盖。荪壁兮紫坛，播芳椒兮成堂。桂栋兮兰橑，辛夷楣兮药房。""芷葺兮荷屋，缭之兮杜衡。合百草兮实庭，建芳馨兮庑门"；《少司命》："秋兰兮蘼芜、罗生兮堂下。绿叶兮素枝，芳菲菲兮袭予。"这种在居住环境中大量种植医学香料的楚地风俗，是注重视觉与嗅觉的双重享受，也兼顾了美观与实用的统一，有益于人的身心健康。《招魂》描述楚文化的建筑周围种植的医学香料："坐堂伏槛，临曲池些。芙蓉始发，杂芰荷些。紫茎屏风，文缘波些。文异豹饰，侍陂陁些。轩辌既低，步骑罗些。兰薄户树，琼木篱些。"这些医学香料也能祛除瘟疫、治疗疾病。

其四，楚文化影响的地区在楚乐中也提到医学香料。

楚文化中的楚乐也提到薤、蒿等医学香料。学者尚秉和认为，周时即有挽歌，具体起源则在楚地。学者陈直考证，现存著名挽歌《薤露》《蒿里》，若考两歌之来源，不是田横门客之首创，而是在楚歌基础上以变化。"《薤露》一般用于送别王公贵人，《蒿里》一般用于送别士大夫庶人。《文选》记载宋玉《对楚王问》中有："《薤露》，国中属而和者数人。"薤，《本草纲目》及《本草求真》中均有记载，具有通阳散结、行气导滞、止带、安胎的功效，而且能促食欲、助消化、解油腻、舒经益气、通神安魂、散瘕止痛。蒿，包括青蒿和白蒿。青蒿和白蒿都有清虚热的功效，适用于温邪伤阴、夜热早凉、阴虚发热、骨蒸劳热等情况。蒿草具有解暑的功效，适用于外感暑热、头痛头昏、发热烦渴等病症。青蒿能利胆退黄，白蒿有利湿之功，能退黄。

其五，楚文化影响的地区在端午节的风俗中也用到医学香料。

端午节，是楚文化为中华民族创造的最重要的传统节日之一，也伴随着浓厚的香文化元素，涉及大量医学香料的使用。晋代学者王嘉《拾遗记》卷十中记载："屈原以忠见斥，隐于沅湘，披茹草，混同食禽兽，不交世务，采柏叶以合桂膏，用养心神。"屈原受楚文化中香道的影响，在离开朝政之后，为了"养心神"，自己采摘野外的医学香料"采柏叶以合桂膏"。可见采摘香料、制作香膏是楚文化中运用香道的常见行为。端午节的别称为浴兰节，楚地风俗有用艾叶等医学香料煮香汤进行草药浴，家门口挂艾叶和菖蒲，人人佩香囊的习俗，这些行为的主要目的是避瘟保健。楚人爱好用医学香料煮香汤沐浴。宋玉《神女赋》："沐兰泽，含若芳"。《九歌·云中君》："浴兰汤兮沐芳华"。端午节对医学香料的使用，直接目的都是辟邪、预防疾病。《风俗通义·佚文·辨惑》："五月五日，以五彩丝系臂，名长命缕，一名续命缕，一名辟兵缕，一名五色缕，一名朱索，辟兵及鬼，命人不病温。"要想达到"命人不病温"的预防疾病目的，这些对医学香料的使用方法均有一定科学性。

其六，楚文化影响的地区在刺绣图案中也用到医学香料。

马王堆汉墓出土的刺绣品中，有云纹绣、乘云绣、信期绣、长寿绣等。其中图案细看又有茱萸、郁金等医用香料植物的图案。郁金，姜科植物，味辛、苦，寒。归肝、心、肺经。功效为活血止痛，行气解郁，清心凉血，利胆退黄。用于胸胁刺痛，胸痹心痛，经闭痛经，乳房胀痛，热病神昏，癫痫发狂，血热吐衄，黄疸尿赤。茱萸，可通络止痛，适用于痛经、跌打损伤等症状，能收敛止血，适用于各种出血症状，如咯血、便血、月经过多等，具有温阳祛寒、祛风除湿的作用，适用于寒湿痹痛、风湿病等症状。这些医用香料植物的图案出现在衣物上，说明楚地人民非常熟悉这些医学香料，也表达了祝福之意。

三、马王堆医学香料使用彰显了融合式发展香道与医道的楚文化特征

在中医药文化视野下，马王堆医学香料主要指的是那些出土文物中涉及的兼具医疗价值与香料用途的动植物。马王堆医学香料的使用，在西汉初年墓主人的生活中，既是提升生活质量的重要法门，也是维护健康、延年益寿的科学应用。2000 余年前的这些使用方法已经呈现了可贵的专业化和精细化程度。楚文化重视香道，也重视医道。融合式发展香道和医道是楚文化的重要特征。

马王堆医学香料使用的途径如此丰富，能生产的产品多种多样，为我们展现了西汉初年香道和医道融合式发展的繁荣景象。传统中医药的现代化发展是很多中医人一直在思考的大问题。由于研究对象、学术传统等方面的差异，中医与西医之间应当存在着一些客观的隔阂甚至壁垒。西医的现状，不应成为中医未来发展的唯一前景。在中医发展史上，中医药学一直是与香文化、饮食文化、建筑文化、酒文化、茶文化等自觉地进行会通融合，从而获得生生不息的发展动力。在当代，香水产业是香文化最重要的实业之一。据研究，我国香水市场规模一直呈现较快增长趋势，预计到2026 年将达到 53 亿美元，但占全球市场比例仅为 2.5％。目前体量较小的香水市场规模应当具有广阔的发展前景。围绕楚文化中马王堆医学香料使用的古代科学特征，结合现代社会发展的现实需要，开发具有各种医疗保健功能的香疗产品，可以不断展现中国影响与中国智慧。

第三章　中国古代香文化的传承与发展

第一节　先秦秦汉时期的香文化

　　中国的香文化可以追溯至远古传说中神农黄帝时期，即新石器时代。当时人们已经开始采集树皮、树根等物来焚烧以预防瘟疫、清洁环境。而真正揭开中国古代香文化序幕的则是先秦时期。那时人们逐渐发现某些植物和树木拥有独特的宜人气味，它们不仅令人愉悦，还具有清新空气的效果。因此这些香草植物逐渐融入人们的日常生活。在这一时期，人们不仅焚烧香料以驱邪祭祀，更以香草植物为媒介，通过托物言志的手法表达情感与志向，或是歌颂对美好生活的向往。同时，香料也开始在医疗领域发挥重要作用，为人们健康护航。

一、香料的产地

　　根据现有的史料记载，我们可以清晰地看出，在春秋战国时期，中国就已经开始广泛运用香料植物了。尽管中原地区的气候温凉，并不完全适合香料植物的生长，但当时的人们仍然能利用椒、桂、萧、茅、芷、郁金、蕙草、泽兰等多种香木香草。这一时期的文献如《诗经》《尚书》《礼记》《左传》《周礼》《山海经》等都为我们提供了丰富的关于香木香草使用的记述。这些香草植物的产地，多是在我国的长江流域，其纬度都在北纬 $20°\sim40°$。

秦至汉初，我国疆域版图变化不大，香料产地也多集中在长江流域一带和少部分中原、蜀南等地。而自汉武帝通西域、平南越之后，伴随着疆域的扩大与海、陆上丝绸之路畅通，大量的南亚、西域、南海的香料输入中国，中国香料产地得到大幅度扩张，西域、海南、两广、越南、印度等地成为两汉时期我国香料的重要产地。

二、先秦文学作品中的"香"

先秦时期尽管诗歌文化远不及唐宋时期的辉煌，但"香"的韵味却已深深渗透于社会各阶层。无论是王公贵族还是乡间百姓，皆热衷于传唱与"香"相关的诗词歌赋。诗人们借助"香"的意象，抒发了对美好生活的向往和追求。在宫廷宴会或文人雅士聚会中，吟咏"香"的诗词歌赋成为展示才情与品位的重要方式。这种对香文化的热爱不仅丰富了人们的精神世界，也彰显了那个时代独特的审美情趣。

（一）《诗经》的香草与爱情

《诗经》是我国最早的一部诗歌总集，"香"在其中被视为一种美好的象征，常常与爱情、友谊、祝福等主题紧密相连。《诗经》中不乏记载采摘香药的诗文，如《诗经·国风·王风》的《采葛》："彼采葛兮，一日不见，如三月兮！彼采萧兮，一日不见，如三秋兮！彼采艾兮，一日不见，如三岁兮！"这是民间写来思念情人的一首简单小诗，在那个男耕女织的时代，女子采葛为织布，采萧为祭祀，采艾为治病，两人各自劳作，男子思念起自己的情人来，一日不见，如隔三秋。这首诗字里行间不仅用简单的语言描述了那个时代香料常用作祭祀和医疗用途，更是展现了当时"香"常常与窈窕女子、美好爱情相联系。此外，《国风·周南》的《芣苢》："采采芣苢，薄言采之。"生动描绘了女子在田野间轻盈穿梭，采摘车前草的场景。《诗经·郑风·溱洧》："维士与女，伊其相谑，赠之以芍药。"她们的欢声笑语与香草清香交织在一起，构成一幅美丽的田园画卷。《诗经》中的香文化体现了古代人民对美好生活的追求和向往，同时也反映了当时社会的宗教信仰和文化传统。这对我们了解香文化的起源具有重要价值。

（二）《楚辞》中的香草与君子品格

《楚辞》一书，对香的描绘可谓是情有独钟。佩香、饰香、赠香之习俗在文中屡见不鲜。《楚辞》诗词的字里行间，几乎都被芬芳馥郁的花草树木所充斥。"香"在这里成为美好形象与品德的化身。其中桂、兰、蕙、辛夷等芳花香木更是常被提及，它们被用来比喻贤德、忠心、善良等美好品质，用以表达对某人的赞美或钦佩之情。例如，《九歌·山鬼》中"山中人兮芳杜若，饮石泉兮荫松柏"，《九章·惜诵》："播江离与滋菊兮，愿春日以为糗芳。"

《楚辞》收录的众多诗词中，屈原的《离骚》无疑是最受世人瞩目的佳作。这首辞以其深邃的政治抒情和激昂的情感而著称。屈原在其中以"制芰荷以为衣兮，集芙蓉以为裳。不吾知其亦已兮，苟余情其信芳。高余冠之岌岌兮，长余佩之陆离。芳与泽其杂糅兮，唯昭质其犹未亏。"来表达自己高洁的情操和独特的个性。《离骚》是屈原对自己的信念坚守的生动写照。在朝堂风气败坏、仕途失意的背景下，他没有选择妥协和沉沦，而是用笔墨书写了自己对内心信仰的执着坚守。屈原巧妙地以花草为媒介，寄托了自己内心的纯净和高雅。他坚信即便是在污浊的环境中，只要内心保持那份馥郁芬芳，就能做到"出淤泥而不染"。他深信唯有高洁的情操，内心才永远不受腐蚀。

三、"丝绸之路"带来的舶来香

在秦汉时期，随着封建社会的稳固和华夏大地的统一，科学文化与生产力得到了蓬勃发展，人类生活水平实现了显著提升。与此同时，与周边国家的外贸交易也逐渐展开，为文化的交流与融合奠定了基础。西汉的张骞出使西域，标志着丝绸之路的开通，古代印度与南亚地区的香木以及用香方式逐渐传入中原，"西香东出"的潮流得到进一步发展。与此同时，汉朝通过武力平定了海南、西南等生产香木的地区，使得南方乔木类和热带香木得以大量供应给王朝。这一举措更是推动了香文化的繁荣发展，为中原地区的香文化注入了新的活力。在这一过程中，不同地区的香木文化相互交融，丰富了中原地区的香文化内涵，使其更加璀璨夺目。

部分文献细致入微地描述了有关香料流通的生动场景。如《后汉书·贾琮传》："旧交阯土多珍产，明玑、翠羽、犀、象、瑇瑁、异香、美木之属，莫不自出。前后刺史率多无清行，上承权贵，下积私赂，财计盈给，辄复求见迁代。"意思是交阯（今越南北部）一地，宝藏丰富，珍贵异香和珍稀木材层出不穷，而汉代到交阯任职的官员往往缺乏清廉之操，对上迎合权贵，对下贪婪敛财，利用职务之便，通过贪污、受贿等手段获取南洋珍稀香料，又携带这些异国奇香到其他地方继续行贿。这一现象不仅体现了汉代上层社会对香料的热衷程度，也深刻地揭示了当时香料贸易背后所蕴含的错综复杂的社会关系。

四、秦汉用香分类

（一）生活用香

香料的使用在两汉社会中具有举足轻重的地位，它不仅盛行于上层宫廷贵族之间，也深入到了普通百姓生活的方方面面，成为他们日常生活中不可或缺的一部分。

饮食用香。据学者考证，我国的饮食用香文化最早可溯源于神农时期，认为当时椒、桂已被添加在食物中调味。《山海经》中也有不少对于食用芳香植物的描述，《周礼》《礼记》记载当时可用于蔬菜与调味的芳香植物有：芥、葱、薤、蓼、姜、蒜、梅等；记载的专用于调味的辛辣芳香料主要有花椒、桂皮、生姜、艻、蘘荷、葱、芥、蓼、茱萸等。两汉时期的饮食用香则更为丰富，在大量本土香料的基础上，还增加了对于胡椒、胡芹、胡荽、荜拨、马芹等域外香料的饮食调味使用。除此之外，两汉时期还继承发展了香酒的制作与使用。香酒最早见于《商书说命》中提到的"鬯"（用黑黍和郁金做成的香酒），该酒在商周时期就用作敬神和赏赐的珍品，两汉则进一步形成腊日饮"椒（花椒）酒"，农历九月初九饮"菊花酒"的习俗。

佩戴香囊。佩香囊的行为我国先民早已有之，《礼记·内则》："男女未冠笄者……皆佩容臭。"明确记载当时未成年男女在拜见长辈时，应当佩戴香囊，一来表示恭敬与礼节，二来香身辟秽以免不好的气味冒犯长辈。屈原《楚辞》中亦有大量的佩香、戴香的描述。至秦汉时期，佩香之风更是盛行。马王堆一号汉墓就出土了四件保存完好的香囊，而三号墓则出土了三件香囊。出土的四件完整香囊做工十分精巧，主要采用了"信期绣"的纹样，以云纹为主，烘托鸟纹，一眼望去云彩流动，连绵不断，云与鸟浑然一体，展现出极高的艺术情调，足以说明佩戴香囊在当时的盛行。

熏烧香品。先秦熏香之风已在中原、楚地等地区盛行。《庄子·让王》就有"越人熏之以艾"的记载；《韩非子·外储说左上》也有"薰以椒桂"的记载，《礼记》《诗经》《楚辞》《尚书》等关于熏香的记载更是繁多。秦汉时期，尤其是汉武帝通西域、平南越之后，伴随着香料种类的增多，加上汉武帝本人嗜香成癖，熏香之事更是发展迅速。据《太平御览》引东汉应劭《汉官仪》："尚书郎含鸡舌香伏奏事"，尚书郎须口含鸡舌香（丁香）一身香气的侍奉天子，百官上朝前须以香熏身，避免不好的气味触冒天子。更遑论，汉武帝极其喜爱博山炉，用香炉在室内行薰香之时，自汉武就盛行于宫廷贵族、文人士大夫之间。马王堆汉墓中就有彩绘陶熏炉与造型独特的香薰罩的出土。值得一提的是，据载，在汉代还有专门掌管室内熏香、熏衣、熏被的女官，（汉）蔡质《汉官典职仪式选用》："尚书郎伯使二人，女侍史二人，皆选端正者……女侍史洁被（衣）服，执香炉烧熏。从入台中，给使护衣服也。"西汉司马相如《美人赋》亦描述："于是寝具既设，服玩珍奇，金鉔熏香，黼帐低垂。"章樵注："鉔音匝，香毬，衽席间可旋转者。"即后世用于熏衣被的香熏球，足见两汉熏香之风的盛行。除了上层贵族外，秦汉时期熏香习俗还迅速由宫廷逐渐发展到民间，如两汉民俗五月端午要在房中悬挂、熏烧艾草、芸香等以防止蚊虫叮咬、防衣服、被褥被虫蛀等。

除了以上生活用香外，在秦汉，还存在用香汤沐浴、以香料作枕、以香品梳妆、以香和泥涂壁等生活用香行为。《荆楚岁时记》有"五月五日，谓之浴兰节"，汉代有花椒和泥涂壁的"椒房"，马王堆汉墓中亦有香枕、香奁的出土。

（二）宗教祭祀用香

《天香传》："香之为用，从上古矣。所以奉神明，可以达蠲洁。"明言行香、用香最早源于上古时代的祭祀活动。《尚书·舜典》对舜帝登基的记载："正月上日，受终于文祖。在璿玑玉衡，以齐七政。肆类于上帝，禋于六宗，望于山川，遍于群神。辑五瑞。既月乃日，觐四岳群牧，班瑞于群后。岁二月，东巡守，至于岱宗，柴。望秩于山川，肆觐东后。"

"祡"，《说文》云："烧祡樊寮以祭天神"。说明在上古时代的祭祀活动中，我们的先祖就已燔木升烟，以祭天地山川，为后世祭祀用香之先声。

到了秦汉时期，随着道教的发展与佛教的传入，宗教、祭祀用香更是全社会普遍流行。西汉时期道教已较多采用熏香、浴香为祭礼，汉武帝即以崇仙好道著称。子休氏云："汉武好道，遐邦慕德，贡献多珍，奇香叠至，乃有辟瘟回生之异，香云起处，百里资灵。"象征海上仙山的博山炉的流行，亦是汉代道教用香的最好证据。到东汉时期，道教烧香愈演愈烈，成书于东汉初年的《太清金液神丹经》云："祭受之法，用好清酒一斗八斤，千年沉一斤，沉香也，水人三头，鸡头也……治取米令净洁，其米或蒸或煮之，随意，用三盘，盘用三杯，余内别盘盛。座左右烧三香火，通共一座，令西北向。"《三洞珠囊隐诀》亦云："飞天之香，玄脂朱陵。返生之香、真檀之香，皆真人所烧之香。"《太平经》云："夫神精，其性常居空闲之处，不居污浊之处也；欲思还神，皆当斋戒，悬象香室中，百病消亡。"（《三洞珠囊》卷一《救导品》引）。《黄帝九鼎神丹经诀》亦多处言及用香：炼丹须选深山、密室等幽静清洁之处，选择特殊日期起火，同行者须志同道合，还要"沐浴五香"（"五香"为青木香、桃皮、柏叶、白芷、零陵香5种香药）。起火前须行祭，除置备酒、牛羊脯、米饭、枣等供物，还要"烧香再拜"。丹成服药时，也要"斋戒沐浴五七日，焚香"。佛教在印度向来就有焚香礼佛的传统，传入中国后，这种习俗也被保留与发展。东汉时期南方诸地烧香礼佛更是成俗，《三国志·吴书·士燮传》："燮兄弟并为列郡，雄长一州，偏在万里，威尊无上。出入鸣钟磬，备具威仪，茄箫鼓吹，车骑满道，胡人夹毂焚烧香者常有数十。"《高僧传·康僧会》："康僧会……乃共洁斋静室，以铜瓶加几，烧香礼请……"

（三）医疗用香

在长沙马王堆汉墓群的考古发掘中，共出土了14种珍贵的简帛医书，其中详尽记载了多种利用香料和中草药来预防和治疗疾病的方法。同时，还发掘出了十余种植物性香料，经专家鉴定，均可以药用。除此之外，还出土了与医疗紧密相关的香囊、香草袋、助眠香枕等香具。这些发现无疑证明，早在汉代就已经开始利用植物类香料来治疗疾病。

南朝伍缉之《从征记》记载刘表的棺椁："苏合消疾之香，莫不必备。"说明两汉时期已用苏合香治疗疾病。汉武帝时期尚书郎口含鸡舌香以祛除口臭，也无疑是香用于医疗保健的一个重要体现。除此之外，《神农本草经》中记载了大量芳香植物的药用功效，张华《博物志》中亦有汉武帝时期用香药驱疫的描述，无一不表明两汉时期香在医疗防疫领域应用之广泛。另外，两汉十分崇尚香汤沐浴，不只是为了香身，还有以香汤沐浴养身健体之义。当时人们已经意识到，身体在香汤中彻底浸泡，能够有效促进全身血液循环，舒缓肌肉，活络筋脉，进而消除身体的疲劳感。

两汉善用香药，展示了他们在生活中追求健康长寿、崇尚自然的智慧与品位。大多数香中含有挥发油成分，伴随着微风轻拂，悄然进入身体，犹如无形的医师，疏通经络，调和气血。它们或是提神醒脑，开启智慧之门；或是安抚心灵，带来深深的放松与安宁。在繁忙的生活中，熏香如同一道清泉，滋润着人们的心田，帮助人们释放压力，重拾内心的平衡与和谐。

第二节　魏晋南北朝时期的香文化

魏晋南北朝的近四百年间政局纷乱动荡，虽战乱不断，但哲学思想与文化艺术领域却异常活跃，对中华文化的贡献巨大，也是香文化发展中的一个重要阶段。这一时期，熏香风气不断扩展，香药的种类和数量显著增长，以多种香药配制的合香得到普遍使用，种类丰富，功用广泛。熏香在上层社会更为普遍，如果说汉代香文化的风格是高贵与雅洁，魏晋南北朝时期的香文化则变得奢华和靡丽。在世俗生活中，用香已从实用性、礼节性的香身净室演变为竞奢炫富。此外，熏香还进入了许多文人的生活，出现了一批优秀的咏香诗赋，使香在天然的芬芳中又多了一分典雅的书香。道教与佛教兴盛，推动了香的使用，也促进了对香药性能的了解及制香方法的提高。宫廷用香、文人用香与佛道用香构成了魏晋香文化的三条重要线索，相互交融又独立成章，共同推动了香的发展。

一、各种异物志记载的香药

随着魏晋时期交通的便利及对外交流的增加，边陲和域外的香药大量进入内地，对香药的利用有了长足进展。到南北朝时，香药品种已基本齐全（龙涎香等少数品种除外），且绝大多数都已收入本草典籍，对香药的特性有了更为深入的了解，香药名称也已得到统一。

自东汉后期至南北朝，继东汉杨孚《异物志》之后，出现了一批有州郡地志性质的书籍，皆名为异物志，记载各地特异物产，其中有许多关于香药的内容涉及香药的产地、性状特征等，如3世纪的《南州异物志》、4世纪的《广志》《南方草木状》等。

《南州异物志》的作者万震，吴时曾为丹阳太守。此书较早记载了鸡舌香、青木香、藿香、木香（指沉香）、熏陆香（指乳香）、甲香、郁金香（花）等，如"鸡舌香，出杜薄州。云是草萎，可含香口""青木香，出天竺，是草根，状如甘草""藿香，出典逊海边国也。属扶南，香形如都梁，可以着衣服中"。

魏晋时期的各类文献关于香药的记载都明显增多，如《三国志·魏志》裴松之注引《魏略·西戎传》载有大秦多"微木、苏合、狄提、迷迭、兜纳、白附子、熏陆、郁金、芸胶、薰草木十二种香"。《梁书·诸夷传》载有扶南国（今柬埔寨）贡香之事：扶南于天监"十八年，复遣使送天竺檀瑞像、婆罗树叶，并献火齐珠、郁金、苏合等香"。

二、合香的普及

3世纪时，合香（以多种香药配制的香品）已有较多使用。如《南州异物志》载甲香单烧气息不佳，却能配合其他香药，增益整体的香气。《太平御览》："（甲香）可合众香烧之，皆使益芳，独烧则臭。"

东晋南北朝时，香药品种繁多，也已普遍使用合香。选药、配方、炮制都已颇具法度，并且注重香药、香品的药性和养生功效，而不只是气味的芳香。合香的种类丰富，就用途而言，有居室薰香、薰衣香、香身香口、养颜美容、祛秽、疗疾以及佛家香、道家香等；就用法而言，有熏烧、佩戴、涂敷、熏蒸、内服等；就形态而言，有香丸、香饼、香炷、香粉、香膏、香汤、香露等。

南朝宋代的范晔《和香方》序云："麝本多忌，过分必害。沉实易和，盈斤无伤。零藿虚燥，詹唐黏湿。甘松苏合、安息郁金、奈多和罗之属，并被珍于外国，无取于中土。又枣膏昏钝，甲煎浅俗，非唯无助于馨烈，乃当弥增于尤疾也。"言香药特性，麝香应慎用，不可过分；沉香温和，多用无妨等。乃借香药影射六朝人物。从范晔的《和香方》序亦知当时的文人士大夫不仅是薰香用香，并且还懂香、制香，能以香药喻人，也足见人们对香药和薰香的熟悉。文字虽短，却反映出当时用香制香的观念和状况，颇有价值。据初步考察，《和香方》也是目前所知最早的香学（香方）专书，可惜正文已佚，仅有自序留存。

《肘后备急方》载"六味薰衣香"（香丸，熏烧，陶弘景方，约公元500年）："沉香一两、麝香一两、苏合香一两半、丁香二两、甲香一两（酒洗、蜜涂、微炙）、白胶香一两。右六味药捣，沉香令碎如大豆粒，丁香亦捣，余香讫，蜜丸烧之。若薰衣加艾纳香半两佳。"魏晋士大夫之薰衣，或许也用此类合香。

另载"令人香方"（香丸，内服）："白芷、薰草、杜若、杜蘅、藁本等分。蜜丸为丸，旦服三丸，暮服四丸，二十日足下悉香，云大神验。"

东晋南北朝时也出现了多部香方专书，范晔《和香方》之外，还有宋明帝《香方》《龙树菩萨和香法》《杂香方》等。

三、香药用于医疗

魏晋南北朝时期的香药在医疗方面已有许多应用，虽还不像唐代那样普遍，但发展速度也很快。南北朝时的本草典籍《名医别录》（成书不迟于公元500年，盖为3—5世纪医学资料之汇集）即收载了沉香、檀香、乳香（薰陆香）、丁香（鸡舌香）、苏合香、青木香、香附（莎草）、藿香等一批新增香药。陶弘景曾为此书作注（一说是陶弘景汇编前代史料编撰而成），并据之对《神农本草经》作修订补充，新增365种药，编撰了著名的《本草经集注》。

葛洪、陶弘景等许多名医都曾用香药治病，涉及内服、佩戴、涂敷、熏烧、熏蒸等多种用法。葛、陶二人皆重视用香，也有许多用香药疗病的医方，如葛洪以"青木香、附子、石灰"制成粉末，涂敷以治疗狐臭。用苏合香、水银、白粉等做成蜜丸内服，治疗腹水（东晋葛洪《肘后备急方》）。用鸡舌香、乳汁等煎汁以明目、治目疾（东晋葛洪《抱朴子》）。

陶弘景以雄黄、松脂等制成药丸，用薰笼熏烧，"夜内火笼中烧之"，以熏烟治"悲思恍惚"等症。用鸡舌香、崔香、青木香、胡粉制为药粉，"内腋下"以治狐臭。

葛洪还曾提出用香草"青蒿"治疗疟疾。至 20 世纪 70 年代，中国科学家从黄花蒿（古称青蒿）中提取出对疟疾有独特疗效的"青蒿素"。现在，国内外以青蒿素为基础开发的药物已成为世界上最重要的抗疟药物之一，挽救了数百万名危重患者的生命，并为阻止疟疾传播作出了重要贡献。

四、生活中用香

六朝宫廷贵族的用香风气尤盛于两汉。如《太平御览》卷 711 引晋《东宫旧事》："太子纳妃，有漆画手巾薰笼二，又大被薰笼三、衣薰笼三。""皇太子初拜，有铜博山香炉一枚。"（唐·欧阳询《艺文类聚》卷 70 引）据《通典·丧志》记载，晋代宫廷还将香炉及釜、枕等定为必备的随葬品。

东汉末曹操对薰香没有兴趣，但关于他的史料却颇多涉及香。曹操曾数次禁家人薰香佩香以示节俭："昔天下初定，吾便禁家内不得香熏。""今复禁不得烧香，其以香藏衣着身亦不得。"（宋代李昉《太平御览》卷 981 引《魏武令》）曾令嘱家人烧枫香、蕙草辟秽："房室不洁，听得烧枫胶及蕙草。"（唐代道世《法苑珠林》卷 36 引《魏武令》）唐陆龟蒙还有诗记之："魏武平生不好香，枫胶蕙娃洁宫房。"据《广志》载，曹操也常身佩香草："芜，香草，魏武帝以藏衣中。"

来自边陲和域外的名贵香药，对达官显贵们来说也是稀有之物，亦常用作典雅、高档的赠物。曹操曾向诸葛亮寄赠鸡舌香并有书信云："今奉鸡舌香五斤，以表微意。"（曹操《魏武帝集·与诸葛亮书》）鸡舌香是丁子香树的花蕾，后来也称丁子香、丁香，产于南洋岛屿，并非中国多见的丁香。

历史上最著名的赠香之事或许是曹操的"分香卖履"。曹操临终时，作遗嘱令丧葬从简，不封不树，不藏珍宝，还特意嘱托将自己留下的香药分予妻妾，让她们空闲时可作鞋为卖，消遣时日。"魏武帝遗命诸子曰：

'吾死之后,葬于邺中西岗上,与西门豹祠相近,无藏金玉珠宝。余香可分诸夫人,不命祭。'"(西晋陆翙《邺中记》)"(诸夫人)舍中无所为,可学作组履卖也。吾历官所得绶,皆着藏中。吾余衣,可别为一藏,不能者兄弟可共分之。"(东晋陆机《吊魏武帝文序》)

由曹操之赠香分香可知,当时的名香已堪比金玉,而寄托性情之用,又为金玉所不及。风云一世的曹操临终对妻妾的挂念也颇有几分动人,苏轼在《孔北海赞》诗中亦云:"操以病亡,子孙满前而咿嘤涕泣,留连妾妇,分香卖履,区处衣物,平生奸伪,死见真性。世以成败论英雄,故操得在英雄之列。"

西汉的薰炉与香药主要用于日常生活(祭祀则沿用燃香蒿、烟柴等祭法)。东汉至魏晋,随着道教和佛教的兴盛,薰炉与香药(沉香、青木香等)也逐渐用于祭祀。南北朝时,国家的重大祭祀活动也已用香,如梁武帝在天监四年(505年)的郊祭中用沉香祭天,用"上和香"祀地,这也是郊祭用香的较早记载:"南郊明堂用沉香,取本天之质,阳所宜也。北郊用上和香,以地于人亲,宜加杂馥。"(《隋书·礼仪志》)"上和香"盖指多种香药(香草)合制的薰香。

梁武帝萧衍在文化史上卓有影响,他受佛、道、儒诸家熏染,虽立佛教为国教,却也亲近儒道,且著述甚丰,亦是文坛的重要人物,也有写到香的诗词,如名作《河中之水歌》:"河中之水向东流,洛阳女儿名莫愁""卢家兰室桂为梁,中有郁金苏合香。"

五、贵族熏香用香

六朝时期的上层社会注重修饰姿容、增添风度,薰衣、佩香、敷粉等十分流行。"梁朝全盛之时,贵游子弟……无不薰衣剃面,傅粉施朱,驾长檐车,跟高齿屐,坐棋子方褥,凭斑丝隐囊,列器玩于左右,从容出入,望若神仙。"《颜氏家训》也在历史上留下了很多轶事,成为人们津津乐道的典故。

荀令留香。曹魏时有尚书令荀彧,好浓香薰衣,所坐之处香气三日不散。后人也常用"荀令香""令君香"来形容人的风雅倜傥,如王维"遥闻待中佩,暗识令君香"。白居易有"花妒谢家妓,兰偷荀令香",李商隐有"桥南荀令过，十里送衣香"。《襄阳记》：刘季和喜欢用香，甚至如厕后也要薰香，于是被人取笑，刘季和便争辩说："荀令君至人家，坐处三日香，为我如何令君？而恶我爱好也。"意思是我爱香的程度还远不如荀彧呢，凭什么嘲笑我呢？

傅粉何郎。魏明帝曹睿怀疑尚书何晏是由于敷了脂粉才面色白皙，就趁暑天给他热汤饼吃。何晏吃得大汗淋漓，便用衣袖擦汗，不仅没擦下什么脂粉，面色反倒更白了（南朝·刘义庆《世说新语·容止》）。黄庭坚"露湿何郎试汤饼，日烘荀令炷炉香"即写何晏与荀令。

谢玄佩香囊。《晋书·谢玄传》记载东晋名将谢玄小时候喜佩"紫罗香囊"，伯父谢安担心他玩物丧志，又不想伤害他，就用游戏打赌的办法赢了他的香囊并烧掉了，小谢玄自此也不再佩戴香囊。

石崇厕内薰香。东晋的石崇富可敌国，家中厕所也要薰香。厕内"常有十余婢侍列，皆有容色，置甲煎粉，沉香汁，有如厕者，皆易新衣而出，客多羞脱衣"，而王敦却举止从容，"脱故着新，意色无作。"一贯生活简朴的尚书郎刘寔到石崇家，如厕时见"有绛纹帐，褥甚丽，两婢持香囊"，以为错进卧室，急忙退出并连连道歉，石崇则说，那里的确是厕所啊。（《晋书·王敦传》《晋书·刘寔传》）

六、道教用香

自东汉中后期至南北朝，道教发展迅速，涌现出许多卓有建树的大德高道及《太平经》《参同契》《黄庭经》《抱朴子》《真诰》等一批重要典籍，也逐渐形成了有明确的经典、戒律、组织并得到官方认可的成熟的道教。

南北朝时，道教所用的香品已较为丰富（有焚烧、佩戴、内服、浸浴等多种用法），道教经典对于用香也已有明确的阐述，认为香可辅助修道，有通感达言、开窍、辟邪、治病等多种功用。

《黄庭外景经》云："恬淡无欲游德园，清净香洁玉女前"。《黄庭内景经》有"烧香接手玉华前，共入太室璇玑门""玄液云行去臭香，治荡发齿炼正方"（宋·张君房《云笈七签》卷12）。《黄庭经》含有许多卓有价值的养生内容，如存思内视、守一养神、脏腑调养等。

葛洪《抱朴子内篇》（4世纪初）是道家的著名典籍，也是中医学的重要著作，书中有许多关于香的论述，例如，论香药珍贵："人鼻无不乐香，故流黄、郁金、芝兰、苏合、玄膳、索胶、江蓠、揭车、春蕙、秋兰，价同琼瑶。"炼制"药金""药银"时须焚香，"常烧五香，香不绝。"（五香：青木香、白芷、桃皮、柏叶、零陵香。也有其他说法。）身带"好生麝香"及麝香、青木香等制作的香丸（常加配其他药材），可辟江南山谷之毒虫及病邪之气。尤为可贵的是，葛洪还专门批判了不重身心修养、不求道理、一味"烧香请福"的做法："德之不备，体之不养，而欲以三牲酒肴祝愿鬼神，以索延年，惑亦甚矣。""烹宰牺牲，烧香请福，而病者不能愈，死丧相袭，破产竭财，一奇效，终不悔悟。"烧香而不明理，则如"空耕石田，而望千仓之收，用力虽尽，不得其所也。"

《登真隐诀》："香者，天真用兹以通感，地祇缘斯以达言。是以祈念存注，必烧之于左右，特以此烟能照玄达意，亦有侍卫之者宣赞词诚故也。"（唐·朱法满《要修科仪戒律钞》引）

南北朝时的道教用香已十分兴盛，道教科仪上的"步虚词"（按一定旋律宣颂的文辞）已有很多涉及香的内容，如梁陈之际的《洞玄步虚吟》十首（亦称《灵宝步虚》，目前所知最早的步虚词）云："众仙诵洞经，太上唱清谣。香花随风散，玉音成紫霄。""稽首礼太上，烧香归虚无。流明随我回，法轮亦三周。"

南北朝之后，道教用香不断发展，遍及道教的方方面面。还有多种《香赞》《祝香咒》，如："道由心学，心假香传。香燕玉炉，心存帝前。真灵下盼，仙旆临轩。令臣关告，迳达九天。""玉华散景，九系含烟。香云密罗，上冲九天。侍香金童，传言玉女，上闻帝前，令某长生，世为神仙。所向所启，咸乞如言。"

七、佛教用香

魏晋时期佛教的兴起不仅推动了用香风尚的扩展，也使香品的种类更加丰富，促进了南亚、西亚等地香药的传入，对香文化的发展贡献甚大。

佛教最早传入中国的时间，古代常认为是东汉明帝永平十年（即公元67年）。而据20世纪学者考证，较为可靠的说法是不迟于公元前2年

（汉哀帝元寿元年），大月氏使者口授佛经："《浮屠经》云其国王生浮屠。浮屠，太子也……及生，从母左胁出，生而有结，堕地能行七步。此国在天竺城中。天竺又有神人，名沙律。昔汉哀帝元寿元年，博士弟子景卢受大月氏王使伊存口受《浮屠经》……比丘、晨门，皆弟子号也。《浮屠》所载与中国《老子》经相出入。"（《三国志》裴注引《魏略·西戎传》）

佛教进入中国后，初期影响甚微，甚至被误解为一种方术，后来陆续有高僧来华，释译经书渐多，才逐步昌明。自东汉后期至南北朝，佛教发展迅速，出现了一批对中国佛教贡献巨大的高僧和译师，也有大量经书刊行流传，如《安般守意经》《般若经》《楞伽经》《华严经》《法华经》《中论》《金刚经》等。

南北朝时的佛教已有广泛影响。"南朝四百八十寺，多少楼台烟雨中"。仅梁武帝的都城建康（今南京）就有佛刹数百，僧人数万，梁武帝还曾亲率数万僧俗发愿归佛。

佛教自建立以来一直推崇用香，把香看作修道的助缘。释迦牟尼在世之时，就曾多次阐述过香的重要价值，弟子们也以香为供养。

佛教的香用途广泛，既被视为最重要的供养之物，又用于调和身心，在诵经、打坐等功课中辅助修持。

化病疗疾的"药香"向来是佛医的一个重要部分，其功用甚广，可除污去秽，预防瘟疫，也有专门的香方对治各种病症。

佛家也常借香来讲述佛法，如大势至菩萨的"香光庄严"，香严童子闻香证道、六祖慧能的"五分法身香"等。

佛教的香种类丰富，有单品香，也有多种香药配制的合香以及种类丰富的合香配方。所用的香药品种齐全，几乎涵盖了所有常用香药，如沉香、檀香、龙脑香、安息香、藿香、甘松等。有熏烧用的"烧香"，涂敷用的"涂香"，香药调制的香水、香汤、香泥、香粉等。

八、青瓷香具的流行

魏晋南北朝的薰炉，就造型而言，一般形制较大；无炉盖，或带有隆起的炉盖（有提纽）；常带有承盘或基座（可盛水，便于薰衣）；炉腹及炉盖开有较多的孔洞，开孔形状有三角形、圆形等各种，数量、大小不一；多见博山炉（常有各种变化）、豆式炉等样式，也有教式炉（整体形状近于球形）；长柄香炉得到较多使用（带有长长的握柄，可以持握，又称香斗）。

就材质而言，青瓷香具较为流行。汉末以来，社会经济受到影响，南方是主要的铜料产区，交通不畅使得北方铜器制造业迅速紧缩，手工业者也有不少逃离避难。战乱时期铜料主要用于军备和货币铸造，到南北朝时期，铜料更多用于造像和建筑。故自东汉后期至南北朝，瓷器工艺发展迅速，青瓷的烧造要求相对较低（白瓷到隋代才较为成熟），产量较大，价格也较低。

青瓷博山炉造型简约，不像战国及汉代的博山炉那样精细，需精细刻画的仙人、灵兽等常被简化或省略，山峦和云气则得到强调。不过，利用青瓷的模印、刻画、堆贴、雕镂、釉彩变化等装饰手法，炉具的造型、色彩也很丰富。

佛教艺术对香具的造型也有很多影响。许多青瓷博山炉的云气采用了佛教风格的尖锥状、火焰状造型，装饰纹样也多有莲花纹和忍冬纹。长柄香炉在佛教中也多有使用。

九、咏香诗赋

魏晋南北朝是一个文化多元、思想自由的时代，文学领域也空前繁荣。进入了"自觉时代"的魏晋文学不再一味强调训勉功能，而是注重作者的情感表达与审美追求，由此形成了文学史上的重要转折。整个上层社会也形成了推崇文学的风气，许多帝室成员热衷于文学创作或文学批评，如建安时代的曹氏父子，南朝的萧衍、萧绎、萧纲、萧统等。

魏晋诗人思想自由、旷达，充满想象力，在他们的作品中，香文化被演绎得或情深义重或风情万种；或神秘莫测或充满异域情调；或香与良辰美景、香与性情怀抱、香与歌功颂德；或香与欢聚离别、香与悼亡哀思等。

这一时期的"香"也走进了文人士大夫的生活。文人们除了薰香、用香，还参与制香，撰写了制香的专著（范晔《和香方》），并且创作了一批优秀的（咏香的）"六朝文章"。较之东汉，六朝的咏香作品显著增多且内容丰富，或写薰香的情致，或写薰炉、薰笼等香具，或写迷迭香、芸香等植物，字里行间无不透露着对香的喜爱，托物言志，寄予情思，具有很高的艺术水准。可以说，无论是香草、香药、香炉，还是佩香、焚香、制香，"香"都以"文"的形式步入了文化的殿堂。香使文人的生活更加多彩，而文人的妙悟与情思也使香的内涵更为丰厚了。

六朝文人大多出身士族，生活优越，或本人就有较高的官职，文人群体还不如唐宋那样庞大，薰香也只是流行于部分文人之中，但香显然已经成为许多人共同关注的主题，许多文坛名家都有咏香作品或涉及香的诗句，例如：

曹植《妾薄命行》："御巾襄粉君傍，中有霍纳都梁，鸡舌五味杂香。"《洛神赋》："践椒途之郁烈，步蘅薄而流芳。"曹丕、曹植均有《迷迭香赋》。傅玄《西长安行》："香亦不可烧，环亦不可沉；香烧日有歇，环沉日自深。"刘绘《博山香炉》："蔽亏千种树，出没万重山。上镂秦王子，驾鹤乘紫烟……寒虫飞夜室，秋云没晓天。"沈约《和刘雍州绘博山香炉》："百和清夜吐，兰烟四面充。"吴均《行路难》："博山炉中百和香，郁金苏合及都梁。"最富生活情趣的或许是谢惠连《雪赋》的"围炉薰香"："携佳人兮披重幄，援绮衾兮坐芳。燎薰炉兮炳明烛，酌桂酒兮扬清曲。"雪夜暖帐，美酒佳人，剪灯夜话，情致盎然。

文人笔下的香，没有薰衣薰被的具体功用，也少了敬天奉神的庄重，却多了几分特殊的美妙与亲切。"江雨霏霏江草齐，六朝如梦鸟空啼；无情最是台城柳，依旧烟笼十里堤。"千百年来，魏晋的才情与智慧令世人感慨怀念。或许，人们的种种追忆中也可以再添一缕缥缈的幽香。

第三节　隋唐五代十国时期的香文化

一、隋唐五代十国香文化的历史背景

（一）政治背景

隋朝的建立标志着中国历史上长达三百多年的分裂局面的终结，实现了对中国的重新统一。隋文帝和隋炀帝通过一系列的政治改革，加强了中央集权制度。隋朝的重要政治改革包括废除分封制，加强郡县制、土地平均制的推行以及科举制的初步设立等。这些改革不仅加强了中央政府对地方的控制力度，也促进了社会经济的发展和繁荣，为隋唐香文化的兴盛奠定了基础。

隋朝统一后的唐朝，继承和发展了隋朝的政治制度，进一步加强了中央集权。唐太宗贞观之治和唐玄宗开元盛世是中国封建社会的两个高峰时期。这一时期，唐朝实行科举制度，选拔贤能，政治比较清明，推动了文化和教育事业的发展。而加强中央集权也为政府对文化事业的扶持和保护提供了保障。在这种政治背景下，隋唐时期的香文化事业得到了极大的发展。同时唐朝对外开放，唐朝初建唐太宗就提出华夷平等，"自古皆贵中华，贱夷狄朕独爱之如一，故其种落皆依朕如父母"（宋代司马光《资治通鉴》卷198），因此与西域、日本、韩国、东南亚等国家有着频繁的经济和文化交流，为香文化的丰富打下了基础。

五代十国时期（公元907年至960年）是中国历史上一个分裂和动荡的时期。政治状况方面，五代十国的政治制度大体沿用了唐朝的制度，但各朝变化较多，官职时常废置不常，制度较为混乱。五代十国的政权更迭频繁，战乱不断，国家割据，政治动荡成为时代的特征。五代的开国之君多为前朝的方镇首领，靠军事割据发展起来，因此政权的稳定性较差。在五个朝代中，后梁维持时间最长，也只有十七年，其他朝代如后唐、后晋、后汉、后周的维持时间更短，政权更迭迅速。官场、社会的动荡，使得对外的贸易相对萎缩，对民间的香文化发展也有一定的打击。不过，晚唐五代十国战火纷飞、动荡不安的社会环境使得许多文人南迁，进一步推动了文人与香料的接触，使得更多香料进入文人的视野，香文化又有了另一番境遇。

总的来说，这段时期是由社会分裂走向国家统一再分裂的时期，香文化的发展也受到社会局势的影响。

（二）经济背景

隋唐时期的经济繁荣对香文化的发展产生了重要影响。隋唐经济的繁荣对香文化推广和发展提供了有利条件。香文化在此时期的发展，与其经济背景紧密相连。唐代经济的繁荣为香文化的发展提供了坚实的物质基础。隋唐时期，尤其是唐代，是中国古代社会经济发展的高峰期之一。国家富强，社会安定，人民生活水平显著提高，对于日用奢侈品，包括香料和香制品的需求量也随之增加。香料的消费一直以贵族阶层为主，这也就决定了香文化必然是一种贵族文化。唐朝时期外来香料的使用阶层逐渐下移，不仅仅是上层的贵族，非贵族的官僚阶层和民间的富户也能够消费名贵的香料。

隋唐的对外开放政策使得香料的贸易抑或是朝贡贸易十分兴盛。隋唐时期，尤其唐代，海上丝绸之路和陆上丝绸之路的贸易活动日益频繁，大量的异国商品通过京杭大运河、广州港、扬州港等重要航线、贸易港口流入中国，包括但不限于阿拉伯帝国、南海的林邑国（今位于越南中南一带）、陁洹国（南海古国），贸易中包括了许多珍贵的香料（如沉香、麝香、檀香等）。这些香料的引入，不仅丰富了中国的香文化，也刺激了国内对香料的需求和香品制作的技艺发展。同时，唐代中国的香文化也通过丝绸之路传播到了中亚、日本等地，影响了东亚地区的香文化发展，使得此时的香文化呈现出高度的内外交融的状态。

尽管五代十国时期政治分裂，战乱频繁，但地方经济保持了一定的活力。部分地区，尤其是江南地区，在这一时期经济得到了较为快速的发展。这种发展为当地的香文化提供了物质基础。在这些经济较为发达的地区，手工业和商业相对活跃。虽然五代十国时期的手工业和商业未能达到唐朝的繁荣水平，但在香品制作等方面仍有一定的发展。市场对于香料、香炉、香囊等物品的需求促进了相关手工艺的保持和创新。同时，中外贸易并未完全中断。特别是南方的吴越、南汉、南唐等国，由于地处沿海或沿江，保持着与外界的贸易往来。从海外进口的香料如檀香、沉香等依然流入中国，为香文化的发展提供了物质条件，但因为国内战争频繁，总体相对唐代来说还是呈现出发展缓慢的态势。

（三）文化背景

宫廷是文化的发源地之一，其文化风尚往往会通过不同途径传播到社会各个阶层。隋唐宫廷对香的嗜好和使用方式，通过文人士大夫和朝廷官员等社会精英的模仿和传承，逐渐影响了整个社会，使得香文化得到了更广泛的发展与推广，上至国家节日祭奠下到民间的喜丧事宜，香文化都成为了沟通神明、祈求福运的重要媒介，特别是随着香事活动不断增多，政府还成立了专项部门进行监督指导，更促进了香文化在整个社会面的推广。当然，香文化本身仍然属于一种贵族文化，平民一般仍是被动的接受者。就香文化本身的发展而言，唐代宫廷文化追求极致的华丽与精致，这种审美态度也影响了香品的制作。香料的选择、调配，乃至香炉、香盒等相关器具的设计制作，都追求高雅、精美，例如由宫廷的少府监中尚署制作的奢侈品金属香囊"葡萄花鸟纹银香囊"就集中反映了唐代宫廷文化的审美特点。此外，唐朝的对外开放和丝绸之路的繁荣促进了与外国的文化交流，宫廷通过外交和贸易获得了大量珍贵的外来香料，如檀香、沉香等，丰富了香文化的元素。在五代十国时期，香文化虽经连番战乱，但是有南唐后主李煜等爱香的统治者带动、保存，香文化仍然有较好的延续甚至是发展。

在政治制度中我们提到，科举制度促进了香文化的发展，而在唐朝的科举制度中，我们不难看到诗赋在科举中愈来愈重要的地位，也看到了进士科考对唐代诗歌发展繁荣所起的愈来愈明了的推动作用，进而，诗赋这一重要的文学载体也在文人活动之中为香文化的发展添砖加瓦。在诗词创作之中，唐代诗人常将香料、熏香等元素融入诗词之中，如通过描写宫廷、寺庙中的焚香，或文人骚客聚会时的香炉烟氛。除了具体的香文化现象的描写和记录，唐诗中还蕴含着深刻的香道观念，如通过焚香来寄托哀思、表达友情或修身养性的思想。这些诗词作品有效地传递了香文化的魅力，促进了香道文化的形成和发展。

作为中国历史上佛教兴盛的时期之一，也是佛教在中国历史上影响力最大的时期之一的隋唐，尤其是唐代，统治集团大部分时候对于宗教抱有相当宽容的态度，使得各种宗教盛行，因此宗教对于香文化的影响不能忽视。在隋唐时期，佛教与道教的仪式活动中普遍使用香料，如焚香礼拜、念经修行等。在佛教中，焚香被视为一种供养，象征着清净、智慧和对佛的虔诚；在道教中，香则被认为可以净化空间、驱邪避祟，与修行、长生不老的道教思想相结合。这种对香的宗教需求促进了香料种类的丰富和香品使用量的增加，也促进了制香技术的发展，并且这些象征意义的赋予还加深了香在文化中的意义，促使香文化在社会中的传播与接受。因为宗教的盛行，相应的场所不断地拔地而起，隋唐时期的寺庙和道观不仅是宗教活动的场所，也成为了香文化传播的重要平台。寺庙和道观内大量使用的香料，以及绘画、雕刻等艺术作品中对焚香场景的描绘，都向社会大众展示了香的重要性和使用方式，间接促进了香文化在民间的传播和接受。

二、隋唐五代十国时期香料介绍

经过千百年的积淀，同时又有隋唐、五代十国时期繁荣的对外贸易，大量的商人进入中国，带来了世界各地的香料，这一时期香料不仅种类繁多，而且数量多达百种，较为主流的主要有沉香、紫藤香、榄香、樟脑、苏合香、安息香、爪哇香、乳香、没药、丁香、青木香、广藿香、茉莉油、玫瑰香水、郁金香、阿末香、降真香等品种。这一时期较为著名的香料如下：

（一）麝香

麝香是由雄性麝鹿的麝香囊分泌物制成的，麝鹿主要分布在中国西北、西南地区以及喜马拉雅山区等地，同时也通过丝绸之路从其他地区如印度和中亚地区引进。隋唐、五代十国时期通过狩猎和贸易的方式获得麝香，尤其是与藏族等边疆民族的贸易联系，使得麝香成为珍贵的贸易商品和外交礼品。麝香因其独特强烈的香气，在这一时期被广泛用作香料，应用于宫廷和贵族的日常生活、重要的节庆或宗教活动中。麝香同样被视为珍贵的药材，具有散寒止痛、开窍醒神等功效，常用于治疗心腹冷痛、昏迷、休克等病症。

（二）沉香

沉香是一种名贵的香料，来源于沉香树因感染真菌而形成的树脂。由于其香味独特，自古以来就被用于宗教仪式、医疗卫生以及生活享受。沉香主要分布于东南亚地区，如越南、印度、马来西亚及印度尼西亚，而在隋唐五代十国时期，中国通过海上丝绸之路与这些地区进行了广泛的贸易往来，从中引进了沉香，同时，中国南部的某些地区也能够产出沉香，但质量和香味往往与进口的沉香有所不同。人们不仅在日常生活中焚烧沉香以祛除异味、净化空气，还在佛教和道教的宗教活动中使用，以表示虔诚。此外，沉香被加工成粉末，用于制作香囊、香水，甚至作为药材来治

疗各种疾病，具有行气止痛、温中止呕和纳气平喘等功效，主治胸腹胀满
疼痛、胃寒呕吐、呃逆和肾虚气逆喘急等症。

（三）龙脑香

龙脑香又称龙脑、冰片，是从樟科植物的树脂中提取的一种香料，它
呈片状或块状，颜色从透明到淡黄色不等，具有特殊的芳香味。隋唐时期
的龙脑香主要来源于东南亚地区，即如今的印度尼西亚、越南等地，以及
中国南方某些地区，通过海上和陆上的贸易路线，龙脑香被运到中国各
地，成为当时珍贵的外来香料之一，在五代十国时期开始，中国境内地方
进贡中也开始出现龙脑香。龙脑香在这一时期地位极高，除了日常中用以
制作香水、香囊及焚烧龙脑香净化空气，皇帝还将其赏赐给后宫、重臣，
作为身份象征。在佛教中龙脑香也是礼佛上品、"浴佛"主料之一。作为
药物使用时，龙脑香可内服外用，开窍醒神、清热解毒，治心腹气、风湿
积聚、神昏、痉厥、疼痛诸证以及疮痘。

（四）龙涎香

龙涎香在唐代称为"阿末香"，是一种来源于抹香鲸消化系统的分泌
物，这种分泌物在鲸鱼体内可能因为消化道疾病或吞食硬物而形成，随后
被排出体外，经过长时间的海水浸泡和日晒，这种物质变硬、氧化，最终
形成具有独特香气的固态物质。龙涎香主要来源于抹香鲸，这种巨型海洋
哺乳动物主要分布在全球的热带和亚热带海域，如唐朝时就从大食国（阿
拉伯帝国古称）通过海上丝绸之路等贸易途径引入中国。龙涎香被视为一
种非常珍贵的香料，被广泛用于制作香水、香炉等物品。由于其产量稀
少，价格昂贵，因此只有皇室和贵族才能享用。唐朝时期的皇帝会用龙涎
香来熏衣、熏房，以增加居室的香气。在宗教之中，龙涎香还被用来制作
各种工艺品，如佛像、念珠等。作为药物，龙涎香具有行气活血、散结止
痛、利水通淋的功效，用于治疗咳喘气逆、气结痞积、心腹疼痛及淋病
等症。

三、隋唐五代十国时期香品的发展

（一）香料制品

隋唐五代十国时期的香料制品以天然原料为主，包括植物如檀香、沉

香、丁香等，及少量动物源如麝香。这一时期，香料制作工艺相对简单，主要包括研磨原料、按比例混合、成型和干燥等步骤。香料制品种类丰富，涵盖了香饼、香丸、香囊及简易的线香或卷香等形式。这些香料制品不仅用于提升生活质量，还在宗教、医疗和日常生活中有着重要应用，反映了当时社会的审美偏好和生活习惯。

在这一时期的香料制品中，尤其值得注意的是印香、香柱等无须借助炭火熏烧的香品，这标志着香品在制作和使用上进入精细化、系统化阶段，是香品制作技艺发展的一个重要里程碑。

印香又称篆香、香篆、香印，是指制作过程中会在香料上压印各种图案或文字的香料制品。印香的使用最早见于唐代的佛前焚香。最初，印香主要用于佛教的供奉和法会活动中，信徒们通过献香表达对佛陀的敬拜。随着佛教在中国的普及和发展，制香技术也得到了传播和提升，印香的制作逐渐成为一门独立的工艺。以下是其大致的制作流程。

选材：唐代印香的原料包括多种香料，主要是植物性香料如檀香、沉香、丁香、桂皮等。这些香料不仅香气纯正，并且具有较好的医疗效果。有时也会使用动物性原料如麝香，增加香气的持久性和深度。

修制：即对香料进行摘、拣、揉、筛、晾，去除杂质，而后切割粉碎。

研磨：将这些原料研磨成细末。为了更好地融合香料的香味，这一步骤非常重要，需要将香料研磨至极为细腻。

蒸料：利用水蒸气或隔水加热香料，蒸的火候、次数凭需要而定。此法可使香料由生变熟，也可分离香材，调理药性。

煮料：用清水或加辅料（蜂蜜、梨汁、酒）浸煮，目的在于去其异味，增加黏性，有的香料则用炭水、酒或米泔水煮，待水尽黄气发出时再炮。

炮料：用武火急炒，或加蒲黄粉等拌炒，炮与炒是火候的区别，炮用武火，炒、炙用文火。

炒料：香料的炒，火候上有的要炒得令其黄，有的要令其焦。像檀香的炒制，炒的方法是：选好檀香料材，制成米粒大小，再用慢火炒，令烟出紫色，断腥气即可。

炙料：用液体辅料拌香料再炒，使辅料渗入香料之中。

烘焙：将炙后的香料放入陶制容器中，再进行焙烧，使香料彻底干燥后粉碎。

调和：粉末状的香料在一定比例下混合，按照特定的配方调和，此为合香。这一步不仅关注香味的配比，更注重香料的质地，保证最终制作出来的印香既有良好的香气，也易于成型。当然，也可以使用单一香料的粉末，称为单方香。

在香料制备完成之后，则一般按照加香灰、理香灰、压香灰、扫香炉、放香篆、加香料、理香料、脱香模、点火、品香几个步骤进行进一步的准备和使用（图3-1）。

图3-1 印香用具

唐代香柱是一种比较粗短的直线形的香，可视为早期的线香，多直立焚烧，也常水平卧于香灰上燃烧，也可使用带盖的香炉。

唐代香柱的制作流程和工艺在古代文献中并无详细记录，只能从有些后世文献如《天工开物》《本草纲目》等书中了解到对于香料的处理和香的制作方法，其中提到的一些基本原理和方法很可能沿袭自更早的时期，可以作为参考来推测唐代香柱的制作方式。

调和以及之前的步骤基本和印香类似。

加入黏合剂：为了使香粉能够固定成型，需加入适量的天然黏合剂，如蜜蜡、树胶或蜂蜜等，这些天然成分既可以帮助成型，也不会影响香气的纯正。

成型：将调好的香料粉末混合物放置在模具中或用手工揉捏成条状，根据需要制作成不同的直径和长度。唐代的技艺已较为先进，可能已经能够制作出较为精细和规则的香柱形态。

干燥：将成型的香柱放置于阴凉通风处自然干燥，或采用轻微加温的方式缓慢干燥，以保证香柱干透而不裂。

修整：干燥后，根据需要对香柱进行修整和打磨，使其外形更加光滑、整齐。

在五代十国时期，又出现了一种来源于大食国（阿拉伯帝国古称）的新的香料制品：花露。这一香料形式虽然是在宋朝才开始发扬光大，但传入的时间却是在动荡的五代十国时期，具体时间则是在后周皇帝周世宗柴荣在位时期（958 年）通过占婆传入中国，宋代《香谱》之中也有记载："后周显德间，昆明国（五代时期占婆以南称'昆仑'，常被误作'昆明'，原文即为误用）又献蔷薇水矣。"花露很快取代了进口苏合香的地位，成为受中国上层社会欢迎的高档消费品。但因其昂贵和供应受限，广泛使用并不实际，因此后人就尝试仿制这一香品，但由于古人并未完全掌握蒸馏香精油的办法，因此并未成功。当然，我们从古人的记载中能一窥这一香品的制作方法，蔡絛《铁围山丛谈》就提到："旧说蔷薇水，乃外国采蔷薇花上露水，殆不然。实用白金为甑，采蔷薇花蒸气成水，则屡采屡蒸，积而为香，此所以不败。"

（二）香品器具

谈到香料产品的制作，就不得不谈到使用香料制品的器具。隋唐时期的香具形态十分丰富，有鸟兽形、人物形、山水形、器皿形等，其中尤以鸟兽形和神话人物形最为流行，如鸳鸯香炉、狮子香炉、仙人香炉等。不光是本身形状，许多香具的表面都有繁复的装饰，如花鸟、山水、神话故事等，表现出高度的艺术水平。自隋唐开始，香具的材质也开始丰富起来，包括铜、铁、金、银、陶瓷、玉石等，其中金银香具尤为常见，其次是陶瓷和铜。工艺方面，隋唐时期的香具工艺达到了高峰，无论是铸造、錾刻、绘画，还是镶嵌、镂空等都异常精致。如一些香具的表面镶嵌有金银、宝石等，亦有的香具用镂空工艺制成，非常精美。

一般应用范围较广的为香炉。由于手工业的发展，隋唐之后的香炉开始与较为笨重的博山炉相比，开始轻量化、多样化。

瓷制的香炉中，最为出名的便是唐三彩香炉，可以说是唐代陶瓷香炉发展史上的里程碑。唐三彩香炉的出现打破了以前香炉单一釉色的传统。这种香炉以绿色釉彩为主，同时在炉足处黄蓝釉色相互渗透，产生斑斓独特的美感。其釉色的融合自然且和谐，互相辉映的色彩展现出豪华壮丽的艺术魅力。例如经典的唐三彩三足香炉，其被广泛使用于佛教香炉仪式中，其炉足采用兽形设计，赋予炉具强壮而稳定的外形。器物表面饰有浮雕兽首，这一设计不仅明确了其佛教主题，也使其成为唐三彩香炉艺术中的杰出之作。另有越窑青瓷、邢窑白瓷三足香炉，也是瓷质香炉中的经典。

如上文所说，从香炉的形制来看，隋唐经常采用的是仿生形香炉，这些香炉的设计理念来自于自然，如珍禽异兽、植物等，并尽可能地在形状、色彩和细节上做到逼真。它们被工艺匠人雕塑得生动且精巧，并使用了独特的釉色，如三彩或青釉等。许多仿生香炉采用的是狮子。狮子，古代有狻猊和狮子的别称，主要分布在非洲和亚洲西部。在佛教中，它被视为"护法神"的象征，狮子香炉由于气势威仪、造型生动自然而广受统治阶级的认可及追捧。如福建博物馆藏唐天祐四年（公元907年）鎏金铜炉，炉身平底直腹，五兽足，炉口花式大宽折沿，覆钵式炉盖，顶端立一张口出烟的蹲狮，通高40.1厘米，铭文写到"狮子香炉"。

在隋唐，长柄香炉，也被称为香斗、长柄行炉，非常受欢迎。这种香斗主要用于佛教供奉，因其方便携带和使用，为佛教常用的香炉式样，可以在敦煌壁画中找到它们的身影，这种香炉分为镇柄式和鹊尾式，其来源是西亚，这一形制的出现也标志着唐朝开始摆脱了博山炉的形制垄断。在隋朝时期就有记载，皇帝御赐给了辨志禅师"雀尾香炉四十九只"，在唐朝，长柄香炉更为盛行，无论是皇家贵族，还是富商大贾，甚至是寺庙里的和尚，都在自己的空间里摆放制作精美的长柄香炉，以示风雅。镇柄炉在唐代盛行，其形状特性表现在长柄的端部向下和向外弯曲，形成圆环或近于圆形的架子，顶部置有镇，来确保炉体的稳定。根据镇的差异，这类炉具可以划分成狮子镇和塔镇等多种。首个被发现的狮子镇柄炉是从长沙赤峰山初唐墓中挖出的。在唐代的设计风格中，狮子形镇常呈蹲身、竖尾的面貌。依照考古资料的证实，塔形镇柄炉和狮子形镇柄炉的出土年代极其接近。

　　若论香炉轻巧到极点，则数唐代的球形香炉。在唐代，这一形制的香炉一般被称为香球，又称香囊，包括被中香炉或被中香球，相关文字记载最早见于葛洪《西京杂记》卷上："长安巧妇丁缓者，为常满灯，七龙五凤，杂以芙蓉莲藕之奇，又作卧褥香炉，一名被中香炉。"与唐代以前的香囊不同，唐代香囊多以金银等金属为材料制作，一般其形制为带有提链的金属熏球，可以外出时提带，也可以悬挂于室内，用来散发香味，净化空气，提神醒脑，还能作为装饰品增添美感，或者用于暖被熏香。香球内部设计巧妙，设有一小香盂，通过与轴心线垂直的两环支撑系统使其保持水平。这种结构确保了即使香球翻滚，小香盂内的燃香也能稳定，避免香料溢出。香烟则通过镂空部分悠然释放。该设计展现了古人高超的创造力，而西方的类似机械——陀螺仪，直到16世纪才被发明。唐朝最著名的香球名为"葡萄花鸟纹鎏金银香囊"，其球体高5.1厘米，直径约4.8厘米，球身精巧雅致，通体为银质，外层鎏金，在上下两个半球上镂空雕刻着花鸟纹饰。球体外面还有一条银制的链子，以便悬挂或系带，体现了唐朝手工业和艺术结合的巅峰（图3-2）。

图3-2　唐代葡萄花鸟纹鎏金银香囊

四、隋唐五代十国时期香文化与社会活动

(一) 宫廷的香品使用

宫廷用香，事务繁杂，因此专门设有部门管理此事。据唐代杜佑《通典》卷二十六记载："隋如北齐，大唐因之，置左藏署令三人，掌库藏钱、布帛、杂彩。右藏署令二人。掌铜铁、毛角、玩弄之物，金玉、珠宝、香、画、彩色、诸方贡献杂物。"故可知隋唐两朝都以"右藏署"为香料管理部门，涉及香药部分时，则由"尚药局"管理，唐初仍沿用，高宗龙朔二年（662年）改为"奉医局"，其中就有一部分香品制作职能的官位，如"合口脂匠"（俞鹿年编著《中国官制大辞典》）。日常的香事活动则由隋朝已有的尚舍局掌管，其职能为"掌殿庭祭祀张设、汤沐、灯烛、汛扫""大朝会，设黼扆，施蹑席、薰炉"。而五代十国各朝大多沿用唐制，由于时代的差异和各地的特殊情况，具体的部门名称可能有所变化，但因社会动荡缺乏相关史料记载，此处默认五代十国通用该管理体系。

作为一种名贵的奢侈品，香品往往会用来赏赐群臣、贵族、后宫等来密切君臣关系。赏赐的东西包括口脂、香药、香袋、里衣香等香品。在一些重要的节日或特殊的纪念日，皇帝会当面赏赐或通过宰相或内侍将香料和香具作为礼物赏赐给宫廷内外的重要人物，比如唐代腊日赐口脂、香囊、香料等，杜甫有《腊日》诗云："口脂面药随恩泽，翠管银罂下九霄"，描述的就是这一情况。还有端午赐香衣，于唐肃宗乾元元年（758年）四月皇帝祭祀九庙，杜甫随驾并于端午节受赏，得到赐衣，倍感荣幸，有感而发，遂作诗《端午日赐衣》表达感激之情，也能够看得出皇帝在重要节日赏赐香品的习惯。此外，还有在军事胜利、征服异域、重大工程完成或是国家大典等重要事件后，文人学士、外国使节或有重要贡献的人被召见至宫廷时，皇帝或皇后的生日，以及其他皇室成员的重要日子，皇帝都会进行香品赏赐，甚至在普通的日期里随性赏赐，可见这一时期宫廷赏赐香品成风。

对于古代皇室来说，宗庙祭祀是一项重要内容，而各种各样的香品就在祭祀的过程中扮演着沟通人间与先祖、净化空气、表示尊重和祈福的作用等重要的作用。到唐代时，祭祀焚香这一仪式就已经相当成熟。宫廷祭

祖时常用的香料包括沉香、白檀香、龙脑、麝香等，这些香料不仅香味浓郁持久，而且被认为具有净化空气、驱邪避疫的效果。皇宫内部对焚香仪式极为讲究，发展出了一整套规范的献香流程，同时融入了祈词与相应的音乐舞蹈，旨在祈祷国家繁荣、福泽长久。在进行此礼仪时，负责的官员需吟唱祈福之言，由此催生了众多反映该祭祀情景的诗作。

在日常生活之中，宫廷用香也十分广泛。隋唐时期，宫廷用香甚至达到了奢侈的地步，《香谱》中就有记载："及隋，除夜火山烧沉香、甲煎不计数，海南诸品毕至矣。"描述了隋炀帝除夕大规模焚烧香料。服饰用香便是首先在宫廷中流传开来的，宫廷人员会将精制的香囊或香料缝入衣裳之中或佩戴于身，或者是使用瓷熏笼对衣物进行熏香，使衣物长时间散发出淡雅的香味。此举不仅令人体香怡人，同时也象征着身份与地位的尊贵。在饮食方面，开元以降，唐朝便流行胡食、胡酒，其中便很有可能佐以从丝绸之路传入的香辛料。宫廷厨房会巧妙地使用各种香料来调制食物，既增加菜肴的风味，又有助于健康养生。当时应用于饮食的香辛料已经较为丰富，如花椒、胡椒、豆蔻、桂皮、陈皮等。在宫廷的居住环境中，经常焚烧香料以净化空气、驱虫避邪，营造出一种祥和、雅致的生活氛围。特别是在重要宫殿和后宫，还会使用珍贵的香木作为建筑材料或装饰，长久散发自然香气。出行时，宫廷贵族往往会用香车，即使用香木打造车辆或是在车辆中使用香薰、香囊，这样无论是郊游还是出巡，都能保持车内空气清新，显现出尊贵的身份。同时，行进间留下的香气也象征着其高贵地位，"宝马香车"一词便是唐朝用来形容贵族车马考究的。

（二）宗教活动中香品的应用

隋唐时期是中国宗教的大发展时期，唐朝尤为明显，其文化政策十分开放。对各个宗教都持相当宽容的态度，使得各个宗教在中国内繁荣发展、兼收并蓄，而各个宗教用香相关的仪式、规范也不断地完善。这里以佛教为例来阐释隋唐、五代十国时期宗教之中的香事。

佛教与香的联系十分紧密，"香"这一概念承载着深厚的象征意义。它不仅是物质的供品，也是信仰与虔诚的象征，如将佛堂称谓为"香室"，寺庙为"香刹"，并在寺内设立"香厨"等，体现了香气作为连接人与佛之间信念的桥梁。还有香王菩萨、香王观音这样的用法突显出"香"的角色，宛如一位激发信众对佛教敬仰、投入的使者。早在隋炀帝时期，官方就已经开始大力发展佛教，大乘佛教甚至居于国教地位，唐朝时地位虽不及于此，但在开放的环境下佛教也有不小的进步，自然，相应的香事也就兴盛起来。

与佛教关系最深的莫过于沉香、檀香、龙脑香、乳香、安息香等几种香料。大众较为熟知的便是沉香和檀香。沉香，作为"浴佛"仪式的关键材料之一，被推崇为唯一能通"三界"的圣洁香料，其木材雕造的念珠与佛像备受珍视，成为贵重的佛教法器，此外，以沉香制成的香品，不仅适用于佛教仪式之中，亦是冥思和打坐时优选之香，在唐朝，几乎所有的佛事活动中都有用到沉香。檀香树在印度被称为"圣树"，因檀香"引芳香之物上至极高之分"，故而佛教对檀香也十分的推崇。檀香被认为具有净化心灵、增加专注力和平静心境的功效，在一些特定的禅修仪式中，焚烧檀香成为帮助参与者更好地进入修行状态的一种手段。在隋唐五代十国时期的佛教场所举行的各种宗教仪式前，常会焚烧檀香，以此来准备仪式场地。唐代檀香与佛教联系密切还有一个传说，《香乘》中记载："唐玄宗尝诏术士罗公远与僧不空同祈雨校功力，俱诏问之。不空曰：'臣昨焚白檀香龙。'上命左右掬庭水嗅之，果有檀香气。"在佛教中，有非常多的经典香具。例如，在佛教仪式中，香宝子是用于盛装香料的器具。这种容器可能单独使用配合柄炉，或者成对地安放于香炉两旁，在佛教的图像表现中常有呈现。在诸多实际发现中，香宝子中以法门寺地宫遗址发掘的最具华美之感（图3-3）。香炉在唐朝时是礼佛养佛不可或缺的一样佛具，其中较有佛教特色的香具则是长柄炉，经过隋朝发展、大唐盛世的兼收融合，用于供佛行香的长柄香炉在中原得到了传播。在使用香炉进行供养时，通常会念诵特定咒语以祈求祝福，旨在通过焚烧香料来表示对佛陀的尊敬和虔诚心意。这些咒语的核心目的是为香炉加持，并将其置于祭坛上，通过升腾的香烟来达到与佛陀沟通的目的。

与佛教相关的活动在这一时期也尤为频繁，涉及群体也非常多。在寺庙或家庭的佛教供奉中，点燃香品、供奉香品是日常活动，信徒们以此向佛陀表达敬意和祈求福分、平安，特别是唐代皇帝大多信佛，皇室成员经常参与佛教活动，如香品供养，《监送真身使随身供养道具及金银宝器衣

图 3-3　法门寺地宫遗址香宝子

物帐》石碑碑文中记载："（唐懿宗供养）乳头香山二枚，重三斤；檀香山二枚，重五斤二两；丁香山二枚，重一斤二两；沈香山二枚，重四斤二两。"由于隋唐社会安定，整体生活水平较高，不只是皇室，民间普通民众入寺行香也变得十分常见，当然，在五代十国这个社会动荡时期，民间宗教行香礼佛的活动相对萎缩。在佛教的重要节日或法会活动中，香品的使用尤其重要。通过燃烧香品，为活动创建一个净化、神圣的环境，同时也是对佛陀和诸位菩萨的敬意表达。禅修和诵经也是非常经典的佛教日常活动，如上文所说，在佛教的禅修或诵经活动中，香品被用作辅助修行的工具。香气被认为能够帮助修行者集中心神、减少杂念，从而更好地进入禅定状态。"开殿洒寒水，诵经焚晚香"，唐代许浑这一诗句便是对禅修诵经情景的最好描写。

（三）香文化在医药领域中的体现

作为传统医学，中医采用的药物范围十分的广泛，香料自然也在其中，并有"香药"之名，通常是依据中医药学原理，利用香料的独特治疗作用，旨在通过多种途径如按摩、熏香、艾灸及内外用药等方法，针对不同的病症进行预防和治疗。这种疗法综合考虑了物质的芳香特性对人体心理与生理双重影响，是一种全面的自然疗法，旨在通过特定的香药制剂达到治愈的目的。

关于香药和香料的典籍，隋唐五代时期就有着长足的进步，尤其是因为对外贸易的大发展，诸多香料传入，丰富了香药内容。例如，唐朝世界上第一部国家药典性质本草《新修本草》，记载了苏合香、安息香、龙脑香等香药；外来药物专著《海药本草》收录了降真香、白豆蔻、青木香等五十余种外来香料。另外还有孙思邈的《千金翼方》《备急千金要方》和陈藏器的《本草拾遗》等唐代药学著作，也都对香药有所记载，前者还给出了部分香方，以供日用、预防或者治疗。五代十国时期的研究更进一步，民间药学著作《日华子本草》集五代前百家之长，进步之处在于其对于香药的性味、功效、对症更加详细、准确。

中医讲究"治未病"，而香药恰能通过多种方式在提高生活质量的同时起到一定的预防疾病作用。

熏香：人们通过燃烧含有药用香料的熏香来净化空气和环境，以防止空气传播疾病，认为这可以调和室内外的气场，减少疫病的滋生。如《千金翼方》中的"干香方"："丁香（一两），麝香，白檀，沉香（各半两）……先捣丁香令碎，次捣甘松香，合捣讫，乃和麝香合和衣。"

香囊佩戴：唐朝的香囊，如上文所述，出现了较以前不同的金银材质香囊，当然，也有布、绸等较为传统的材质进行制作，内装有各种香料，或点燃或不点燃，人们将其挂在身上或放在家中，相信这样可以避邪并预防疾病，这些香囊中的香料通常都具有抗菌或驱虫的作用，主要用于提神、健体、祛寒湿。另有利用药用香料的浸泡水来洗浴，旨在通过皮肤吸收香料中的有效成分，达到防病强身的效果，认为这种方法可以增强正气。唐朝杨贵妃沐浴时，就采用玫瑰香汤进行浸泡。

中医在治疗过程中也会应用香料，通过内服某些含有特定香料的汤剂或药物，利用其内在药效来调和人体的气血，维护健康。例如《千金翼方》十香丸："令人身体百处皆香方：沉香，麝香，白檀香，青木香，零陵香……捣筛为末，炼蜜和绵裹如梧子大，日夕含之，咽津味尽即止，忌五辛。"此方在提升人的气质形象，保证心情舒畅的同时，兼有行气、散寒、止痛的功效。此外，有如胡葱、胡椒、荜茇等传入中国的香料，人们在食用中发现了其性味、功效，能够消食、温中、行气等，因此如在《千金翼方》中就有以荜茇为其中一味药材的治疗牙痛的方剂、补五劳七伤虚损的方剂。

（四）香文化在文学中的体现

隋唐、五代十国时期是诗歌大发展的时代，与香料、香事结合的古诗产生并不少。直接描写香事的并不多，多是以香料、香事衬托某种情感或比喻其他东西，作为一个情感的载体，如李白《杨叛儿》："君歌杨叛儿，妾劝新丰酒……博山炉中沉香火，双烟一气凌紫霞。"此诗是一首带有解放色彩的诗，诗中一男一女互唱对饮，相互挽留，情真意切，而最后一句则是以博山炉与沉香比喻这对男女，生动地表现出其情谊之浓，十分有意境。还有我们十分熟悉的《望庐山瀑布》："日照香炉生紫烟，遥看瀑布挂前川。""香炉"自然是指香炉峰，而将蒸腾的水汽比作香炉中冉冉升起的紫烟，借一个"生"字把冉冉烟云写得活灵活现，体现出其对祖国大好河山的热爱，也从侧面反映出香料、香事在这一时期的人的心中审美地位之高。除此之外，还有表达忠君爱国之意、义结金兰之情、高洁不群之志等情感的古诗。除了唐代，五代十国时期有所成就的诗词作品也不少，《花间集》便是其中的代表。《花间集》是后蜀宫廷文人赵崇祚编选的一部选录晚唐五代词五百首的诗选集，因南下逃难的文人在南方接触了大量的香料，积累了大量的关于香的意向，因此其中涉及香的词不在少数，如欧阳炯的《浣溪沙》："兰麝细香闻喘息，绮罗纤缕见肌肤"便以兰草、麝香形容久别重逢的才子佳人之间的缠绵，尽显《花间集》香艳的风格。同样，也是写情但心绪相反的词同存，如韦庄的《归国谣》："闲倚博山长叹，泪流沾皓腕。"此词描写的是情人之间的分别之苦，女子独倚博山炉，欲以炉身温热缓解心中分别之凄凉，但反而更衬其凄苦之情，不经意间也表现出香事与生活融入甚为紧密。

除了诗词，隋唐、五代十国还有其他文学体裁的作品，如十分著名的唐代段成式创作的笔记小说集《酉阳杂俎》，该书中既有志怪传奇类，又有异域珍异之物，自然而然就包括域外传入的各种香料，但毕竟是小说集，不免有根据现实世界的香料杜撰的想象植物，如"木五香：根旃檀，节沉香，花鸡舌，叶藿，胶薰陆"，说的是一种叫做"木五香"的植物身上生有五种不同的香料：根是檀香，枝节是沉香，花是鸡舌香，叶是藿香，流出的胶是薰陆香。被后人沈括在《梦溪笔谈》中批驳一番，但毕竟是小说，一笑而过即可。

第四节　宋元时期的香文化

宋代奉行崇文抑武的治国方略，致使军事力量薄弱，但科技领先，文化繁荣，经济发达，是中国文化史上的又一辉煌时期，香文化也发展到了一个以文人雅士休闲精致的品香仪式为潮流的鼎盛阶段。这一时期的用香已遍及社会生活的方方面面，宫廷宴会、婚礼庆典、茶房酒肆等各类场所都要用香。香药进口量巨大，宋廷以香药专卖、市舶司税收等方式将香药贸易纳入国家管理并收入甚丰。文人阶层盛行用香、制香，也有很多文人从各个方面研究香药及和香之法，庞大的文人群体对整个社会产生了广泛的影响，也成为香文化发展的主导力量。

一、朝廷管理下的香药专卖

北宋的造船与航海技术已十分发达，宋元时期的海上贸易极为繁荣。扬州、明州（宁波）、泉州、番禺（广州）等港口吞吐量巨大，香药是最重要的进口物品之一，包括胡椒、乳香、檀香、丁香、安息香、青木香（木香）、龙脑、苏合香、沉香、肉豆蔻等。还有专门运输香药的"香舶"。1974年福建泉州发掘出的大型宋代沉船就是一艘香舶，载有龙涎香、降真香、檀香、沉香、乳香、胡椒等香药。北宋神宗熙宁十年（1077年），仅广州一地所收乳香多达二十多万公斤。北宋初年（太宗时）便在京师设榷署，负责香药专卖事宜，元代脱脱的《宋史·志·卷一百八十六·食货下八》记载宋太宗时"诸蕃香药、宝货至广州、交阯、两浙、泉州，非出官库者，无得私相市易"。并将珊瑚、玛瑙、乳香等8种物品列为国家专卖，"唯珠贝……珊瑚、玛瑙、乳香禁榷外。"

自宋初开始，朝廷相继在番禺、杭州、明州、泉州等地设市舶司，掌管海外贸易。市舶司按比例抽取进出口货物的利润，或以低价收买货物，所得物品除供官府使用，还可再行销售。市舶司所辖港口贸易兴隆，收入丰厚，也是朝廷的一项重要财政来源。宋初还曾变卖香药，解兵粮不足之困。

市舶司收入对南宋财政更为重要。南宋初年财政岁入约一千万缗，市舶司收入即达一百五十万缗（缗：成串铜钱，每串一千文）。清代徐松《宋会要辑稿·职官四四》记录高宗曾言："市舶之利最厚，若措置合宜，所得动以百万计，岂不胜取之于民。"更有资料显示，南宋时期，香药的进出口额占了整个国家进出口额的四分之一，由此可见当时国人用香的繁盛。

《宋史·职官五》记载宋朝宫中设有"香药库"，"掌出纳外国贡献及市舶香药、宝石之事"。其负责官员为"香药库使"，约为正四品官，还有监员及押送香药的官员。据庞元英《文昌杂录》载，宋真宗时有 28 个香药库，真宗还曾赐诗题匾："每岁沉檀来远裔，累朝珠玉实皇居。今辰内府初开处，充物尤宜史笔书。"（北宋叶梦得《石林燕语》）明代宋濂《元史·百官志四》记载元武宗至大元年（1308），专设"御香局"，负责制作御用香品，"修合御用诸香"。

二、文人的"香癖"

宋代文人盛行用香，生活中处处有香。写诗填词要焚香，抚琴赏花要焚香，宴客会友、独居默坐、案头枕边、灯前月下都要焚香，可谓香影相随，无处不在。黄庭坚曾言："天资喜文事，如我有香癖。"以"香癖"自称者仅山谷一人，而爱香之宋元文人则难以计数。

宋代咏香诗文的成就也达到了历史的高峰，其数量之多令人惊叹，品质之高更使人不禁拍案称绝。很多人写香的作品有几十首乃至上百首，其中也有许多文坛名家，如晏殊、晏几道、欧阳修、苏轼、黄庭坚、辛弃疾、李清照、陆游，等等。似乎还有一个特点：愈是文坛大家，愈多写香的诗文，愈喜欢香。这些灿烂的诗文既是当时香文化的生动写照，也是中国香文化步入鼎盛时期的重要标志。以下略摘一二共赏：

李煜："烛明香暗画楼深，满鬓清霜残雪思难任。"欧阳修："沈磨不烧金鸭冷，笼月照梨花。""愁肠恰似沉香篆，千回万转萦还断。"苏轼："金炉犹暖麝煤残，借香更把宝钗翻。""夜香知与阿谁烧，怅望水沉烟袅。"黄庭坚："一炷烟中得意，九衢尘里偷闲。""隐几香一炷，灵台湛空明。"辛弃疾："记得同烧此夜香，人在回廊，月在回廊。""老去逢春如病酒，唯有：茶瓯香篆小帘栊。"李清照："薄雾浓云愁永昼，瑞脑消金兽。""香冷金猊，被翻红浪，起来慵自梳头。""沉水卧时烧，香消酒未消。"蒋捷："何日归家洗客袍？银字笙调，心字香烧。流光容易把人抛，红了樱桃，绿了芭蕉。"陆游："一寸丹心幸无愧，庭空月白夜烧香。""铜炉袅袅海南沉，洗尘襟。"

许多文人不仅焚香、用香，还收辑、研制香方，采置香药，配药和香。文人雅士之间也常以自制的香品、香药及香炉等作赠物。应和酬答的诗作也常以香为题。例如：蔡襄叹"香饼来迟"。欧阳修为感谢蔡襄书《集古录自序》，赠之茶、笔等雅物。此后又有人送欧阳修一种熏香用的炭饼"清泉香饼"，蔡襄深感遗憾，以为若香饼早来，欧阳修必随茶、笔一同送来，遂有"香饼来迟"之叹（北宋欧阳修《归田录》）。

苏轼曾专门和制了一种"印香"，还准备了制作印香的模具银篆盘、檀香木雕刻的观音像，送给苏辙作寿礼，并赠诗《子由生日，以檀香观音像及新合印香、银篆槃为寿》，该诗亦多写香，如："梅檀婆律海外芬，西山老脐柏所熏。香螺脱魇来相群，能结缥缈风中云。"苏辙六十大寿时，苏轼也曾寄用海南沉香雕刻的假山及《沉香山子赋》（写海南沉香）为其贺寿。

黄庭坚也常和制香品，寄赠友人，还曾辑宗茂深（宗炳之孙，人称小宗，南朝名士）喜用的"小宗香"香方（用沉香、苏合香、甲香、麝香等药），并为香方作跋："南阳宗少文嘉遁江湖之间，援琴作金石弄，远山皆与之同声，其文献足以配古人。孙茂深亦有祖风，当时贵人欲与之游，不得，乃使陆探微画像，挂壁观之。闻茂深闭阁焚香，作此香馈之。"黄庭坚以香喻人，以人托香，他心慕南朝宗少文、宗茂深祖孙卓然不群的风骨，文字令人陶醉（黄庭坚《山谷集·书小宗香》）。

黄庭坚也曾以他人所赠"江南帐中香"为题作诗赠苏轼，有"百炼香螺沈水，宝熏近出江南"。苏轼和之："四句烧香偈子，随香遍满东南。不是闻思所及，且令鼻观先参。"黄庭坚复答："迎笑天香满袖，喜公新趁朝参。""一炷烟中得意，九衢尘里偷闲。"陆游有《烧香》诗，描写自己用海南沉香、麝香、蜂蜜等和制熏香："宝熏清夜起氤氲，寂寂中庭伴月痕。小研海沉非弄水，旋开山麝取当门。蜜房割处春方半，花露收时日未暾。安得故人同晤语，一灯相对看云屯。""当门"指麝香。

宋代还有许多香学专著，广涉香药性状、炮制、配方、香史等内容，如丁谓《天香传》、沈立《香谱》、洪刍《香谱》、叶廷珪《名香谱》、颜博文《香史》、陈敬《陈氏香谱》，等等，这些作者多有文人或学者背景。洪刍是哲宗时进士（黄庭坚外甥），兄弟洪朋、洪炎、洪羽皆有文名，人称"四洪"，江西诗派成员，曾为谏议大夫。颜博文、叶廷珪亦知名诗人或词人。丁谓是太宗时进士，真宗宠臣，官至宰相，诗文亦为人称颂。仁宗即位后，丁谓贬海南，在崖州撰《天香传》。香也给多年客居岭南的丁谓增添了许多情趣，如文中所记："忧患之中，一无尘虑，越惟永昼晴天，长宵垂象，炉香之趣，益增其勤。"他对北苑贡茶"龙凤团茶"（使用了香药）的调制亦多有贡献。

还有许多文人，虽无香学专著传世，但也对香及香药颇有研究，在其文章或著作的有关章节可见各种相关记述。例如对于传统香的一种重要香药沉香（清凉性温，能调和各种香药，和香多用），宋代文人有丰富的阐述。苏轼《沉香山子赋》论海南沉香："方根尘之起灭，常颠倒其天君。每求似于仿佛，或鼻劳而妄闻。独沉水为近正，可以配薝蔔而并云。矧儋崖之异产，实超然而不群。既金坚而玉润，亦鹤骨而龙筋。唯膏液而内足，故把握而兼斤。"

三、宫廷祭祀中的香品

与唐代相比，宋代的宫廷生活较为节俭，但用香场合甚多，包括室内熏香、熏衣、祭祀、入药等，香药品种也很多。既单用沉香、龙脑、乳香、降真香等高档香药（常在祭祀中单焚香药），也使用配方考究的和香，如徽宗宫中的"宣和御制香"，用沉香、龙脑和丁香等制成，焚香用的炭饼亦由多种原料精工制作而成。

　　焚香已普遍应用于宫廷的各种祭祀活动。如《邵氏闻见后录》载，仁宗庆历年间为开封旱灾祈雨，焚 17 斤龙脑香。宋代丁谓《天香传》记载："仁皇帝庆历年，京师夏旱。谏官王公素乞亲行祷雨……又曰：昨即殿庭雨立百拜，焚生龙脑香十七斤，至中夜，举体尽湿。"真宗时尤崇道教，宫中道场频繁，用香甚多，"道场科醮无虚日，永昼达夕，宝香不绝，乘舆肃谒，则五上为礼。馥烈之异，非世所闻，大约以沉水乳（香）为末，龙香和剂之。"同时记载皇帝也常以香药赏赐诸臣后妃。真宗多次以香药赐丁谓："袭庆奉祀日，赐供乳香一百二十斤，在宫观，密赐新香，动以百数，由是私门之沉、乳足用。"宋代邵博《邵氏闻见后录》记载仁宗曾于嘉祐七年（1062 年）十二月庚子："再幸天章阁，召两府以下观瑞物十三种……各以金盘贮香药，分赐之。"

　　据《梦溪笔谈》记载，宋真宗曾以苏合香酒赐臣下补养身体，苏合香丸也因之流行一时："王文正太尉气羸多病，真宗面赐药酒一注饼，令空腹饮之，可以和气血、辟外邪，文正饮之大觉安健，因对称谢。上曰：'此苏合香酒也。'"

　　四、香品的制作

　　宋代香文化的繁荣有一个坚实的基础，即人们重视香的品质。和香的制作（包括炮制、配方等）水平很高，在用香及制香上也讲究心性和意境。而对于一些形式性的因素如香具的优劣、香的形态等虽有所关注，但并没有刻意追求，也没有出现攀比香药之奇、香具之珍的风气。可以说，宋代的香文化是充满灵性、富有诗意的，也是"健康""中正"的，繁盛而不浮华，考究而不雕琢。笔者认为该时期堪为中国香文化真正的高峰和代表。

　　宋代的香配方丰富，香气风格多姿多彩，香品的名称也常精心推敲，诗意盎然，且有许多以人名命名的香（香方出自其人，或其人喜用此香），如意和香、静深香、小宗香、四和香、藏春香、笑兰香、胜梅香、韩魏公浓梅香、李元老笑兰香、江南李主帐中香、丁苏内翰贫衙香、黄太史清真香、宣和御制香，等等。

　　熏香用的炭饼与香灰也很考究。炭饼（常用炭饼作热源熏烤香品，古代也称"香饼")常用各种物料精心和制，如木炭、煤炭、淀粉、糯米、枣（带核）、柏叶、葵菜、葵花、干茄根，等等。香灰常用杉木枝、松针、稻糠、纸灰、松花、蜀葵等烧灰再罗筛。炭饼需埋入香灰焚烧，印香等也要平展在香灰上燃烧，故香灰需能透气、养火。

就香品形态而言，宋代的香除了有香炷、香丸、香粉等，还流行"印香"（香粉回环如印章所用的篆字，又称篆香）。印制香的模具常称"香印"，多以木材雕镂成各种"连笔"的图案或篆字，大小不等，"镂木以为之，以范香尘为篆文"（洪氏《香谱》）。其大致制法是：先将炉中香灰压实，在香灰上放模具（香印），再将据香方调配的香粉铺入模具，压紧，刮去多余的香粉，最后将模具提起，就得到了"印香"。从一端点燃，可顺序燃尽。印香可长时间燃烧，也可灭后再燃，且图案造型美观、多样，富有情趣，在文人中十分流行。

宋元后诗文常见"心字香"，多指形如篆字"心"的印香。杨慎《词品》："所谓心字香者，以香末萦篆成心字也。"杨万里："送以龙涎心字香，为君兴云绕明窗"。王沂孙《龙涎香》："汛远槎风，梦深薇露，化作断魂心字。"蒋捷："何日归家洗客袍？银字笙调，心字香烧。"

印香也可用于计时。元代的郭守敬还曾用印香制出"柜香漏""屏风香漏"等计时工具。《红楼梦》第24回有薛宝钗出的灯谜："晓筹不用鸡人报，五夜无烦侍女添。"谜底为"更香"，即计时的印香。

宋元时期也多用线香，它们常以模具压成。如北宋初期，苏洵（1009—1066年）即有诗《香》写线香的制作过程："捣麝筛檀入范模，润分薇露合鸡苏。一丝吐出青烟细，半炷烧成玉等粗。道士每占经次第，佳人惟验绣工夫。轩窗几席随宜用，不待高擎鹊尾炉。"

自北宋至元代，线香的使用应是增长较快。线香可直接点燃，不必用炭饼熏烤，对香炉的要求也降低。这一时期也发掘出大量形制较小、无盖或炉盖简易的香炉，可能与当时多用线香有关。

五、融入日常的香品

宋代的制墨工艺发展迅速，也常以麝香、丁香、龙脑等入墨（晋唐制墨已使用麝香等香药）。创"油烟制墨"法的张遇曾以油烟加龙脑、麝香制成御墨，名"龙香剂"。墨仙潘谷曾制"松丸""狻猊"等墨，它们"遇湿不败"，"香彻肌骨，磨研至尽而香不衰"，有"墨中神品"之誉。以文房用品精致闻名的金章宗还喜欢以苏合香油点烟制墨。

香药也多用于制作饮品和食品，如沉香酒、沉香水、香薷饮、紫苏饮、香糖果子等，影响最大的当是使用香药的"香茶"。宋人日常用茶，并非直接冲泡茶叶，而是先将茶叶蒸、捣、烘烤后做成体积较大的茶饼，称为"团茶"，使用时再将茶饼敲碎，碾成细末，用沸水点冲，称为"点茶"。加香的团茶不仅芳香，还有理气养生的功效。团茶所用香药有龙脑、麝香、沉香、檀香、木香等，也常加入莲心、松子、柑橙、杏仁、梅花、茉莉、木樨等。

著名的北苑贡茶"龙凤茶团"即一种香茶，其中常加入少量的麝香和龙脑，形如圆饼，有模印的龙凤图案，分"龙团"和"凤团"。"入香龙茶，每斤不过用脑子一钱，而香气久不歇，以二物相宜，故能停蓄也。"（宋·庄绰·《鸡肋编》）北宋书法家蔡襄曾改进北苑团茶工艺，以鲜嫩的茶芽制成精美的"小龙团"。普通的龙凤茶团每个重达一斤以上，而精巧的"小龙团"每个则不到一两，且每年只产十斤，价比金银。欧阳修曾言："茶之品，莫贵于龙凤。""（小龙团）其价值金二两，然金可有而茶不可得。"著《天香传》的丁谓曾任职福建，对龙凤团茶的发展也颇有贡献，龙凤团茶有"始于丁谓，成于蔡襄"之说。

六、市井生活下的香品

在宋代的市井生活中随处可见香的身影，这也是香文化进入鼎盛时期的一个重要标志。此时街市上有"香铺""香人"，有专门制作"印香"的商家，甚至酒楼里也有随时向顾客供香的"香婆"。街头还有添加香药的各式食品和饮品，如香药脆梅、香药糖水（"浴佛水"）、香糖果子、香药木瓜，等等。

在描绘汴梁风貌的《清明上河图》中，有多处描绘了与香有关的景象，其中即可看到一香铺门前立牌上写有"刘家上色沉檀拣香"，盖指"刘家上等沉香、檀香、乳香"，拣香指上品乳香。（图3-4）

《东京梦华录》记载：在北宋汴梁（开封），"士农工商，诸行百户"

图 3 - 4　北宋《清明上河图》局部

行业着装各有规矩，香铺里的"香人"则是"顶帽披背"。（卷五《民俗》）"日供打香印者，则管定铺席人家牌额，时节即印施佛像等"。还有人"供香饼子、炭团"。（卷三《诸色杂卖》）次则王楼山洞梅花包子、李家香铺、曹婆婆肉饼、李四分茶……徐皆羹店、分茶、酒店、香药铺、居民。（卷二《宣德楼前省府宫字》）《武林旧事》记载：南宋杭州，"（酒楼）有老郊以小炉炷香为供者，谓之'香婆'"。《东京梦华录》记载：街头有"香药脆梅、旋切鱼脍……杂和辣菜之类"。四月八日佛生日，十大禅院各有浴沸斋会，煎香药糖水相遗，名曰"浴佛水"。端午节物：百索艾花……香糖果子、粽子、白团。紫苏、菖蒲、木瓜，并皆茸切，以香药相和，用梅红匣子盛裹。自五月一日及端午前一日，卖桃、柳、葵花、蒲叶、佛道艾，次日家家铺陈于门首，与粽子、五色水团、茶酒供养，又钉艾人于门上，士庶递相宴赏。

辛弃疾《青玉案·元夕》描写了元宵夜香风四溢的杭州城：

东风夜放花千树，更吹落，星如雨。宝马雕车香满路。凤箫声动，玉壶光转，一夜鱼龙舞。

蛾儿雪柳黄金缕，笑语盈盈暗香去。众里寻他千百度，蓦然回首，那人却在，灯火阑珊处。

　　宋时富贵人家的车轿常要熏香，除了使用香包（帷香）、香粉，还用焚香的香球（即熏球，有提链，堪称"移动香炉"），熏后的车轿香气馥郁，谓之"香车"。陆游《老学庵笔记》云："京师承平时，宋室戚里岁时入禁中，妇女上犊车，皆用二小鬟持香球在旁，而袖中又自持两小香球。车驰过，香烟如云，数里不绝，尘土皆香。"

　　该时期用于香身美容之物甚多，有香囊、香粉、香珠、香膏等。元宵夜赏玩嬉笑的女子多半也敷了香粉，佩了香囊，穿着熏过的香衣。"宝马雕车香满路，笑语盈盈暗香去"，正是对宋代都城景象生动而真实的描写。

　　宋代宫廷及地方上的各类宴会、庆典都要用香，还常悬挂香球"凡国有大庆大宴""殿上陈锦绣帷帘，垂香球，设银香兽前槛内"（《宋史·礼志》）。

　　南宋官贵之家常设"四司六局"（帐设司、厨司、茶酒司、台盘司，果子局、蜜煎局、菜蔬局、油烛局、香药局、排办局），人员各有分工，"筵席排当，凡事整齐"。市民不论贫富，都可出钱雇请，帮忙打理筵席、庆典、丧葬等事。"油烛局"负责灯火事宜，包括"装香簇炭"，而"香药局"的主要职责是熏香："香球、火箱、香饼，听候索唤诸般奇香及醒酒汤药之类。"（宋代灌圃耐得翁《都城纪胜》）

　　绝大多数民间传统节日都会用到香，宋代民俗兴盛，更是一年四季香火不断。五月初五端午节，要焚香、用艾、浴兰。六月初六天赐节，宫廷要焚香、设道场，百姓亦献香以求护佑。宋真宗托六月六日神人降天书，封禅泰山，出天贶节。高宗称传说中的神明"崔府君"曾护驾，又定此日为崔府君诞辰。明清时常于此节晒书、晒衣、晒钱，出霉气、辟蛀虫，或晒清水，为小孩洗澡、浴猫、浴狗。七月初七乞巧节，常在院中结设彩楼，称"乞巧楼"，设酒菜、针线、女子巧工等物，焚香列拜，乞求灵巧、美貌、幸福。皇宫中张设更盛。七月十五中元节（道家）或盂兰盆节（佛家）、鬼节（俗称），常摆放供物，烧香扫墓，"散河灯"，或请僧道至家中作法事，皇宫也出车马谒坟，各寺院宫观则普作法事，为孤魂设道场。八月十五中秋节，常在院中（或登楼）焚香拜月，女则愿"貌似嫦娥，圆如皓月"，男则愿"早步蟾宫，高攀仙桂"。除夕春节，祭祀祖先、诸神，用香更多。

七、香具

从香具的发展历史来看，宋代也是一个承前启后的重要阶段。唐代熏炉已有"轻型化"的趋势，宋代则更为明显，有大量造型简约、形制较小、较为"轻盈"的熏炉。同时，也有很多熏炉继承了晋唐香具的特点，端庄厚重，带有基座或炉盖。

宋元香炉还有一个显著的特点，即出现了很多无盖炉或炉盖简易的香炉，如筒式炉、鬲式炉等，并且发展较快，南宋多于北宋，元代又多于南宋。这一时期线香的使用逐渐增多，这或许是香炉造型变化的重要原因。明清时线香更为流行，人们也更多使用无盖香炉。

香具种类丰富。唐代流行的熏球、柄炉此时仍有广泛使用；普遍使用"香盛"（香盒）装香品，且造型繁多，制作精美；有专用的"香匙"（浅勺）。如用"圆匙"处置香灰和炭火，用"锐匙"取粉末状的香品，用"香箸"和香、取香，用金属或陶制的"香壶"插放香匙。

也有专用的印香香具，如印香炉、印香模。印香炉的炉口开阔平展，炉腹较浅，或可分为数层，下层放印香模、印香（香粉）。元代的郭守敬还曾制出专用于计时的台几式印香炉，平展的台面上开有很多小孔，如星辰散布天空，香烟于不同的时间从不同的小孔飘出。

香炉造型极为丰富，或拟先秦青铜礼器，或拟日常器物，或拟动物、植物。其风格各异，有高足杯炉、折沿炉、筒式炉、奁式炉、鼎式炉、鬲式炉、簋式炉、竹节炉、弦纹炉、莲花炉、麒麟炉、狻猊炉、鸭炉等。许多兽形熏炉造型精巧，焚香时，香烟从兽口吐出。

炉具材质以瓷器为主。宋代瓷器工艺发达，品质与产量都有很大提升，花色、纹饰也更为丰富。瓷炉不像铜炉那样适于精雕细琢，但宋代的瓷炉朴实、大雅，质地精良，形成了简洁洗练的风格，美学价值甚高。

瓷炉容易制作，价格较低，更适宜民间使用。瓷窑遍及各地，瓷香具产量很大。定、汝、官、哥、钧等名窑以及磁州窑、耀州窑、吉州窑、龙泉窑、景德镇窑都出产了大量炉具。

元代以藏传佛教为国教，许多熏炉也带有藏传佛教的风格，有些还模拟"覆钵顶"佛塔的造型。许多香具带有较高的基座。"一炉两瓶"的套装香具也较为流行。

八、医家喜用香药

宋代医家对香药的喜爱与重视在中医史上堪称空前绝后。该时期各种医方普遍使用香药，如《太平圣惠方》《圣济总录》《和剂局方》《苏沈良方》《普济本事方》《易简方》《济生方》等。

魏晋隋唐时期已有多种香汤、香丸、香散，宋代则种类更多，这些香品也常直接以香药命名，如"苏合香丸"，即唐代的吃力迦丸，由苏合香、麝香、青木香、白檀香、熏陆香（乳香）、龙脑香等组成，可治"卒心痛，霍乱吐利，时气瘴疟"等症。"安息香丸"，由沉香、安息香、天麻、桃仁、鹿茸等组成，可治"肾脏风毒，腰脚疼痛"等症。"木香散"，由木香、高良姜、肉桂等组成，可治"脾脏冷气，攻心腹疼痛"等症。著名的"牛黄清心丸"也使用了龙脑、麝香、肉桂等，可治"诸风缓纵不随，语言謇涩"以及"心气不足，神志不定，惊恐怕怖，悲忧惨戚，虚烦少睡，喜怒无时，或发狂颠，神情昏乱"等症。

有些方剂还有很好的养生功效，如《和剂局方》之"调中沉香汤"，可以说是一种养生、美容的饮品。用麝香、沉香、生龙脑、甘草、木香、白豆蔻制成粉末，用时以沸水冲开，还可加入姜片、食盐或酒，"服之大妙"，可"调中顺气，除邪养正"，治"食饮少味，肢体多倦"等症，"常服饮食增进，腑脏和平，肌肤光悦，颜色光润"。

《和剂局方》是我国历史上第一部由官方编制的成药药典，其中绝大多数的医方或多或少地都要用到香药，"喜用香药"也成了《局方》的一大特点。元代朱震亨还对宋元医家之袭用《局方》、滥用成药和香燥之品提出批评，主张合理使用香药和局方成药。

第五节 明清时期的香文化

宋元时期香文化的繁荣在明清时期得到了全面保持并有稳步发展，香事融入日常生活而达稳定期。社会用香风气更加浓厚，香品成型技术有较大发展，香具的品种更为丰富，线香、棒香（签香）、塔香及适用于线香的香具（香笼、香插、卧炉）、套装香具等得到普遍使用；黄铜冶炼技术、铜器錾刻工艺及竹木牙角工艺发达，许多香具雕饰精美；形制较小的黄铜香炉、无炉盖或有简易炉盖的香炉较为流行。

一、香药的输入

自西汉至明初的 1500 多年间，熏香风气长盛不衰，香药消耗量大，明清的香药供给也更依赖于进口。但明清时期一改前代较为开放的海上贸易政策，朝廷长期实行"海禁"，对民间贸易予以严格限制，对外交流受到很大的影响。不过，海外的香药仍能通过各种渠道进入内地。

明代虽禁止民间交易，但允许朝廷管制下的"朝贡贸易"（与明朝通好的国家可派"贡舶"来中国并附带商货，在指定地点进行交易）。明初，为显示天朝威仪，对贡舶还极为优惠，不但耗费大量资财接待外国贡使，而且常以"薄来厚往"的原则回赠价值更高的物品，朝贡贸易框架内的物资交流仍有相当大的规模。郑和下西洋之后，来中国进贡通好的国家更多，朝贡贸易更是空前兴盛。

1405—1433 年（永乐、宣德年间），郑和率领两万余人的庞大船队七下西洋，沿途用人参、麝香、金银、茶叶、丝帛、瓷器等物品与各国交易，换回的物品中香药占有很大比例，包括胡椒、檀香、龙脑、乳香、木香、安息香、没药、苏合香等。这些香药除供宫廷使用外，大部分都被销往全国各地。

明清海禁的目的并不是禁止海外贸易（明代是为维持沿海安定，防范海盗、倭寇，清代是为防范沿海汉人反抗、戒备西方列强等），所以，虽然该时期总体上是以"禁"为主，但"开海"的主张从来没有停息，也一直有阶段性的开海政策。如明代后期隆庆帝时，基本肃清倭患，即开放海禁，允许私人商船出洋，海上贸易立时极为兴盛。

此外，这一时期也始终有地下贸易存在，许多地方走私贩卖规模甚大。如嘉靖时，虽然海禁极为严厉，但东南沿海民众及徽州商帮仍不顾禁令，造船出海，"富家以财，贫人以躯，输中华之产，驰异域之邦"（《海澄县志》）。利润巨大的香药贸易不仅吸引了众多海内外商人，还诱使一些官员加入了走私活动。约明中期之后，葡萄牙也成为中国香药进口的一大渠道。葡萄牙驻满剌加（今马六甲）总督首次派到广东的商船即载有大量香药。不久，葡萄牙国王的特使至广东，龙脑香也是其携带的主要礼品之一。葡萄牙商船以其侵占的满剌加为依托，频繁往来于澳门及南洋群岛、马拉半岛、印度洋沿岸港口之间，向中国运入了大量的胡椒、檀香、乳香、丁香、沉香、苏合香油、肉豆蔻等物。仅1626年，葡萄牙人从印度尼西亚望加锡港运来的檀香就值60 000银元。

二、澳门、香港与香料贸易

约自汉代开始，南部边陲及东南沿海地区的官员就常有一个额外的任务，即负责采置宫廷所需的名贵香药（常来自海外）。明清时期，一面是禁止私人海上贸易的政策，一面又要置办各种香药，东南沿海一带的官员负担尤重。

明世宗尤其热衷名香，还专门重金悬赏、四处搜罗龙涎香。龙涎香来自抹香鲸，靠在海边拾取或在深海孤岛周围搜寻，数量稀少，主产于印度洋海域。

葡萄牙商人得以居住澳门，就是在嘉靖年间，其直接原因是葡萄牙人协助当地官员剿杀海盗且贿赂当地官员，但也有许多研究表明，除了受贿的因素，当地官员很可能也是希望借葡萄牙人居澳以方便从他们那里获得龙涎香，这样他们即可完成任务，也可向京城邀功。葡萄牙人居澳的第二年（1554年），户部便派人赴澳门，以每斤1 200两银子的高价取得11两龙涎香。《明史·食货志》也言及葡萄牙人入澳与嘉靖时期求龙涎香有关：世宗"采木采香，采珠玉宝石，吏民奔命不暇……又分道购龙涎香，十余年未获，使者因请海舶入澳，久乃得之"。

若葡萄牙人得以居住澳门确与香药有关，则也是龙涎香的又一段趣事。不过，此时允许葡萄牙人"居住"与主权无关，清朝时葡萄牙人占据澳门纯系武力强占。实际上，明嘉靖时海防甚强，与葡萄牙舰船的几次交战，均是明朝获胜。

香港地名的由来也与香药关系密切。明代，香港所属东莞一带（万历时又从东莞划出新安，辖香港）沉香种植业兴盛，而且是当地的支柱产业，所产沉香也称莞香、土沉香、白木香。今香港地区也多有香树（又称白木香树、莞香树）且沉香品质甚好，其码头、港口还是周边地区沉香（莞香）的集散转运之地，尖沙头（今尖沙咀）又称"香埠头"，石排湾（今香港仔）又称"香港"，香港地名即由此而来。

万历年间，郭棐《粤大记》附《广东沿海图》已标有"香港、铁坑、赤柱"等名称。清初为阻断沿海地区与郑成功的联系，实行大规模"迁海"（近岸数十里内禁止百姓居住），香港地区居民也被迫离乡内迁，种香业亦由此衰落。

三、明代熏香之盛

明代的京师（北京）不仅有知名的香，还有知名的"香家"，亦深得文人雅士之追捧。如龙楼香、芙蓉香、万春香、甜香、黑龙挂香、黑香饼等皆有名气。芙蓉香、黑香饼以"刘鹤"所制为佳；黑龙挂香、龙楼香、万春香以"内府"（宫廷）所制为好；甜香则须宣德年间所制，"清远味幽"，还有真伪之分，"坛黑如漆，白底上有烧造年月……一斤一坛者方真"（明代屠隆《考盘余事》）。这些香其香方不同，外形也常有多种，如龙楼香、芙蓉香可作香饼，也可作香粉。

从岭南沉香（莞香）之畅销亦可见当时用香风气之盛。明清时，东莞寮步的"香市"与广州的花市、罗浮的药市、合浦（今属广西）的珠市并称"东粤四市"。"当莞香盛时，岁售逾数万金。"苏州、松江一带，逢中秋，"以黄熟彻旦焚烧，号为'熏月'。莞香之积阛门者，一夕而尽，故莞人多以香起家"（清代屈大均《广东新语》）。

明清宫廷有大量制作精良的香具，香炉、香盒、香瓶、香盘、香几等一应俱全。乾隆十六年（1751年），孝圣皇后六十大寿的寿礼中即有琳琅满目的香和香具，名称也极尽雕琢，如瑶池佳气东莞香、香国祥芬藏香、延龄宝炷上沉香、朱霞寿篆香饼、篆霭金猊红玻璃香炉、瑶池紫蒂彩漆菱花几（香几）、万岁嵩呼沉香仙山（沉香雕品）等。

宫廷所用的香，原料、配方、制作、造型都很考究。如"龙楼香"用沉香、檀香、甘松、藿香等二十余味药；"万春香"用沉香、甘松、甲香等十余味药；"黑龙挂香"则悬挂于空中，回环盘曲，似现在的塔香。

内府有大量优质香药可用，外国贡物也常有各色香药，并且还有制好的香。如康熙十四年（1675年）安南贡物，据胡虔的《广西通志·安南附纪》记载除金器、象牙等，还有"沉香九百六十两""降真香三十株重二千四百斤""中黑线香八千株"。

宫中殿阁的对联也常写香，如鄂尔泰《国朝宫史·宫殿·内廷》记载乾隆时延春阁有"吟情远寄青瑶障，悟境微参宝篆香""春霭帘栊，氤氲观物妙；香浮几案，潇洒畅天和"等对联。

明清文人用香风气尤盛。明代高攀龙日常读书、静坐常焚香，其《高子遗书·山居课程》记录："盥漱毕，活火焚香，默坐玩《易》……午食后，散步舒啸。觉有昏气，瞑目少憩。啜茗焚香，令意思爽畅，然后读书，至日灵而止。趺坐尽线香一炷。"

从《红楼梦》前八十回对香的描写来看，曹雪芹应也有日常用香的习惯，且对合香之法颇为了解。贾宝玉《夏夜即事》也反映了曹雪芹的生活："倦绣佳人幽梦长，金笼鹦鹉唤茶汤。窗明麝月开宫镜，室霭檀云品御香。"据《本草纲目拾遗》载，康熙年间曾有香家为曹雪芹祖父曹寅制藏香饼，香方得自拉萨，采用了沉香、檀香等二十余味药。

明代中后期文人还把香视为名士生活的一种重要标志，以焚香为风雅、时尚之事，对于香药、香方、香具、熏香方法、品香等都颇为讲究。

《溉堂文集·谢斋记》："时之名士，所谓贫而必焚香，必啜茗。"《长物志跋》："有明中叶，天下承平，士大夫以儒雅相尚，若评书品画，渝茗焚香，弹琴选石等事，无一不精。"

明代高濂《遵生八笺》记载："焚香鼓琴，栽花种竹，靡不受正方家，考成老圃，备注条例，用助清欢。时乎坐陈钟鼎，几列琴书，帖拓松窗之下，图展兰室之中，帘栊香霭，栏槛花研，虽咽水餐云，亦足以忘饥永日，冰玉吾斋，一洗人间氛垢矣。清心乐志，孰过于此？"高濂还曾在《遵生八笺·香笺》中提倡"隔火熏香"之法："烧香取味，不在取烟。"以无烟为好，故须"隔火"（在炭饼与香品之间加入隔片）；隔片以砂片为妙，银钱等物"俱俗，不佳，且热甚，不能隔火"，玉石片亦有逊色；炭饼也须用炭、蜀葵叶（或花）、糯米汤、红花等材料精心制作。

不过，这些细致的讲究大抵只在部分文人中流行（唐宋已常用"隔火"之法，非明人创见）。多数明清文人与宋元文人相似，并不排斥香，也常赞赏其诗意。文人用香还是以直接燃香为主，并不"隔火"。如徐渭诗《香烟》有："香烟妙赏始今朝……斜飞冉冉忽逍遥。"纳兰性德："两地凄凉，多少恨，分付药炉烟细。"袁枚："寒夜读书忘却眠，锦衾香烬炉无烟。"

明清时期的香学文论也较为丰富，各类书籍都常涉及香，其中最突出的应数周嘉胄的《香乘》。周嘉胄是明末知名文士，今江苏扬州人。《香乘》集明代以前中国香文化之大成，汇集了与香有关的多种史料，内容涉及香药、香具、香方、香文、轶事典故等内容。周嘉胄还著有《装潢志》，是论述装裱技艺的重要著作。

《普济方》《本草纲目》等医书对香药和香也多有记载。《本草纲目》几乎收录了所有香药，也有许多用到香药和熏香的医方，用之祛秽、防疫、安和神志、改善睡眠及治疗各类疾病，用法包括"烧烟""熏鼻""浴""枕""带"等，如麝香"烧之辟疫"，沉香、檀香"烧烟，辟恶气，治瘟疮"，降真香"带之"，安息香"烧之"可"辟除恶气"，茱萸"蒸热枕之，浴头，治头痛"，端午"采艾为人，悬于户上，可禳毒气"。

四、香品形制

明清时期制香（包括炮制、配伍等）、用香的基本方法大抵未出两宋框架，但在很多方面都更为精细、丰富。随着机械技术如研磨、挤压等的进步，在香品成型方面有较大发展。线香、棒香、龙挂香流行。

线香广泛流行，成型技术有较大提高。明初的线香可能还比较粗，如画家王绂（1362—1416年）有诗《谢庆寿寺长老惠线香》："插向熏炉玉等圆，当轩悬处瘦藤牵。"

明后期已能制作较细的线香，也不再使用"范模"，而有专用的"挤压"机械或用牛角在尖端做唧筒，以拇指将香条挤出。据陈擎光考察，以"挤压"法制线香的较早记载可见于李时珍《本草纲目》："今人合香之法甚多"，线香"其料加减不等。大抵多用白芷、芎藭……柏木、兜娄香末之类，为末，以榆皮面作糊和剂，以唧筒笮成线香，成条如线也"。

这种用唧筒通过细孔压出线形香泥的方法与现在制作线香的原理基本相同。今传统香仍喜用榆皮面作黏合剂。榆皮也是一味历史悠久的中药材，《神农本草经》已收载且列其为可以"久服"的"上药"。

品质优良的线香常被奉为佳物，用作礼品。明代叶盛《水东日记》记载，明正统年间（1436—1449），担任巡抚的于谦进京觐见皇帝，不以线香、丝帕等特产为礼，还作有《入京》一诗："绢帕蘑菇与线香，本资民用反为殃。清风两袖朝天去，免得闾阎话短长。"

不迟于明代中期，现在所说的"签香"（以竹签、木签等作香芯）已多有使用，常称"棒香"。《遵生八笺》载有一种棒香——聚仙香的制法：以黄檀香、丁香等与蜜、油合成香泥，"先和上竹心子作第一层，趁湿又滚"，檀香、沉香等和制的香粉作"第二层"，纱筛晾干即成。

明代还有一种形状特殊的香，类似现在的塔香，其一端挂起，"悬空"燃烧，盘绕如物象或字形，称为"龙挂香"，可视为塔香的雏形。或许早期的龙挂香回环如龙，故得其名。若说线香是一维的，在平面上萦绕的印香（盘香）是二维的，在空中盘绕的"龙挂香"（塔香）则可算是三维的。

《本草纲目》解释线香时也言及龙挂香："线香……成条如线也。抑或盘成物象字形，用铁铜丝悬蒸者，名龙挂香。"

龙挂香至迟在明代中期已经出现，常被视为高档雅物。如林俊《辩李梦阳狱疏》有："正德十四年（1519），宸濠差监生方仪资周易古注一部、龙挂香一百枝，前到梦阳家，求作阳春书院序文并小蓬莱诗。"

明朝宫内有教太监读书的"内书堂"，学生即以"白蜡、手帕、龙挂香"作为敬师之礼。

五、香具

明清时期的香具品类齐全，前代香具如熏球、柄炉、印香炉等均有使用，也有新流行的香筒、卧炉、香插等。

明代黄铜冶炼工艺发达，约明中期之后，坚硬且不易锈蚀的黄铜香炉日益流行，这一时期的香炉大多形制较小，无炉盖或有简易炉盖，适于焚烧线香的铜炉较为流行。铜器錾刻及竹木牙角工艺发达，许多香具雕饰精美，且常施以铄金、鎏金、点金等装饰工艺。

随着线香使用的普及，适用于线香及签香的香筒、卧炉、香插广为流行。香筒用于竖直熏烧线香，又称"香笼"，多为圆筒形，带有炉盖，炉壁镂空以通气散香，内设安插线香的插座。卧炉用于熏烧水平放置的线香，炉身多为狭长形，有盖或无盖。也有类似香筒的"横式香熏"，形如卧倒的、镂空的长方体。香插是带有插孔的基座，其造型、高度、插孔的大小和数量有多种样式。香插的流行似乎较晚，多见于清代。

用炉、瓶、盒搭配的套装香具，常有高起的基座，宋代常以香盒、香炉搭配。香盒用于盛放香品，香瓶（宋元也称"香壶"）用于插放香灯、香匙等工具。祭祀敬香常用"五供"：一香炉、两烛台和两花瓶。

香几此时已有较多使用，多用于放置香炉、香盒、香瓶等物，便于用香，也可摆放奇石、书籍等，尤得雅士青睐。香几高者可过腰，矮者不过几寸，四周有低矮的围挡。制作考究，造型、用料、雕镂纹饰都颇具匠心。

手炉古代已有，明清时期广泛流行，多用于取暖，也可用以熏香。炉盖镂空成各式纹样，炉壁常錾有图案。其外形圆润，多呈圆形、方形、六角形和花瓣形等。可握在手中、置衣袖间或有提梁供携带。炉内可放炭块或有余热的炭灰。也有形制较大的"脚炉"。明末嘉兴的张鸣岐即以善制铜手炉著称。其炉铜质匀净，花纹工细，炉下四足皆锤敲非焊铸而成。炉盖极严，久用不松；盖上花纹极细，足端不瘟。炉中炭火虽炽而炉体不过热。"张炉"时与濮仲谦竹刻、姜千里螺钿、时大彬砂壶齐名。

明清时期也有很多珐琅香具，其造型丰富，色彩绚烂。珐琅工艺的基本方法是：先制作器胎，再在表面施以各色珐琅釉料，然后焙烧、磨光、鎏金。依其工艺特征可分掐丝珐琅（景泰蓝）、内填珐琅（即嵌胎珐琅）、画珐琅等类；依所用胎料可分铜胎、瓷胎、金胎、玻璃胎、紫砂胎珐琅等类。

据《宣德鼎彝谱》（八卷本）等明清文献记载，宣德三年（1428），明宣宗曾差遣技艺高超的工匠，利用暹罗国（今泰国）进贡的数万斤优质黄铜矿石及锌、锡、金、银等金属，加各色宝石等一并精工冶炼，制造了一批精美绝伦的铜香炉，这就是成为后世传奇的宣德炉。

也有人认为，目前所见对宣德炉的较早记载仅能追溯至明代后期（有些文献可能成书于宣德年间，但也是迟至晚明才传出），所以，官铸宣德炉的说法是否属实尚待考证。不过，即使此说不实，也仍然可以确知，最迟在晚明，曾出现了一批称之为"宣德炉"的精美铜炉（图3-5），且此后声名远扬并对明清香炉产生了很大的影响。

图3-5　宣德款铜冲耳乳足炉

六、香药的创新

明清时期香药的记载，因为对药性认知的不一样、分类思想的不一样，分到了不同的部分里，但从自然属性来看，大体不离"芳草""香木""药露""花部"之类。谱录类书也能寻得香与医之关系，明代香谱多录历代香方，及至清代最显著的特点，便是"蒸"香以露疗疾。此前香露多为妇女容妆之品，明清之际虽亦见于闺阁之用，但已广泛点茶食用、药用等。

从朝贡贸易来看，明代的香药输入种类和前代基本上是一致的，既有熏身之香，亦有药用之材，也有食用之香料。但是值得指出的是，明代开始已经有鸦片（乌香）的输入，这是清代俞正燮的考察结论。清代藩属国进贡的香料与明代记载的基本相同，在芳草香木之余，有蒸馏之花露水、茶蘼露、各种药露；此外还有一种传入方式是西洋传教士所献。中国本土香药，因气候环境、森林植被、人口密度等影响，每一朝代各有侧重，主要是原材料的麝香、沉香、苍术、薄荷等，而且也有制备意义上的"樟脑""薄荷脑"等。海禁政策下，外域香料输入的数量十分有限，巨大的香料需求大大地推动了国内香料的种植，对外来香药的本土化研究也表明，出现了不少远胜舶来品的香药。

　　明清时期香药的应用比较广泛，无论是内服还是外用，燃者取烟熏或香灰，蒸者取露，或取其味，或取其用。此外，明清时期对香药的炮制、使用注意、香气蚀脾另类医案的记载也说明对"香"的使用是一个不断加深认知的过程。

第四章　中国香文化与医疗养生学

香文化是中华民族在几千年的历史长河中，通过对各种香品的制作配伍和使用，而逐渐形成的一种具有中华民族特色的传统文化之一，别具一格，源远流长。而香文化与中医学也有着紧密的联系，早在先秦时期，人们便对芳香药物进行探索与研究。唐宋以来，香药日渐成为生活必需品，香文化对于中国传统医药学的发展和中华民族的健康起到了积极的推进作用。

第一节　香文化与中医治疗

一、香文化与中医药

香文化很早便与中医药结合，形成了中医香药的运用。按照来源芳香药物可分为植物类、动物类、矿物类和合成类四种。植物类芳香药物是香药的主要来源，集中分布于菊科、伞形科、芸香科、唇形科、樟科、木兰科、姜科、蔷薇科等 10 个科，其他种属还包括松科、杜鹃花科、檀香科等。植物类香药多取自于各植物的根、茎、叶、花或果实。《本草纲目》将植物类芳香药归入草部的芳草类和香木类，芳草类有 28 种，代表药为薄荷、泽兰、香薷、荆芥、郁金、苍术、良姜、砂仁；香木类有 21 种，代表药为乳香、没药、冰片、侧柏叶、苏合香、檀香、枫香脂。动物类芳香药物多取自于某些动物的壳、性腺分泌物及病态分泌物。常见的动物类芳香药物有麝香、龙涎香、甲香等。一般来讲，矿物类中药本身很少含有芳香气味，必须通过香草熏洗、蒸煮与添加香粉等特殊工艺处理后才会有香味。常见的矿物类芳香药物有石硫黄、滑石、朱砂等。合成类香药有苏合香、香曲等。《后汉书·卷八十八》载："合会诸香，煎其汁以为苏合。"《中华人民共和国药典》将金缕梅科植物苏合香树所分泌的树脂经加工精制而成的苏合香列为正品，具有开窍、避秽、止痛之功效。

从中医学的角度，芳香药物可根据功效分为：芳香解表药、芳香发散药、芳香祛风药、芳香清热药、芳香理气药、芳香除湿药、芳香温里药、芳香和胃药、芳香活血药、芳香开窍药、芳香补益药、其他香类药等12类。

在中医学中，使用香药防治疾病是其重要的内容。古人常以香草制成的药丸、药水，治疗各种疾病，人们相信，香药不仅能够调和气机，还能舒缓情绪、治愈疾病。中医香疗，是以中医药理论为基础，借助芳香物质所特有的生理和心理方面治疗功效，将芳香药物制成适宜剂型，通过按摩、外涂、艾灸、熏香、内服等方式作用于局部或全身，以预防、治疗或康复疾病的一种传统自然疗法。

中医香药的应用历史悠久，其单方、验方、秘方及以香药本草为主药的方剂繁多，数量可达一万多种，并广泛应用于临床各科。如十味香薷饮、十香返魂丹、十香止痛丸、九制香附丸、丁沉透膈汤、麝香止痛膏、当归生姜羊肉汤、小七香丸、木香顺气丸、四制香附丸、芎归散、芎辛导痰汤、芸香草片、香砂养胃丸、香砂六君子汤、藿香正气水、藿朴夏苓汤等都是以香药为主药的方剂，在临床各科疾病的治疗中发挥了积极的作用。此外，香药在中医临床其他方面的应用也十分广泛，如洋金花用于麻醉，仙鹤草用于止血，胡椒用于温里，木香用于理气，香薷用于解暑等，都有着十分确切的功效。香药本草在医学上的应用十分广泛，可用于临床各科疾病的治疗。

二、中医香疗的源流与传承发展

（一）先秦时期

远古时代，人们便已凭借观察植物外形、嗅其气味与尝味道，渐渐地认识到某些植物的药用价值。《神农本草经》记载"神农尝百草，一日遇七十二毒，得荼而解之"，这是古人践行医药实践的浪漫化表达。此时，香药便以其独特的芬芳气味与特殊的治疗效果走入了人们的视野，为先民所喜爱与使用。战国时期楚国诗人屈原曾在《离骚》中写下"扈江离与辟芷兮，纫秋兰以为佩"的唯美诗句，江离即川芎，芷即白芷，秋兰即佩兰，这三味芳香药物既是配饰，又可作为香料发挥去除体味的功效。在这一历史时期，芳香药物以香料的形式被广泛应用在人们的生活之中，主要发挥驱虫、助眠、除味等功能，中医芳香疗法体系尚未形成，处于萌芽阶段。

（二）先秦至两汉时期

秦汉时期，香药得到广泛的应用，特别是秦始皇、汉武帝等均嗜爱用香，衣饰、舟车、用具无一不熏洒香料。相传，秦始皇在一次出巡过程中，因为车中的香味太过浓烈，致使拉车的马匹不堪忍受。马儿在一声鸣叫过后，掉过头来用口咬住了秦始皇的衣襟。统治者对于香药的喜爱，也带动了香药在宫廷之中及士大夫阶层的使用。西汉时期，张骞出使西域，开辟丝路，促进了古代东西方文明的交融。有许许多多的香药通过丝绸之路，从西域传入中原。我们所熟识的郁金、苏合香、沉香、胡椒、檀香、龙脑香、安息香等，均是经由丝绸之路传入的。

在此时期，芳香药的应用从生活实践逐渐转向医疗实践。人们运用芳香方药祛邪通经、活络止痛，所用方式有香薰、熨治、膏摩等多种外治手段，所用药味有艾、蜀椒、川芎、白芷、干姜、桂等多种辛香温散之品，开创中医芳香疗法之先河。马王堆汉墓出土的《五十二病方》便记载取尿五斗，用其煮两把青蒿，如手大小的鲫鱼7条，治桂6寸，干姜2个，煮沸后倒入罐中，放于席下，席上开洞用以热气泄出，患者蹲在罐上熏痔用来治疗内痔。这时的中医芳香疗法体系虽处于萌芽阶段，但已初见雏形。

（三）魏晋南北朝至隋唐时期

魏晋至隋唐时期，中国国力强盛，中外交流更加频繁，大量海外香药涌入，为中医芳香疗法的发展创造良机。在这一时期，医疗香药被广泛地运用于各个领域，更是出现了我国第一部香类方药专著《和香方》。中医芳香疗法的应用范围进一步扩大，晋唐的方书中记载了许多的芳香方药用于防疫、美容。如晋代医家葛洪在《肘后备急方》中介绍用艾叶烟熏以预防疫病的方法："断温病令不相染，密以艾灸病人床四角，各一壮，不得令知之，佳也。"在疫病流行期间，通过艾灸温暖病人床旁四周，以预防疫病。唐代医家孙思邈在《千金要方·卷六》记载面部美容药方："青木香、白附子、川芎、白蜡、零陵香、香附子、白芷各二两，茯苓、甘松各一两，羊髓一升半（炼）。上十味㕮咀，以水酒各半升，浸药经宿，煎三上三下，候水酒尽，膏成，去滓。敷面作妆。"该方将白附子、川芎、白芷等制成面膏，外涂以润肤去皱，增白悦色。

在这些芳香方药中，诸如艾、川芎、白芷、藁本等气味辛温、辟秽化浊之品，广泛应用于防治温病，进一步丰富了中医芳香疗法防疫保健的实践经验。在临床实践中，芳香药的应用增加了防疫与美容的功能，扩大了香疗应用的主治范围，这是中医芳香疗法体系的重要发展。

（四）宋金元时期

在宋代，随着经济文化的发展与海上丝绸之路（亦有"香药之路"之称）的繁荣，香学也鼎盛一时，上至皇室权贵，下至平民百姓，香成为宋人生活中不可或缺的物品。这一时期，香文化的专著层出不穷，如洪刍《香谱》、陈敬《陈氏香谱》、丁谓《天香传》等。而在官方修订的医书中，同样记录了大量芳香药和香药方，如《太平圣惠方》《圣济总录》《政和本草》等。例如：《太平圣惠方·卷第四十》记载治身体臭令香方："白芷（一两半）橘子皮（一两半）冬瓜仁（二两）藁本（一两）当归（一两）细辛（一两）上件药，捣细罗为散。每服。以温酒调下一钱。日三服。五日口内香。三七日身体香。"该方以白芷、橘子皮等药捣散温酒调服，以发挥香身除臭的功效。

元朝时期的中国疆域辽阔，跨越亚欧大陆，这为大量从西域进口芳香药物提供有利条件。

与前代相比，宋金元时期中医芳香疗法在香药临床应用的种类、用量及适应证等方面积累了更加丰富的实践经验，是中医芳香疗法体系重要发展时期，有着承前启后的作用。在这一时期，芳香药的应用实践有进一步发展，香疗应用越发受到重视，日渐完善。

（五）明清时期

明清时期，中外科技文化互相交流继续扩大。在明朝的永乐到宣德年间，郑和曾经带领船队七次下西洋，将海外香药带回国内，芳香药物在中国更为普及，促进了医疗香药的广泛运用。

明清时期的诸多本草著作里均收录了芳香类药物。如明代李时珍《本草纲目》共载药1892种，其中收录芳香药物100多种，大体上包含了现代常用的医疗香药。清代吴其濬《植物名实图考》将收录的植物分为12类，其中的第八类专论"芳草"类植物，详细记录了70多种芳香类草本植物的产地、形态、性味功效等。清代吴仪洛《本草从新》中收录香草34种、香木25种。

温病学家对于芳香药物的大量使用。明清之际，中医温病学说逐渐形成，发展鼎盛。根据温病学的辨证理论体系，芳香药物具有透热外达、辟秽化浊等功效，针对温病外感或内伤发热，常少佐辛香以寒温并用、透热逐邪。如，吴又可《温疫论》卷上记载达原饮："槟榔能消能磨，除伏邪，为疏利之药，又除岭南瘴气；厚朴破戾气所结；草果辛烈气雄，除伏邪盘踞，三味协力，直达其巢穴，使邪气溃败，速离膜原，是以为达原也。热伤津液，加知母以滋阴；热伤营气，加白芍以和血；黄芩清燥热之余；甘草为和中之用。以后四品，乃调和之剂，如渴与饮，非拔病之药也。"用以开达膜原、避秽化浊。清代温病学家代表人物吴鞠通针对太阴温病之"神昏谵语""邪入心包，舌謇肢厥"，常使用芳香方药以开窍醒神，代表方如安宫牛黄丸、紫雪丹等。

总而言之，明清时期，中医芳香疗法在理、法、方、药等各方面都取得了显著发展，既有芳香方药专论，又有作用机制的系统总结，为中医芳香疗法的现代研究奠定基础。在这一时期，随着中医临床辨证体系的发展，医家对芳香药防治疾病机制的阐释进一步完善。中医芳香疗法从实践上升为理论，逐渐形成日趋成熟的体系。

三、中医香疗文化

中医香疗是我国优秀的传统文化资源。古人在很早的时候便已经认识到芳香药物在防治疾病、养生保健等方面的作用。在中国传统医学实践中，各朝医家比较深入地对中医香疗进行探索和应用，而且形成了一种香疗文化传统。

（一）中医香疗与宗教

香能够刺激人的嗅觉，焚香时云烟袅袅，给人置身于仙境的感觉，为人们带来精神上的欢愉。在古代东、西方的祭祀仪式上，都流行焚烧香木，通过烟气制造特殊的气氛。英文单词"perfume"（香料），源自拉丁语，由词根 per-（穿透）和 fume（烟雾）组成，字面意思便是"穿透弥漫于整个房间的烟雾"。由于香料，特别是用于焚烧的香，与人的精神活动紧密相关，因而古今中外的宗教，不论大小，无论东西方，都特别关注香，其中以佛教、道教为代表。

秦汉之际，佛教从印度传入我国，后广泛流传，信徒众多。佛事活动是当时社会宗教生活的一个重要组成部分，而香料在这中间作用深远。佛家认为"香为佛使""香为信心之使"，因此焚香上香基本上是佛事中的常规内容。从日常修行中的诵经打坐，到盛大的浴佛法会、水陆法会、佛像开光、传戒、放生等佛事活动，均少不了香的身影。佛教认为，香能开启人的智慧，使人精进修行。香品可以成为修行者领悟佛法的契机，例如《楞严经》中记载香严童子通过闻沉水香、观香气出入无常而悟人本心；另有一位孙陀罗难陀，也是观鼻中气息出入，如烟一样，因而悟道。许多的佛教典籍都对香料有所记载，如《六祖坛经》《华严经》《楞严经》等；而诸佛如释迦牟尼佛、大势至菩萨、观音菩萨等均有与香有关的论述；经书中所记载的香品更是不计其数，现如今仍在使用的绝大部分古代天然香料在经书中都有记述。

道教是发源于我国的本土宗教。在道教炼养术中，香被称为药，是修行的必备辅助。道教所用香大概有返风香、七色香、逆风香、天宝香、九和香、返魂香、天香、降真香、百和香、信灵香十种，每种香含义不同，道教在何时何地使用何种香都有明文规定。设立道场斋醮、求福去祸等，是道教教事活动的重要内容。而香汤沐浴、焚香更是其中一种必不可少的道教仪式。通过这一庄严的仪式可表达对道教诸神的虔诚和敬畏，祈祷神灵庇佑，以驱除鬼魔和灾疫。

（二）中医香疗与民俗

从文献记载来看，古代社会民俗很早便与中医香疗相结合，人们使用芳香药物防治疾病、辟秽消毒、清洁环境的风俗习惯古已有之。笔者从节庆用香、服饰用香、饮食用香角度出发，举例说明中医香疗对于民俗文化的影响。

许多的民间传统节庆日都会用到香料，比如端午节有采艾蒿的习俗，南朝梁时期的学者宗懔所撰的《荆楚岁时记》中记载："采艾以为人，悬门户上，以禳毒气。"在这天，人们把艾制作成人形，悬挂在门户上用以驱邪避秽。蒙古族则会在破晓前将艾蒿放入耳朵，认为破晓前拔起的艾蒿有药用价值，可以预防耳疾；重阳节有佩香草、饮香酒等辟邪求吉的习俗，《西京杂记》中曾记载重阳节："九月九日，佩茱萸，食蓬饵，饮菊花酒，令人长寿"；农历腊月二十三是我国的北方小年，也是蒙古族的"祭火节"，在祭火仪式上，会"使用气味芳香的香品和檀香、黄柏等植物"作为祭品。

服饰习俗文化中也不乏中医香疗的身影。佩戴香囊和香薰服饰的习俗便属于"服饰"范畴，人们用香料熏蒸服饰，可以驱除污浊之气。蒙古族医学经典古籍《月光医经》记载："冰片、麝香、红花、拳参、檀香、肉豆蔻、缬草、丁香等制成凉性方药，悬挂腋下，可祛除身体异味。"

我国的香食文化历史悠久，香羹、香饮、香膳从远古时期延续至今。自古以来，人们都常将芳香植物作为去腥解毒、增进食欲、增加食物清香的调料，运用于酱、卤、烧、炖、煮、蒸、煎、汆等烹饪方法之中。桂花糖、梅花粥等芳香食物都是中国古人的发明创造。宋朝人林洪首次在他的饮食著作《山家清供》中提到将桂花去除花蒂，撒上甘草水，同米粉合蒸，制成点心，称作"广寒糕"。元朝太医忽思慧的《饮膳正要》中记载了许多蒙古族医药饮食疗法经常使用的香药，如"回族植物类芳香调味品马思达吉"，是蒙古族膳食中常使用的香药，功效为祛除口腔异味、调节脾胃。

（三）中医香疗与文学

中国有着悠久的尚香文化，中国的香能千年兴盛并拥有丰富的文化内涵和高度的艺术品质，离不开文人雅士的推动，文人的香最能代表中国香文化整体特色。宋代吴自牧所著《梦粱录》记载："烧香点茶，挂画插花，四般闲事，不许戾家。"宋代文人士大夫将焚香、点茶、挂画和插花视为四般雅事。此四雅，又称"生活四艺"，透过味觉、触觉、嗅觉与视觉品味日常生活，将日常生活提升至艺术境界。

自古以来，文人不仅将用香看作雅事，更将香与香气视为濡养性灵之物，可以颐养身心、陶冶情操。除了日常用香，许多文人雅士更是制香高手，如王维、李商隐、苏轼、黄庭坚、陆游等。在宋代文人中，对香认知最深刻、爱香成痴的，非黄庭坚莫属。黄庭坚被称作"香圣"，他所作的《香十德》被认为是对香特殊属性和内在特质的最精当的高度概括，即"感格鬼神、清净心身、能除污秽，能觉睡眠、静中成友、尘里偷闲，多而不厌、寡而不足、久藏不朽，常用不障。"黄庭坚嗜香成癖，好读香传，热衷香事，写下了许多表现闻香、挖掘嗅觉世界审美内涵的咏香作品，也记录下来了许多的制香之方。其中最有名的是他写给朋友的一封"婴香"的制作配方的书札——《制婴香方帖》，又名《药方帖》。该帖纵28.7厘米，横37.7厘米，凡9行，81字，行草书，现藏于台北故宫博物院。内容为："婴香，角沉三两末之，丁香四钱末之，龙脑七钱别研，麝香三钱别研，治弓甲香壹钱末之，右都研匀。入牙消半两，再研匀。入炼蜜六两，和匀。荫一月取出，丸作鸡头大。略记得如此，候检得册子，或不同，别录去。"

除"香圣"黄庭坚外，历代为香事、香品倾倒的文人雅士也都留下了不胜枚举的咏香诗词。如唐代皮日休《寒日书斋即事三首》："移时寂历烧松子，尽日殷勤拂乳床。将近道斋先衣褐，欲清诗思更焚香"；宋代陈与义《烧香》："炉香袅孤碧，云缕霏数千。悠然凌空去，缥缈随风还。"等。这些诗文无一不揭示了文人与香之间的深厚缘分。

除了以诗咏香，中国文人还通过小说来描写香文化，最具有代表性的作品当属清代小说家曹雪芹的《红楼梦》。《红楼梦》是中国古典小说的巅峰之作，其中对香文化的描写非常丰富。在书中出现的，主要是生活用香与宗教用香。生活用香涉及家居熏香、饮食用香、计时用香、节日与庆贺用香、陈设与佩饰用香、礼物用香、药物用香、祭奠与丧礼用香等八个方面，涉及大观园众人平素生活的方方面面。宗教用香可包含各类香供用香、祭天祀祖祈祷平安用香、其他宗教用香（主要出现在用以表达感激与展示虔诚时）三大内容。《红楼梦》记载的香料有：麝香、安魂香、百合香、檀香、沉香、木樨香、冰片、薄荷、白芷，等等。书中第七回提到，薛宝钗需要服食冷香丸，以治疗从胎里带来的热毒。冷香丸须取白牡丹花蕊，白荷花蕊，白芙蓉花蕊，白梅花蕊研末，并用雨、露、霜、雪调和，制作成龙眼大丸药。发病时，用黄柏煎汤送服。虽说古代医家典籍中并未提及冷香丸，应该是作者本人所杜撰的，但其处方用药无不体现中医辨证施治原则。中医认为，白色入肺，药性属凉。雨露霜雪、黄柏也具寒凉之性。冷香丸所配花蕊都取自白色，同时用适度寒凉去纠正宝钗体内的热毒症，利用药性之偏，用以调节人体阴阳之偏。再如第三十四回，宝玉挨打后，服用木樨清露与玫瑰清露，顾名思义，就是用桂花和玫瑰花制成的香露。玫瑰清露具有平肝养胃、活血散结、宽气解郁的作用。刚挨了打的宝玉肝气郁结又暑热难耐，此时，玫瑰清露正好可以派上用场。第五十九回，湘云脸上犯杏癍癣，向薛宝钗要"蔷薇硝"。蔷薇硝由蔷薇露和硝制成，正是针对杏癍癣（一种常见于春季的过敏性皮肤病）所使用的一种药妆。第九十七回中，贾宝玉因婚姻变故而旧病复发，所以"只得满屋点起安息香来"，安息香具有安神的效果，可起到安抚贾宝玉精神的作用。

四、中医香疗的作用机制

（一）经鼻途径

芳香药物经鼻途径治疗疾病有着悠久的历史和深厚的中医理论基础。早在《黄帝内经·灵枢·口问》中便记载："口鼻者，气之门户也。"鼻是人体与外界相联通的门户，通过不同方式把中药或其加工制剂纳入鼻中，可促进激发经气、疏通经络、促进气血运行，从而达到治疗疾病的作用。传统的中医纳鼻疗法可分为探、滴、灌、搐、嗅、熏、塞、涂八类。以搐鼻法为例，《黄帝内经·灵枢·杂病篇》云："哕以草刺鼻取嚏，嚏而已。"通过简单的方式刺鼻取嚏，可治疗呃逆，即打嗝。如明代眼科著作《明目至宝》记载用退顶散（青黛五钱、樟脑少许、麝香少许、上为末，搐鼻中）治头疼目肿。现代研究也表明，鼻腔黏膜分布有丰富的毛细血管，血流量大，经过鼻腔给药具有吸收迅速、避免胃潴留和呕吐等优势。芳香药物多含有挥发油、易挥发成分，经鼻给药能迅速产生疗效。

（二）经皮途径

中医学认为，皮肤中的皮、毛、玄府三种组织及其功能各有不同。皮指的是被覆于人体体表的皮肤；毛则是指附于皮肤的发须、毫毛等；玄府，俗称"汗孔"，又称"气门""鬼门"等。毛与玄府既要附于皮上，又要依赖皮的滋养而生存，三者密不可分，因此统称为皮肤。

中药经皮给药从属于中医外治法的范畴。清代医家吴尚先认为，中医外治疗法与内服汤药有"异曲同工"之效，其著作《理瀹骈文》云："外治之理，即内治之理；外治之药，亦即内治之药，所异者法耳。"芳香类中药经皮给药有着独特的用药理论和方法，包括贴、敷、涂、洗、浴、淋、熏、熨等。以熏蒸疗法为例，中药熏蒸疗法是根据病人的具体症状及体征，以中医辨证论治为基本，选择相应的中药、方剂，加水沸腾生成的气体熏蒸患者的相关部位或者全身，而达到治疗效果。在临床实际运用中，中药熏蒸疗法具有很多优势，比如：作用方式直接、穿透力强、疗效快等，同时也具有疏经通络、活血化瘀、温经散寒止痛等优点。《黄帝内经》曰："其有邪者，渍形以为汗；其在皮者，汗而发之。"此处"渍形"便是指熏蒸，通过熏蒸体表发汗使邪外出，邪去则身体自安。现存最早的方书《五十二病方》载有香薰药方："胸痒……治之以柳蕈一，捼艾二……燔其艾蕈……令烟熏直（脽）"，提出用柳蕈一捧、干艾二把，燃烧烟熏肛门，以治疗痔疮肛门周围瘙痒。

（三）经肺途径

芳香药物多数含有挥发性成分。中医学认为，芳香药物具有"辛散之性"，"辛入肺，肺主皮毛"。肺具有温养皮毛、调控汗孔开合及护卫肌表的功能。邪气从鼻而入时，首先侵袭于肺。清代医家吴鞠通在《温病条辨》论述："温病自口鼻而入，鼻气通于肺，口气通于胃。肺病逆传，则为心包。"芳香药物经肺吸入后，可以在呼吸系统疾病的防治中发挥重要作用。如将香药装入佩囊，既可做装饰，又可发挥治疗疾病的作用。汉代的名医华佗就曾经用丁香、百部等药物制成香囊悬挂在居室内，用来预防"传尸痒病"（肺结核）。

（四）口服途径

口服用药是临床常见的用药途径，具有给药方式简单易行、不直接损伤皮肤或黏膜等优势。中医学认为，芳香药物多具有芳香化湿、醒神开窍、解表散邪、消肿止痛等功效。例如《黄帝内经素问·奇病论》记载：

"有病口甘者，病名为何？何以得之？岐伯曰：此五气之溢也，名曰脾瘅……治之以兰，除陈气也。""瘅"，中医指热病。脾瘅，就是指脾胃湿热证，其主要症状为口中时有甜味，舌苔腻。脾瘅病因多为过食肥甘厚味之品，助热生湿，脾气阻滞不能输布津液，上溢于口，因此有口甘的表现。用单味的兰草（此处指佩兰）煎汁内服，可以清热化湿，消除胀满。

五、常用的中医香疗法

中医香疗法形式多样，临床常见的香疗法有：佩香、嗅香、燃香、浴香、饮香等。

佩香是指芳香药制成药末，置于袋中，佩戴于胸前、腰际、脐中等处。该疗法运用药物渗透作用，通过穴位经络直达病所，以此发挥活血化瘀、祛寒止痛等功效。

嗅香法是指通过鼻腔黏膜的吸收作用，使香药中的有效成分进入血液中以发挥疗效的方法，可运用于支气管炎、头痛、眩晕、失眠、鼻炎、咽炎、中暑等病症。

燃香法是将芳香药物如沉香、麝香、冰片、檀香、龙涎香等制成香饼、瓣香、线香、末香等形态，放置在香炉、香插、香斗、香笼、香球、香盘等香具中点燃，令室内香气缭绕，以发挥清新环境，怡养心神的作用。

浴香法是将具有治疗作用的芳香类中药加入水中，用来洗浴或熏蒸，达到健身除病、美容养颜的作用，该法对于风湿病、关节炎、皮肤病等疾病疗效颇佳。

除了外用，香药亦可内服。例如在茶中添加芳香中药，便可制成药茶，可用于养生保健。日常在茶中加入薄荷叶，便具有疏风散热的功能，可用于治疗咽喉肿痛。

六、中医香疗的具体应用

（一）感冒

感冒之名，首见于北宋杨士瀛《仁斋直指方论》："治感冒风邪，发热头疼，咳嗽声重，涕唾稠黏"，即外感风邪，感而即发，表现为鼻塞流涕、喷嚏、咽痛、咳嗽、头痛、恶寒、发热、全身酸痛等症状的一种常见外感病。在中国古代，香药被广泛应用于治疗此类外感病及其相关症状。

《黄帝内经·素问·骨空论》云："风者，百病之始也……风从外入，令人振寒，汗出头痛，身重恶寒"，可知风邪是感冒的主要致病因素。《素问·太阴阳明论》云："伤于风者，上先受之。"风性轻扬，具有向上向外的特性，致病时多先侵犯人体上部，有头晕头痛的头面症状，鼻塞流涕等肺系症状；风性开泄，开泄腠理，侵犯肌表，让人出汗、怕风、怕冷。在治疗感冒时，遵守《素问·阴阳应象大论》"其在皮者，汗而发之"的原则，在皮肤表层的症状，应该用发汗的方法来治疗。清代徐大椿在《神农本草经百种录》中提到"凡香药者，皆能疏散风邪""凡芳香之物皆能治头面肌表之疾"。香药多具芳香气味，有疏散之性，能走肌表而开毛窍，祛除头面肌表的邪气，如紫苏、荆芥、细辛、薄荷、生姜等芳香药物具疏散表邪、解除表证之功。明代张介宾《景岳全书·本草正上·芳草部》："紫苏，气味香窜者佳，用此者，用其温散。解肌发汗，祛风寒甚捷；开胃下食，治胀满亦佳。""荆芥，味辛苦，气温。气浓味薄，浮而升，阳也。用此者，用其辛散调血。能解肌发表，退寒热，清头目，利咽喉"。

在运用芳香类药物治疗感冒时，必须明确辨别感冒的类型。冬季天气严寒，春季温暖多风，夏季暑湿蒸迫，秋季天凉气燥，当气候反常或起居不慎时，风邪常夹杂其他邪气，产生风寒感冒、风热感冒、暑湿感冒等不同证型。明代著名医药学家李时珍在《本草纲目》中记载："世医治暑病，以香薷为首药。然暑乘凉饮冷，致阳气为阴邪所遏，遂病头痛，发热恶寒，烦躁口渴，或吐或泻，或霍乱者，宜用此药，以发越阳气……盖香薷乃夏月解表之药，如冬月之用麻黄。"在冬季，由于气候寒冷，人们易感受寒邪而引发感冒，适宜选用辛温解表的中药治疗，如麻黄、桂枝等，以发散风寒、发汗解表为主要治疗原则。而夏季气温高，人们感染外感风寒多因贪凉喜冷，宜选用具有辛温发散、解表化湿作用的中药，如香薷、厚朴等。

香苏散中用紫苏、香附、陈皮三味香药配伍，主治四时感冒。《医方考·卷一》："紫苏香附（醋制，各二两）陈皮（去白，一两）甘草（半两）。四时感冒风邪，头痛发热者，此方主之……是方也，紫苏、香附、陈皮之辛芬，所以疏邪而正气；甘草之甘平，所以和中而辅正尔。"

虚体感冒通常源于生活不规律、过度劳累等因素，导致体质虚弱，一旦受风寒侵袭则易发感冒。《证治汇补·伤风》："如虚人伤风，屡感屡发，形气病气俱虚者，又当补中，而佐以和解，倘专泥发散，恐脾气益虚，腠理益疏，邪乘虚而入，病反增剧也。"治疗不可仅用香药发散，要适当添加补益药物。中成药参苏丸中加入了党参，以奏益气解表之效。

对于鼻塞头痛者，可选用辛夷宣通鼻窍。辛夷花性味辛温，辛香温散，质轻气薄，尤长于走肺经而开郁通窍，为治鼻渊或各种原因引起的头痛鼻塞等病症的要药。明代李时珍《本草纲目》云："辛夷之辛温，走气而入肺，能助胃中清阳上行，所以能温中，去面目鼻之病"。明代医家李中梓《雷公炮制药性解》言其"主身体寒热，头风脑痛，面肿齿痛，眩冒如在车船，温中气，利九窍，解肌表，通鼻塞，除浊涕"。

（二）中暑

夏季暑气当令，气候炎热，雨水较多，湿邪亦重，人若长时间在烈日下或高温中劳作，劳则伤气，暑热之邪易乘机侵入而发病。在多汗、口渴的情况下，出现无力、头晕、头痛、耳鸣、恶心、注意力不集中等症状时，可能是中暑的先兆。若同时出现面色发红、皮肤灼热，或者面色苍白、体温下降，甚至出现四肢抽搐等症状，则说明已经中暑，需要紧急处理。中医根据中暑的环境和症状将中暑分为阳暑和阴暑。阳暑主要发生在长时间暴露于阳光下的人群，如劳动者或运动人士，其典型症状包括头晕、倦怠、口渴、身体发热以及大量出汗。相对地，在睡眠、午休和纳凉过程中，若过于追求凉爽，或在树荫下、阳台上乘凉时间过长，或过度饮用大量冷开水或冰镇饮料，或在睡眠时被电扇强风吹拂，都可能导致风、寒、湿邪侵袭机体，从而引发阴暑，其症状表现为头晕恶心、身体发冷、全身不出汗等。明代张景岳《景岳全书·性集·杂证谟·暑证》云："阴暑者，因暑而受寒者也。"发生阴暑时，可选用香薷饮、藿香正气散等香方对症治疗。

香薷饮源自宋代《太平惠民和剂局方》，其主要成分包括香薷、白扁豆、厚朴，以其具有祛暑解表、化湿和中的功效而闻名。清代名医吴谦《医宗金鉴》云："香薷饮，治暑热乘凉饮冷，阳气为阴邪所遏，头痛发热，恶寒烦躁，口渴、腹满、吐泻者。"方中香薷辛温芳香，能外散肺卫闭郁之寒，内化水液停滞之湿，解表和里，两擅其长，故为主药。《雷公炮制药性解》言香薷"辛，性微温，无毒，入肺、胃二经。主下气，除烦热，定霍乱，止呕吐，疗腹痛，散水肿，调中温胃，最解暑气。"香薷饮除煎服外，亦可将香薷、厚朴剪碎，白扁豆炒黄捣碎，以沸水冲泡，代茶频饮。曹雪芹在《红楼梦》第二十九回"享福人福深还祷福，多情女情重愈斟情"中就有服用香薷饮解阴暑的描写。七月的一天，贾府一行人去清虚观打醮看戏。到了清虚观之后，由于天气酷热，林黛玉在清凉的地方多逗留片刻，结果就不幸中暑了。丫鬟立即让她服下解暑的香薷饮，然后在房内躺下休息。

藿香正气散被收入于宋代《太平惠民和剂局方》，11 味药中有 5 味是香药，其中藿香、白芷、紫苏均是芳香温热类药物，对于"乘凉饮冷太过"导致的阴暑很有效。方中藿香为主药，具有解表祛暑、化湿和胃的功效。关于用藿香治疗中暑，还有一段古老的传说。很久以前，在深山里有一户人家，生活着哥哥和妹妹藿香。后来，哥哥结婚后从军出征，留下了姑嫂二人相依为命。姑嫂之间关系融洽，每日共同劳作，共同打理家务，过着和谐美好的生活。一年夏天，天气炎热潮湿，嫂子因过度劳累中暑，突然病倒。藿香意识到家后山有一种能治疗中暑的香味药草，便决心前往采集，以早日治愈嫂子的病情。藿香离开后整整一天才返回家中。她带回了一筐药草，但神情萎靡，一进门便软倒在地。原来，在采集药草时，她不慎被毒蛇咬伤右脚，中了蛇毒。嫂子急忙脱下藿香的鞋袜，准备用口吸出毒汁。但藿香担心嫂子受到毒害，坚决不让她这样做。嫂子用藿香采集的药草治好了自己的病，但藿香已经来不及救治，最终不幸身亡。为了铭记小姑的恩情，嫂子将这种有香味的药草亲切地称为"藿香"，并让大家在房前屋后、地边路旁种植，以便随时使用。随着时间的推移，"藿香"草的名声越来越响，治愈了许多中暑患者。由于其药用价值，人们在"霍"字上加了一个"草"字，将其写作"藿香"。

（三）温病

温病是感受温热邪气引发的，以发热为主要症状，并且具有热象偏重、易化燥伤阴等特征的一类急性外感热病。温病的范围广泛，包括所有具有温热性质的外邪。《黄帝内经》从"冬伤于寒，春必温病"立论，认为冬天受寒，春季容易患上温病，将寒邪视为温病的根源。金元时期医家刘河间主张"六气"皆可化火，"六淫"之邪转化为火热是外感疾病的主因。明代医家吴又可强调"疠气"是引发温疫的原因。一些医家根据温病初期出现局部红肿热痛、溃烂等热毒表现，提出了"温毒"病因说。由于温病的病因、病机以及辨证方法存在差异，相应的预防和治疗方法也各有不同。"香药"在防治温病中扮演着重要角色。

清代温病大家吴鞠通在《温病条辨》中广泛运用了多种芳香药物，包括桂枝、薄荷、香薷、连翘、青蒿、苍术、藿香、丁香、小茴香、木香、沉香、香附、乳香、没药、菖蒲、麝香、白术、当归、麦冬等，总计超过40种。《温病条辨》在上、中、下三焦篇中均用到的芳香类药物：上焦篇有桂枝、银花、连翘、薄荷、荆芥、淡豆豉、桑叶、菊花、竹叶、荷叶、香薷、香豉、栀子、郁金、梅片、雄黄、麝香、菖蒲、白豆蔻、白术、牛膝、当归、香附、丁香、降香。中焦篇有厚朴、苍术、草果、藿香、茵陈、金银花、连翘、郁金、香豉、梅片、雄黄、麝香、木瓜、桂枝、白术、降香、生姜、木香。下焦篇有青蒿、金银花、连翘、桂枝、竹叶、香附、白术、草果、川椒、小茴香、木香、良姜、槟榔、茵陈、白芷。

香药种类繁多、香味各异，其按功效可归纳为：芳香疏散，芳香开窍，芳香化湿，芳香温里，芳香活血，芳香开窍，在治疗温病时适用于不同证型。治疗温病常用的芳香药运用可以总结如下：

芳香透散。芳香类药物因其气味芳香，具有轻清透散之效，能够使病邪由内向外透达，促使邪气散去，从而达到治疗疾病的效果。温邪初袭人体，人体卫气抗邪外出，邪在卫分，证候主要表现为发热，微恶风寒，舌苔薄白欠润，舌边尖红，脉浮数。《温病条辨·上焦篇》第六条："太阴风温，但咳，身不甚热，微渴者，辛凉轻剂桑菊饮主之。"《温病条辨·上焦篇》第四条："但热不恶风寒而渴者，辛凉平剂银翘散主之。"温邪侵袭肺卫，证治常用桑菊饮和银翘散，其方中荆芥、豆豉、薄荷、金银花、连翘是芳香药物在温病透散治法的典型应用。清代张锡纯在《医学衷中参西录》中云："薄荷，味辛，气清郁香窜，性平，少用则凉，多用则热。其力能内透筋骨，外达肌表，宣通脏腑，贯串经络，服之能透发凉汗，为温病宜汗解者之要药。"

芳香散寒。湿热合邪为患，因湿为阴邪，湿为阴邪，侵入人体后，损伤人体阳气，特别是体内阳气偏虚的人，邪气会表现为湿重热轻，病变主要在太阴脾经。湿邪长期损伤脾肾阳气，导致肌肉、筋骨失去阳气的温煦，被湿浊所困扰，因此出现肌肉松弛、痿弱状态。《温病条辨·下焦篇》第四十五条："湿久伤阳，痿弱不振，肢体麻痹，痔疮下血，术附姜苓汤主之。"温病治疗中清热类药物应用广泛，大量的苦寒之剂，容易伤及人体阳气。温病中肾阳虚衰、下焦寒湿等病证，用具有芳香温里作用的小茴香、川椒治疗。《温病条辨·下焦篇》第五十二条有"暴感寒湿成疝，寒热往来，脉弦反数，舌白滑，或无苔不渴。当脐疝，或胁下痛，椒桂汤主之。"方用川椒、小茴香直入肝脏之里，亦可芳香化浊流气。《本草经疏》云："椒禀纯阳之气，乃除寒湿，散风邪，温脾胃，暖命门之圣药。"

芳香化湿。芳香药有疏通气机，健运脾胃，宣化湿浊的作用，可适用于湿温初起的相关症候。湿温初起时，湿阻卫阳，导致腠理开合失调，表现为恶寒少汗；湿阻卫气，使得热量无法散发而导致发热，但热气被湿气所遏制，因此湿温发热的特点是身体热度不高；在午后，外界阳气较盛，湿热在体内蒸迫，故午后热度加剧；湿阻碍清阳的运行，导致头痛、身体沉重和肢体乏力；湿热滞留于脾胃，使得脾胃运化饮食功能受损，而不易感到饥饿，脾胃气机不畅，因此出现胸闷的症状。吴鞠通用三仁汤治疗湿温病。《温病条辨·上焦篇》第四十三条："头痛恶寒，身重疼痛，舌白不滑，脉弦细而濡，面色淡黄，胸闷不饥，午后身热，状若阴虚，病难速已，名曰湿温。汗之则神昏耳聋，甚则目瞑不欲言，下之则洞泄，润之则病深不解。长夏深秋冬日同法，三仁汤主之。"三仁汤中用到芳香化湿类香药白豆蔻、砂仁。

芳香开窍。温病见神志异常者，常应用开窍法，使昏迷的神志恢复清醒。神志异常经常表现为"神昏谵语"，神昏是指神志昏迷，不能识人，呼之不应；谵语是指语无伦次。神昏与谵语往往并见，是温病急危重证之一。吴鞠通说："心神内闭，内闭外脱者死。"心主神明，指心具有主宰生命活动和意识、思维等精神活动的功能。见于《素问.灵兰秘典论》："心者，君主之官也，神明出焉。"在温病发生发展阶段中凡热扰心神者，均可以出现神昏。香药"芳香之性走窜",有利于发挥其开窍醒神的作用,其芳香之气,可以引药上行,与其他药物相结合发挥作用,促使体内邪热温毒随芳香消散,达到热退神复的效果。研究表明,醒脑开窍药物均为脂溶性强、分子量小的物质,在体内吸收快、分布广、消除迅速,易透过血脑屏障,在脑内有较高的分布浓度且停留时间长,而且除本身能进入脑组织发挥作用外,还可促进某些药物通过血脑屏障。血脑屏障是血-脑、血-脑脊液及脑脊液-脑三种屏障的总称,能够阻止血液中多种物质由血液进入脑组织。

常用开窍药有麝香、安息香、苏合香、青木香等,方剂如"凉开三宝"安宫牛黄丸、紫雪丹、至宝丹。《温病条辨·上焦篇》第十六条:"太阴温病,不可发汗,发汗而汗不出者,必发斑疹,汗出过多者,必神昏谵语……神昏谵语者,清宫汤主之,牛黄丸、紫雪丹、局方至宝丹亦主之";第十七条:"邪入心包,舌蹇肢厥,牛黄丸主之,紫雪丹亦主之";第二十二条:"温毒神昏谵语者,先与安宫牛黄丸、紫雪丹之属,继以清宫汤";第三十一条:"手厥阴暑温,身热不恶寒,清神不了了,时时谵语者,安宫牛黄丸主之,紫雪丹亦主之"。"凉开三宝"中就含有大量的安息香、苏合香等宣闭开窍的香药。此外,《太平惠民和剂局方》中的苏合香丸,15味药中有10味是香药,后世医家用于治疗温病神昏方面收获了很好的疗效。

(四)失眠

失眠,古称目不瞑、不得眠、不得卧、不寐。古人曾在诗句中表达失眠的苦恼,如三国时期魏国诗人阮籍《咏怀八十二首·其一》:"夜中不能寐,起坐弹鸣琴";南唐末代君主李煜《三台令·不寐倦长更》:"不寐倦长更,披衣出户行。月寒秋竹冷,风彻夜窗声。"失眠,是指经常不能获得正常的睡眠而言,轻者入寐困难,或寐而不酣,时寐时醒,醒后不能再寐,严重者可整夜不能入眠。《黄帝内经》提出的"阴气盛则寐,阳气盛则寤",失眠的病因虽多,但其病机可概括为阴阳失调、气血失和、脏腑失衡。失眠属心神病变,《素问·上古天真论》云:"恬淡虚无,真气从之,精神内守,病安从来。"芳香类中药具有调畅情志、舒缓焦虑、安神助眠的功效,对失眠的防治具有重要意义。常用的芳香类中药如檀香、沉香、石菖蒲、薰衣草、艾叶、丁香等都具有舒缓焦虑、安神助眠的作用，特别适合因情志过极引起失眠的患者使用。

"何以致扣扣？香囊系肘后。"香囊不仅可作为传情达意的信物，亦可疗疾病、解忧愁、助睡眠。芳香香囊治失眠，古已有之，最早关于中药香囊治疗失眠的文献可追溯至晋代葛洪的《肘后备急方》，记载了将大豆、青木香装入睡枕用于治疗失眠。明代李时珍在《本草纲目》中也提到了用辰砂装囊，戴身及髻治疗多梦不寐的方法。小茴香是一种家庭厨房常备的香料，同时，它富含茴香醇、茴香醚等挥发油物质，具有一定的镇静作用，可用于助眠安神。据《生命时报》介绍，将一把小茴香放入布袋中，加入一半量的食盐，封口后摇匀。睡觉时，将布袋放在枕边，可缓解失眠问题，提升睡眠质量。

合欢花、石菖蒲等芳香药物在治疗失眠方面的应用更是广泛。合欢花被归入安神药之列，其主要功能是"安神解郁"，常用于治疗内伤七情所致的虚烦不安、失眠健忘。《神农本草经》："味甘，平。主安五脏，利心志，令人欢乐无忧。久服轻身明目得所欲。"《四川中药志》记载合欢花"能合心志，开胃理气，消风明目，解郁。治心虚失眠"。《饮片新参》记载合欢花有"和心志，开胃，理气解郁，治不眠"的作用。石菖蒲具有凝神静气、宁心清窍的功效。在临床实践中，常将石菖蒲与其他药物相配伍使用，用于治疗劳心过度、痰蒙清窍、湿阻中焦等类型的失眠。《千金方》中记载的开心散即是由石菖蒲与人参、茯苓、远志等配伍而成，经实践证明，开心散疗效显著，对改善失眠多梦、心悸怔忡症状有一定的功效。

香方亦可解失眠。对于心情焦虑抑或肝气郁滞的失眠患者，可采用黄太史四方或闻思香。苏轼《和黄鲁直烧香二首》："四句烧香偈子，随香遍满东南。不是闻思所及，且令鼻观先参。"清人查慎行《苏轼诗注》中注释"闻思"为闻思香。闻思香，因苏轼、黄庭坚的唱和诗而流传。宋代陈敬《陈氏香谱·卷二》有"黄太史清真香"：柏子仁二两，甘松蕊一两，白檀香半两，桑木麸炭末三两。上细末，炼蜜和丸，瓷器窨一月。烧如常法。对于劳逸失调导致的失眠患者，可以采用香浴疗法。具体方法为：准备白芷、柑子皮各45克，冬瓜仁、桂心各60克，藁本、当归、细辛各30克，将这些药材煎煮后倒入浴缸中，将全身浸入浴缸10—15分钟，待皮肤毛孔完全张开，身体充分浸泡后，迅速擦干全身并及时就寝。这样的疗法可以活血行气，促进身体血液运行，舒筋活络，缓解疲劳，有助于改善失眠问题。

（五）口臭

口臭，又称口腔异味，是指从口腔中散发出的带有恶臭的难闻气体，可被他人所嗅出，本人不一定能够觉察到。口臭不仅影响自己的健康，还会为人们日常的人际交往造成不良影响。随着社会经济的发展，社会交往不断增多，人们越来越关注自身健康及个人形象，对治疗口臭的需求日益增加。现代研究认为，口臭的发生是因为口腔微生态平衡改变，造成核梭杆菌、牙龈卟啉单胞菌等产臭菌定植增加，这些产臭菌通过产生挥发性硫化物而发生口臭。

口臭在中医典籍中归属于"腥臭、臭息、口中胶臭、口气秽恶"等范畴。古代医家对口臭的病因病机有着不同的阐述，如隋代巢元方《诸病源候论·卷之三十·口臭候》记载："口臭，五脏六腑不调，气上胸膈。然脏腑气躁腐不同，蕴积胸膈之间，而生于热，冲发于口，故令臭也。"宋代赵佶的《圣济总录·卷一百一十八·口齿门》曰："口者脾之候，心脾感热蕴积于胃。变为腐糟之气，府聚不散，随气上出熏发于口，故令臭也。"金代张子和《儒门事亲卷之六·口臭六十七》云："肺金本主腥，金为火所炼，火主焦臭，故如是也。"元代危亦林《世医得效方·卷第十七·口齿兼咽喉科》曰："劳郁则口臭，凝滞则生疮"。

中医认为，人体是一个有机的整体，在功能上相互协调，在病理上相互影响，口臭不但是局部证候，而且是内在脏腑病变的外在表现。口臭的发生多与胃火炽盛、痰热壅肺、肝郁气滞、寒湿困脾、脾肾阳虚等因素有关，其病位主要在脾胃，同时也与心、肝、肺、肾等脏腑紧密相关。口臭的基本病机变化为脾胃升清降浊的功能失常，导致清气不升、浊气不降，浊气上泛于口。

古代医家在治疗口臭时，多从脾胃论治，以升清降浊为主要治法，善用辛温芳香之品，如芳香化湿药（藿香、豆蔻、砂仁等）；芳香开窍药（麝香、冰片、苏合香等）；芳香理气药（陈皮、木香、沉香等）；芳香温里药（丁香、肉桂等）。明朝周嘉胄《香乘·卷十·身体香》引《北户录》："橄榄子香口，绝胜鸡舌香。疏梅含而香口，广州廉姜亦可香口"，对诸香口香药予以罗列。

在这些常用香药里，丁香有着"古代的口香糖"之称。衔丁香以避口臭的方法古已有之。相传，唐代诗人宋之问曾在武则天掌权时任职，他自视相貌堂堂、满腹经纶，受到武则天重用是理所当然。奈何事与愿违，武则天一直对他避而远之。于是，宋之问写诗呈给武则天，希望得其重视。谁知武则天读后，对所亲近的臣子讲："宋卿能力是有的，无奈有个口臭的毛病，让人难以忍受。"宋之问知晓后十分羞愧，从此之后，人们便常能见他口含丁香以解其臭。清朝陆求可在《月湄词·相思儿令》云："一点樱桃娇艳，樊素不寻常。何用频含鸡舌，仿佛蕙兰芳。座上吹罢笙簧。徐徐换羽移商。晚来月照纱橱，并肩私语生香。""鸡舌"便是指丁香，"频含鸡舌"可以视作古人嚼口香糖的动作。丁香取材自桃金娘科植物丁香的花蕾，因其状似钉子、香味浓烈而得名。在长沙马王堆汉墓发现的西汉古尸手中，就曾握有丁香。丁香分公母，"公丁香"是指开放的花蕾，"母丁香"是指成熟的果实，又名"鸡舌香"。两者功效相近，可温中降逆，散寒止痛，温肾助阳。

医书古籍中，收录了许多治疗口臭的妙方。如唐代孙思邈《备急千金要方卷六·上七窍病上·口病第三》记载的五香丸："豆蔻、丁香、藿香、零陵香、青木香、白芷、桂心各一两，香附子二两，甘松香、当归各半两，槟榔二枚。上十一味，末之，蜜和丸。常含一丸如大豆，咽汁。日三夜一。亦可常含咽汁……慎五辛，下气去臭"，其功效为"治口及身臭，令香，止烦，散气"。作为香身、香口的常用香品，五香丸的使用方法为含服，不宜直接吞服，使用本方应注意慎食葱、姜、蒜、韭、酒等辛热之品，避免化燥伤阴。不宜使用的人群为内有实热、阴虚有热者及孕妇。再如明代龚信《古今医鉴》卷九记载的香茶饼："孩儿茶四两，桂花一两，南薄荷叶一两，硼砂五钱，为末，用甘草煮汁，熬膏做饼，噙化咽下，美味香甜。"可发挥"清嗝化痰、香口"的功效。

七、古香医缘：中医香草传奇

古往今来，香草芳香，承载着人们对健康与美好生活的向往。每一味香药都有其源远流长的故事。传说神农在南山采药时，不慎误食了一种毒蘑菇，引发剧痛，吃什么药也止不了痛，于是昏倒在树下。醒来后发现一丛散发香气的青草，闻之头脑清晰，神农尝试嚼食这株草的块根，发现味道香辣清凉，不久便排出毒素。神农姓姜，他以姓氏命名，称其为"生姜"，意味着"起死回生"。据传，华佗在江南河边观察到水獭吃螃蟹后腹痛，吃紫叶的香草后恢复的情景，他受到水獭的启示，由此得到一种解凉性螃蟹毒的草药。因为这种药草是紫色的，吃到腹中很舒服，所以，华佗给它取名叫"紫舒"。渐渐地，人们又把它叫作"紫苏"。相传明末清初，苏州地区的赵家兄弟因为一株开花的茶树而发生了争执。一位智者劝告他们要团结合作，将个人私利放在末位。为了铭记这个教训，他们把这种香气芬芳的花取名为"末利花"。后人为了字形美，将其改为"茉莉花"，但末利之意至今仍传承。这些故事不仅展示了香药的药用价值，也反映了古人对大自然的敬畏与感悟，传承着深厚的文化底蕴。古籍流传着无数关于香药的故事，借着这淡淡的香气，穿越千年，走近古人的生活，聆听那些关于香药的美妙传说。

（一）苍术

苍术，被称为"山精"或"仙术"，属于菊科植物，它生长在干燥的山坡地带，嫩叶可泡茶饮用，根茎具有芳香气味，能够燥湿健脾，祛风散寒，明目。

苍术养生有奇效。《神农本草经》中将苍术列为"上品"，并记载："（苍术）作煎饵，久服，轻身、延年、不饥。"久服苍术可以补益中气，使身体感觉轻盈灵便，不易感到饥饿，同时有助于提高记忆力。葛洪在《抱朴子·内篇·仙药》中记载："南阳文氏，值乱逃于壶山，饥困，有人教之食术，遂不饥。数年乃还乡里，颜色更少，气力转胜。"南阳文氏在汉末大乱时逃入山中，饥饿濒临死亡。有人教给他食用苍术的方法，因而克服了饥饿。数十年后，他返回故乡，面色更加红润，身体也比过去更为强健。他在山中时，常感觉身体轻盈，可以轻易跳跃，攀登险峻的山峰，即使行走在冰雪之中也不感寒冷。又《神仙传》云："陈子皇得饵术要方，其妻姜氏得疲病，服之自愈，颜色气力如二十时也。"

苍术能驱邪避疫。《本草纲目·草部卷十四》记载，苍术"辟一切恶气，用赤术同猪蹄甲烧烟。陶隐居亦言术能除恶气，弭灾，故今病疫及岁旦，人家往往烧苍术以辟邪气"。薰苍术是古代民间用来空气消毒的方法，人们将天然的苍术捆绑在一起，燃烧后产生的淡淡烟雾，不仅会散发出清香，还可以驱赶蚊虫，令人神清气爽。

宋代医家许叔微曾用苍术治疗胃病、夜盲症。其著作《本事方》云："自此常服，不呕不痛，胸膈宽利，饮啖如故，暑月汗亦周身，灯下能书细字，皆术之力也。"宋代医学家许叔微在年轻求学时勤勉好学，经常熬夜写作。他习惯在书写时身体向左倾斜，睡前常饮酒，上床后偏向左侧卧。数年后，他开始感到胃中有咕咕声，左侧胁下疼痛，食欲减退。尽管求医问药，但症状仍然反复。后来，他研究医学认为这种病主要是由于"湿阻胃"引起的，选择单用苍术治疗，果然疗效甚佳，胃肠功能改善，疼痛消失，精神恢复。与此同时，他发现眼睛亦明亮许多，以前在灯下读书写字时感到眼睛模糊的情况得到改善。现代医学发现苍术中含有类似维生素 A 的物质，对于缺乏维生素 A 而引起的夜盲症和角膜软化症单用苍术便可有疗效。

苍术可治疗肌肉松弛无力。相传，茅山观音庵有一位擅长治病的老尼姑，她派一个小尼姑去采集药材。小尼姑虽然每天按照指示采药，但并不懂药性。老尼姑很贪财，会根据病人付出的报酬来决定给予何种药物，有时甚至会用一些无效的野草去蒙骗人家。一次，一位穷人求药，老尼姑不问原因就赶走了他。小尼姑对此感到愤怒，偷偷地抓了一把药草给了穷人。意外的是，几天后，穷人回来感谢，说小尼姑的药治好了父亲的足膝软瘫。老尼姑很惊讶，询问小尼姑，小尼姑也不清楚原因，后来才发现自己顺便带回来的草是苍术，竟然有治疗作用。后来，小尼姑受不了老尼姑的行径，逃出观音庵回家还俗了。从此以挖苍术为生，不光治好了许多足膝软瘫的病人，还发现苍术对呕吐、腹泻等疾病也有疗效。

（二）茵陈

茵陈，是指菊科植物滨蒿或茵陈蒿的干燥地上部分。在古谚中，人们言道："三月茵陈四月蒿，五月六月当柴烧。"茵陈在三月时生长茂盛，药效最为浓郁。而到了四月，它的养分逐渐流失，功效也随之减弱，变成了"白蒿"，虽然已失药效，但却有着独特的香味，令人留恋。到了五月至六月份，茵陈已经长得极高，不再适合食用，只能用作柴火。而在春季幼苗高 6—10 厘米时采收，除去杂质和老茎，然后晾晒至干燥的茵陈被称为"绵茵陈"。北宋时期，苏颂在《图经本草》云："近道皆有之，不及太山者佳。春初生苗，高三五寸，似蓬蒿而叶紧细，无花实，五月、七月采茎叶阴干，今谓之山茵陈。"

茵陈幼苗具有清热利湿、舒肝胆、发散汗液、解热利尿的功效，是治疗黄疸的良药。《神农本草经》："主风湿、寒热邪气，热结黄疸。久服轻身益气，耐老，面白悦长年，白兔食之仙。"长期服用茵陈能延缓衰老，连白兔食之也能成仙，这种说法或许略显夸张，但茵陈治疗黄疸却是确实可信的。李时珍在《本草纲目》中引述了宋代医家寇宗奭的《本草衍义》中的一个病例：一名患者因伤寒未能完全治愈，留有余热，导致全身皮肤发黄，持续一年多，经过多种治疗无效。有医生误以为是"食黄"而治疗，效果不佳。后来，寇宗奭采用茵陈为主的药方茵陈栀子散治疗，患者服药 5 天病情减轻三分之一，10 天减轻三分之二，20 天病情完全好转。

茵陈和青蒿是两种不同的植物，茵陈为菊科植物茵陈蒿的幼苗，而青蒿是菊科植物黄花蒿的地上部分，具有清热解暑、截疟的作用。五代时期后蜀药学家韩保升《蜀本草》记载："草蒿，叶似茵陈蒿而背不白，高四尺许。四月、五月采，日干入药"。东晋葛洪《肘后备急方》云"青蒿一握，水二升渍，绞取汁尽服之"可治寒热诸疟，科学家屠呦呦正是从这条记载中得到启发，最终成功提取了青蒿素，用于治疗疟疾。

（三）松香

松香又叫松膏、松脂、松胶、黄香等，具有扶脾顺气、开胃消食的功效，是一种醒脾畅胃的药物，有助于促进消化，增强胃肠功能，改善食欲。此外，松香"可合诸香及裹衣"（《广志》），还可"作汤浴，令人身香"（苏颂语）。《本草纲目》中记载，用本品六两，玄参一斤为末，每日焚之，能疗瘰疬（瘰疬，或称"肺痨"，一般是指肺结核。）现在认为松香具有燥湿杀虫、拔毒生肌、止痒止痛的功能，是外科常用的外用药物，用于治疗疮疡、皮肤皲裂等多种皮肤病，能够促进伤口愈合，缓解疼痛和瘙痒症状。《神农本草经》："主痈，疽，恶疮，头疡，白秃，疥搔风气。安五脏，除热。久服轻身，不老延年。"《本草经集注》言其："主治痈疽，恶疮，头疡，白秃，疥瘙，风气，安五脏，除热。"

东晋医家葛洪在《抱朴子·内篇·仙药》中记载了一则松香治癞（癞，古称恶风，现代医学中癞风被称为麻风病）的有趣故事：上党有个名叫赵瞿的人，长期患有麻风病，多年求医无效，情况岌岌可危。外界流传此病具有传染性，担心会影响到病人的子孙后代。家人无奈之下，只得将赵瞿带到野外的山洞中，留下一些粮食，便离他而去了。赵瞿在山洞中自怨自艾，日夜悲叹哭泣。过了一个多月，一位仙人偶然路过山洞，听到赵瞿的哭诉，深感怜悯，于是给了他一个药囊，并教他服用方法，然后便消失得无影无踪。赵瞿照仙人的指示服用了百余日，结果身上的病疮竟然全部痊愈，皮肤也恢复了健康的光泽。后来，仙人再次路过此地，赵瞿跪拜谢恩，请求知晓所赐药物的名字。仙人告诉他，那药物就是松脂，如果长期服用，能够获得长生不老之效。赵瞿再次感谢之后返回家中，但家人却以为他是鬼魂，吓得目瞪口呆。赵瞿向他们讲述了经过，终于解释了众人的疑虑。自此之后，他长期服用松脂，身体变得轻盈，精力倍增。相传他活到了一百七十岁，牙齿依然完好，头发也依然乌黑不白。

（四）香附

香附，原名"莎草"，最早见于《名医别录》，至《唐本草》始称"莎草根香附子"，因其根相附连续而生，可以制香料，故名。古人很早就已认识到香附。唐代诗人李涉《牧童词》："荷蓑出林春雨细，芦管卧吹莎草绿"；李白《忆旧游寄谯郡元参军》："浮舟弄水箫鼓鸣，微波龙鳞莎草绿。"诗中所提及的莎草绿，在田野中随处可见。《本草纲目·草部卷十四》中援引了《江表传》中的一个故事：魏文帝曹丕遣使向吴国索求雀头香（香附别名雀头香）。吴国群臣原本认为不应该满足他的要求，吴主孙权却认为这些物品对吴国来说只是平常之物，不应吝啬。因此，吴国满足了曹丕的要求。

香附作为一种重要的理气药，在历代医家中备受推崇。它具有疏肝解郁、调经止痛的功效，适用于治疗肝郁气滞引起的胁痛、腹痛，以及月经不调等症状。李时珍在《本草纲目》中列举了49个关于香附治病的方子，称香附为"乃气病之总司，女科之主帅"。古人还认为香附子有益寿健身之功。陶弘景《本草经集注》："主除胸中热，充皮毛。久服利人，益气，长须眉。"宋代苏颂在记载唐玄宗《天宝单方图》时提到了一个故事，讲述了一位名叫俞通奉的人，在五十一岁时遇到了铁瓮城申先生，他向俞通奉传授了一种名为"交感丹"的方子。这个方子的配方是用香附子一斤、茯神四两为末，加蜜炼成丸弹子大小，单服此方半年，同时要戒除一切暖药，戒除嗜欲，然后学习秘固溯流之术。俞通奉服用后"老犹如少"，一直到八十五岁才去世。

香附还有个名字叫索索草，古时有一段凄惨的传说。很久以前，有位名叫索索的姑娘，她美丽善良。有一年，古砀郡遭遇大旱，寸草不生。索索迫于生计，嫁到了黄河边的茅村。然而，茅村却正遭受着瘟疫肆虐，村民无不胸闷腹痛。神奇的是，自从索索嫁来后，她的丈夫却安然无恙。人们询问索索原因，她却也不知道，只是身上常常飘散出淡淡的香味。于是，她就轮着上村民家中住宿，真的奇迹般地治愈了瘟疫。然而，庄户人家闲言闲语，传言索索每到一家，就脱去衣服，让大人小孩围过来闻香气。丈夫听信了谗言，不能容忍索索用这种方式来治病，在一个风雨交加的夜晚，丈夫终于动了杀机，将索索害死。索索去世后，她的坟头长出了一种小草，能够吸引蜜蜂和蝴蝶。后来人们发现，这种草还能治疗妇科疾病。尽管后来这种草的药名改为"香附"，但当地人仍然称之为"索索草"。

第二节　香文化与养生保健

一、香文化与医药养生

中国香文化是中华民族在历史进程中，围绕各种香品的制作、炮制、配伍与使用而逐渐形成的可展示出中华民族精神气质、民族传统、美学观念、价值观念、思维模式与世界观之独特性的一系列物品、技术、方法、习惯、制度与观念。

中国有着悠久的用香历史，"香气养性"是中国香文化的重要理念。传统制香工艺的核心是"合香"，即将香药炮制后按组方择时和香，再经过窖藏而制成香粉、香丸等具体的香形态。中医认为，"合香"与"合药"一样，须考虑君臣佐使的组方原则、药物的性味归经、适宜的炮制方法等，两者一脉相承。香方的组建，要结合"天人合一""三因制宜"等理念，和香师须熟识药性，导顺治逆，因而传统香是有功效的，不仅芬芳悦鼻，驱邪防疫，还可调摄情志，怡养心神。古人会借"香席"（经过用香工夫之学习、涵养与修持后，而升华为心灵飨宴的一种美感生活）来相互勘验学问，探究心性，通过行香的过程来表现心灵的境界和内容，最终目的是结合书法和文学来追求生活品位的境界。

中医认为，香为阳气，秉纯阳之气而生，香为纯阳之物，具有扶正助阳的功效，因而香也是治未病的良药，可辅助平衡阴阳。在《黄帝内经·素问·上古天真论》中有这样一段话："夫上古圣人之教下也，皆谓之虚邪贼风，避之有时，恬淡虚无，真气从之，精神内守，病安从来。"意思是上古时代深谙养生之道的人在教导普通人时，总会讲到要及时避开"虚邪贼风"等致病因素，心情要清净安闲，摒除一切杂念妄想，以使人体真气顺畅，精神守持于内，这样，疾病便不会发生。中医养生学认为，防病治病的根本方法是"精神内守"。精神养生可凭借怡情养性、调摄情志等方法，促进人的身心健康，达到形神兼养、预防疾病的目的。养生须养性，香在净化居室环境的同时，也可对人体的心神起到宁静镇定、安抚情绪的作用，以求形神共养。

二、中医香疗在养生保健的具体应用

中医香疗是一种传统自然疗法，融合了中医理论和天然香料，通过配香、嗅香、燃香、浴香、饮香等方式，可发挥调理身体、防治疾病、调节情绪等作用。

这一传承数千年的养生之道，具有相当丰富的文化内蕴，同时也具有实际使用价值。如今，随着人们健康意识的提高，中医香疗逐渐受到大众的关注和认可，为人们的养生保健拓宽了选择空间。

（一）防疫祛疬

从古至今，瘟疫便是人类面临的严重社会灾难。从鼠疫、天花、霍乱到非典、新冠，人类遭遇了无数次的瘟疫。据史料记载，汉、宋、清三个时期，是我国历史上瘟疫发生的高峰时期。三国曹植在《说疫气》记载了当时疫病流行的惨状："或阖门而殪，或覆族而丧。或以为：疫者，鬼神所作。夫罹此者，悉被褐茹藿之子，荆室蓬户之人耳！若夫殿处鼎食之家，重貂累蓐之门，若是者鲜焉。此乃阴阳失位，寒暑错时，是故生疫，而愚民悬符厌之，亦可笑也。"

在与瘟疫的斗争中，古人很早就发现芳香药物对瘟疫的防治作用，如沉香、檀香等可用于预防瘟疫；艾叶、菖蒲、樟脑等可消毒杀虫，平时服食、佩带、熏蒸、悬挂、涂抹香料亦能达到良好的防疫作用。现代药理学研究也进一步证实了芳香药避秽防疫的机制，即通过抑制病毒、细菌的活力，阻断病毒结合位点，提高机体免疫力，从而发挥防病治病的作用。在治理瘟疫过程中，香药被大量利用。在旧本题汉东方朔撰的《海内十洲记》中，记录了月支献香及长安驱疫的神奇故事：征和三年（公元前90年）西胡月支国王曾派遣使者献香于汉武帝。后元元年（公元前88年），长安城发生瘟疫时，武帝取月支进贡的"返魂香"焚烧，成功驱除了瘟疫。

香药防疫的使用方式有许多，如焚烧、佩戴、沐浴、涂抹、内服等。人们将苍术、大黄、艾叶、降香、木香、丁香等香药进行焚烧，可对空气进行消毒，以辟邪气。其中，苍术是古代常见的防疫香药，张山雷《本草正义》云："苍术，气味雄厚，燥湿而宣化痰饮，芳香辟秽，胜四时不正之气；故时疫之病多用之。"唐代孙思邈《备急千金要方卷九·伤寒上·避温第二》记载的太一流金散，"逢大疫之年，以月旦青布裹一刀圭，中庭烧之"，可避温气，防疫病。

此外，佩戴香囊也是古代常见的防疫方法。将芳香药物装入布袋中，随身携带或挂于室内，经由人体吸收，发挥芳香化湿、清热解毒、驱邪辟秽的作用，用以预防疾病。《山海经·西山经》："有草焉，名曰熏草，麻叶而方茎，赤华而黑实，臭如蘼芜，佩之可治疠"，这是关于佩戴草药预防疫病的最早记载。清代刘奎《松峰说疫·卷二·除秽》中记录的第一首方剂，为刘奎的自拟方"除秽靖瘟丹"。方中用苍术、降真香、川芎、大黄、细辛、鬼箭羽、羌活、甘草、草乌等35味中药研磨成末，将二三钱重的药粉装入绛色香囊之中，全家佩戴，随时嗅闻香气，以达到"已病易愈，未病不染"的目的。

在新冠疫情期间，许多医疗单位针对居民体质特点，制定了防疫香囊配方。国医大师周仲瑛教授公开的防疫香囊配方为：霍香、苍术、白芷、草果、菖蒲、艾叶各10克，冰片10克，共研细末，制成香囊佩戴于胸前。方中霍香辛温芳香，为芳香化湿浊之要药，又可辟秽和中。此次肺炎疫情湿邪为关键，故中药香囊中多使用霍香等芳香化湿之药以祛湿。苍术性辛、苦、温，具有很强的燥湿力度。白芷是一味常用的辛温解表药，味芳香，可以治疗风寒感冒，祛湿散寒，兼能燥湿化浊。草果既可作香料，也可入药。中医认为，芳香入脾，芳香的东西可以醒脾，促进食欲，还可以化湿去浊。冰片气味芳香，可提神开窍。石菖蒲味辛温，主风寒，辛能散风，温能驱寒，芳燥能除湿。艾叶自古以来便被人们用于养生保健，现代研究也表明，艾叶等具有芳香中药具有较强的杀菌作用，对空气中的细菌有很好的清除作用。诸香药和合组方，共同发挥解表散寒、燥湿化浊、醒脾温中，开窍醒神、驱邪辟秽的功用，对于新冠起到一定的防治作用。

除此之外，古人很早便发现，用香沐浴可使人身香气爽，以香药煮汤沐浴，更能"辟邪气""辟疬"，清洁身体，预防疾病。明代李时珍《本草纲目·百病主治药·瘟疫》记载："白茅香、茅香、兰草，并煎汤浴，辟疫气。"清代刘奎《松峰说疫·诸方·避瘟方》记载有煎汤沐浴以祛秽避瘟的香方，"于谷雨以后，用川芎、苍术、白芷、藁本、零陵香各等分，煎水沐浴三次，以泄其汗，汗出臭者无病"。宋太宗曾作《逍遥咏》，描述浴香汤的感受："香汤沐浴更斋清，运动形躯四体轻。魔鬼自然生怕怖，神魂必定转安宁。从无入有皆真实，去住何难妙最精。五行聚散归一体，灵源不用苦煎烹。"香汤沐浴不仅可洁净身体，缓解疲劳，还可使身心放松，心神安定。

东晋时期的医家葛洪，曾亲历惠帝元康二年、武帝咸宁二年的大疫。其著作《肘后备急方》中记载了许多防治疫病之法。并且，葛洪首次提出了"粉身防疫"的思想，指在身上涂抹药粉，以防疫邪。《肘后备急方·卷八》记载："姚大夫粉身方：芎䓖、白芷、藁本三物等分，下筛，纳米粉中，以涂粉于身，大良。"

除了外用，内服香药也可达到预防疫病的目的。《素问·刺法论》："又一法，小金丹方：辰砂二两，水磨雄黄一两，叶子雄黄一两，紫金半两，同入合中……炼白沙蜜为丸，如梧桐子大。每日望东吸日华气一口，冰水下一丸，和气咽之。服十粒，无疫干也。"是现存文献中最早关于预防疫病处方的记载。清代刘奎《松峰说疫·诸方·避瘟方》记载福建香茶饼"沉香、白檀（各一两），儿茶（二两），粉草（五钱），麝香（五分），冰片（三分），共为细末，糯米汤调，丸黍米大，噙化"，具有"避一切瘴气瘟疫，伤寒秽气"之功效。"屠苏酒"是古代的一种药酒，正月初一饮之，可祛一年不正之气，预防瘟疫，历代古籍多有记载。"屠苏"二字，宋代陈元靓在《岁时广记》中这样解释："屠者，言其屠绝鬼炁；苏者，言其苏省人魂"，意思是屠苏可杜绝瘟疫邪气侵袭，促进健康。相传，屠苏酒由名医华佗所制，现存医籍中有关此酒的最早记载见于《肘后备急方》。药物组成为"大黄五分，川椒五分，术、桂各三分，桔梗四分，乌头一分，菝葜二分"，"一方有防风一两"。唐代孙思邈在传承《肘后方》所载屠苏酒的基础上进行化裁，《备急千金要方》卷第九"辟温第二"中的药物组成有"大黄十五铢，白术十八铢，桔梗、蜀椒各十五铢，桂心十八铢，乌头六铢，菝葜十二铢，一方有防风一两"。

（二）美容

香药与古代美容护肤之间有着密切的关系。自古爱美之心人皆有之，最初，人们使用米研磨成粉末，涂抹在面部以增白皮肤。后来，他们开始碾磨和熬煮红蓝花（即红花），提取出其中的有色部分制成胭脂，用于化妆。宋徽宗赵佶在《燕山亭·北行见杏花》中写到"裁剪冰绡，轻叠数重，淡著胭脂匀注。新样靓妆，艳溢香融，羞杀蕊珠宫女"，穿上漂亮衣服，再将淡淡的胭脂均匀地涂抹，简直羞杀了天上的蕊珠宫的仙女。《红楼梦》第44回中，平儿受到凤姐的责打，宝玉劝平儿擦上一些紫茉莉花种，并研碎兑上香料制成的脂粉。平儿依言化妆后，果然颜色艳丽异常，而且还带着一股甜香弥漫在脸颊上。清代汪灏的《广群芳谱·花谱·紫茉莉》引《草花谱》云："紫茉莉，一名胭脂花，可以点唇，子有白粉，可傅面，亦有黄白二色者"。赵学敏《纲目拾遗》云："（紫茉莉子），取其粉可去面上癍痣粉刺。"《红楼梦》第59回，史湘云早晨起床后感到两腮发痒，担心自己又患上了"桃花癣"，便向宝钗请求一些蔷薇硝来擦。《本草纲目拾遗·花部》记载野蔷薇可"为妇女面药，云其香可辟汗、去黝黑（黝，黄黑色）。

古人发现许多香草具有保养皮肤的功效，还催生了各种以香药为主要成分的护肤品。如秦汉时期的《神农本草经》中记录白芷："长肌肤，润泽，可作面脂。"藁本："除风头痛，长肌肤，悦颜色"；《名医别录》记载："（藁本）可作沐药、面脂"；《医学入门·本草》云苍术："久服乌须驻颜，壮筋骨，明耳目，润肌肤"；《本草拾遗》言菊花："白菊味苦，染髭发令黑颜色，益颜色，好颜色不老。"

香药在美容中的作用可以分为三个方面：

首先，香药的芳香气味有助于调和气血，保持肤色红润。中医学认为人体气血需要保持调和才能维持肌肤的红润健康，若气血失调则易导致皮肤问题。一些芳香药物，如丁香、零陵香、甘松香、藿香、青木香等，其性味多为辛温，具有通经络、行气血的作用，当气血畅通时，面色自然会红润有光泽。

其次，香药能改善情志，影响内脏功能，使肌肤更有光泽。中医学强调"有诸内必形诸外"的理念，即人体内部的状况会直接反映在外部肌肤上。情志与脏腑功能关系密切，情志失常可能导致脏腑功能紊乱，引起皮肤粗糙晦暗。自战国时期起，人们就开始佩戴或口含香花、香草，以使身体散发芳香，香药能够营造出一种清新宜人的环境，长期生活在这种美好氛围中，人们会感到心情舒畅，气血调和，脏腑功能正常，外表上则表现为面色红润，容颜姣好。

最后，香药有助于舒畅气机，排除湿浊，从而助脾胃而净面润肤。脾主运化，运化谷食和水饮，就是将食物吸收、转化、输送到全身各组织器官，为身体提供营养和能量。如果脾胃功能不足，会导致气血生成不充足，使得面部缺乏充足的滋养，呈现出暗黄无光泽、色斑暗沉等现象。若脾胃无法有效转化水湿，导致水液停滞在皮肤中，可能引发湿疹、粉刺、酒渣鼻等皮肤病。元代罗天益在《卫生宝鉴》中记载莹肌如玉散（制作方法：将楮实、白及、升麻、甘松、白丁香、连皮砂仁、三赖子七味药材研磨成末，再与糯米、绿豆、皂角末一起搅匀，用来洗脸，有祛除湿气、清除污垢等作用，可以治疗粉刺等。

在古籍中，关于美容养颜的记载丰富而细致，其中包括了各种香药制成的美容方。这些方子功效丰富，涵盖了去污洁净、滋养润泽、增白染色、芳香除臭等多种功能。如《御药院方》载有"皇后洗面药"：用皂荚末 30 克，糯米粉 750 克，川芎、细辛、附子、藁本、冬瓜子、沉香各 30 克，白檀香 60 克，楮实子 250 克，白术 15 克，丝瓜 4 个，甘草 60 克，生栗子皮 15 克，零陵香 90 克，白及 60 克，白蔹 45 克，土瓜根 30 克，阿胶、白芷各 60 克，樟脑 7.5 克，共为细末洗手面，令光洁润泽。唐代医家孙思邈《备急千金要方·七窍病下·面药第九》载有"面脂方"，用丁香、零陵香、沉香、辛夷、栀子花、当归、麝香、藁本、藿香、白芷、甘松香、青木香等芳香药，与鹅脂、羊肾脂、羊髓、猪脂、猪胰等酒浸后于猪脂等脂肪中微火煎之。视白芷色黄后绞去滓，入麝香末，搅之至凝。盥洗时用之，有泽面增白美容的功效。元代的宫廷御医徐国帧在《御药院方·卷十》里记载了现在最流行的"七白膏"："香白芷、白蔹、白术、茯苓、白及、白附子、生细辛研为细末，用鸡蛋清调匀，制成弹子大小的丸状或小指状，晾干保存。每晚洗净面部后，用温浆水在瓷器内搅拌成汁，涂之极妙。令人面光润不皱，退一切诸䵟。（䵟，同"皯"，面色枯焦黝黑。）"《香乘·卷十九·涂傅之香》中介绍了能美容香体的"莲香散"："丁香三钱黄丹三钱枯矾末一两共为细末，闺阁中以之敷足"，使用后，香气能够渗入肤骨，即使足部经常洗涤，香气也不会散去。

（三）香灸

香灸是源于传统艾灸的一种温灸疗法，它在传统艾灸的基础上加入肉桂、干姜、细辛、白芷、丁香、乳香、川椒等香气怡人的中草药而成，因其特有的药香味而得名。艾灸是通过灸火的温热刺激经络腧穴，以达到防疾病的目的。古人最初用火取暖时，发现原有的疼痛会减轻或消失，便开始利用热熨法治病，后来采用草木等作为燃料在局部进行温热刺激来治病，就成为了灸法。灸的燃料有很多种，最常用的是艾叶。《神农本草经》指出"艾叶，能通十二经，擅于温中，逐冷，行血中之气，气中之滞"。艾灸的应用范围广泛，能温经驱寒、补虚培本、行气活血、消肿散结、预防保健、益寿延年等。

艾灸保健古称"逆灸"，明代高武《针灸聚英》云："无病而先针灸曰逆，逆，未至而迎之也。"意指病未至或病至而未发生时灸之，提前应对疾病的到来。隋代巢元方《诸病源候论》也提及："河洛间土地多寒，儿喜病痉，其俗，生儿三月，喜逆灸以防之。"痉病，指项背强急，四肢抽搐，甚至牙关紧闭，角弓反张为主要表现的临床疾病。寒冷地区，常用逆灸来预防小儿痉病。明代张景岳在《类经图翼》中认为风门灸可以排出体内的热气，经常进行风门灸可以预防疮疽、疮疥等疾病。晋代葛洪在《肘后方》中提到，通过对居室进行艾叶熏灸，可以防止传染性疾病的传播。

此外，香灸还可用于预防中风。中风又称脑卒中，常表现为突发昏倒、半身不遂、言语困难、口眼㖞斜等症状。中风发病前常有先兆，可见眩晕、偏身麻木、短暂性言语不清、一过性偏瘫、头痛等。《素问·调经论》云："形有余则腹胀，泾溲不利，不足则四肢不用，血气未并，五脏安定，肌肉蠕动，命曰微风。"《素问·生气通天论》云："汗出偏沮，使人偏枯。"当人体半身出汗而半身无汗，可能意味着气血在身体内的流动不畅，进而引发偏瘫半身不遂的症状。明代沈应炀在《名医选要济世方》中云："夫圣人治未病之病，知未来之疾，此其良法也。其中风者，必有先兆之症，觉大拇指、次拇指麻木不仁，或手足少力，或肌肉微掣者，此先兆也，一二年内必有大风之至。"出现肢体麻木无力，肌肉痉挛轻微抽动的症状，通常一到两年内就会发生中风。这时采用灸法可帮助控制中风的发生，如灸足三里，绝骨，再配合药物煎汤淋洗，有助于驱逐风气，预防中风发作。宋代张杲《医说·针灸》中言"三里者，五脏六腑之沟渠也，常欲宣，即无风疾。"《东医宝鉴》云："中风皆因脉道不利，血气闭塞，灸则唤醒脉血气得通，可收全功。"明代杨继洲《针灸大成·卷九》云："但未中风时，一两月前，或三四个月前，不时足胫上发酸重麻，良久方解，此将中风之候也。便宜急灸三里，绝骨四处，各三壮，后用生葱、薄荷、桃柳叶、四味煎汤淋洗，灸令祛逐风气自疮口出。"

古人推崇灸法保健，认为坚持施灸，能强壮身体，延年益寿。《灵枢经·经脉》就有记载："灸则强食生肉。"指灸有增进食欲，促进人体正常发育之功。宋代窦材在《扁鹊心书》里指出"人于无病时，常灸关元、气海、命门、中脘……虽未得长生，亦可保百余年寿矣。"在无病时定期施灸于特定穴位，如关元、气海、足三里、神阙等，有助于祛病延年，促进健康长寿。气海穴，元代罗天益在《卫生保健》提到，"灸气海以生发元气，滋荣百脉"。神阙穴，明代张景岳《类经图翼》云："在神阙穴隔盐灸，著灸之三五百壮，不唯愈疾，而且延年。"足三里，唐代医家孙思邈在《千金要方》里说"若要安，三里常不干"，《千金翼方》亦云"一切病皆灸三里三壮"。孙思邈少年时身体羸弱，直到中年，他开始尝试灸疗，并常将艾火点燃，遍布全身。此后，他的健康状况渐有改善，甚至在年过百岁之时，还能精力充沛地著书立说。

第五章　中国香文化与中外香料交流

第一节　古代异域香料的传入

　　南越文帝墓出土的乳香、甘肃敦煌汉代悬泉置遗址出土的纸文书、江苏连云港出土的尹湾汉简说明早在西汉武帝、昭帝时期乳香已经输入我国。乳香是目前西汉考古中唯一发现的进口香。这些考古资料证实西汉时期已有外来香药的输入，也说明古代异域香料的传入起于西汉时期。

　　汉武帝通西域、平南越之后，海陆上丝绸之路畅通无阻，有利于西域南海的香料输入中国。那么古代异域香料有哪些？这些异域香料来自哪里？是通过怎样的方式传入中国的？《史记·大宛列传》记载张骞第二次通西域，分派副使出使西域诸国："骞因分遣副使使大宛、康居、大月氏、大夏、安息、身毒、于寘……"之后一年多，派出去的副使都带了各国的使者来回访西汉："其后岁余，骞所遣使通大夏之属者皆颇与其人俱来，于是西北国始通于汉矣。"张骞通西域之后，中国与西域之间的经济往来日渐繁荣。《史记·大宛列传》描述汉武帝时奔赴西域的使者相望于道，使者群体规模庞大，出使的地方极其遥远："因益发使抵安息、奄蔡、黎轩、条枝、身毒国。而天子好宛马，使者相望于道。诸使外国一辈大者数百，少者百余人……汉率一岁中使多者十余，少者五六辈，远者八九岁，近者数岁而反。"《汉书·西域传》之《罽宾国传》描述罽宾国的商人打着朝贡的名义，随同汉使来到汉廷做交易："奉献者皆行贾贱人，欲通货市买，以献为名，故烦使者送至县度。"而在南海地区，汉武帝元鼎六年灭南越国之后，西汉王朝即与其下辖的南海郡、日南郡等产香之处有了直接联系，南海香物也渐渐输入汉土。可见汉武帝通西域、平南越，为西域南海的香料输入中国创造了条件。

据学者温翠芳整理，史料文献中记载的西汉时期的外来香药有：乳香、木香、返魂香、沉香、青木香、都夷香、神精香、沉光香、精祇香、明庭香、金磾香、涂魂香、女香、明天发日之香、兜末香、异香、南海香物。

乳香是目前西汉考古中唯一发现的进口香。1983年6月9日在旧广州城大北门外西侧的象岗山上，发掘了南越国文帝赵眜（胡）的陵墓，墓室由前后两部分组成，前部分的西耳室内随葬器物最多，为储放礼器、乐器、生活用品及珍宝的库房，藏品数量达500多件，在一个小圆漆盒中保存了26克酷似红海地区出产的乳香树脂类物质。木香最早记载于东汉《神农本草经》，属菊科植物。东晋葛洪《西京杂记·赵昭仪遗飞燕书》记载赵合德进献给赵飞燕的礼品单中有沉香和青木香："赵飞燕为皇后，其女弟在昭阳殿，遗飞燕书曰：'今日嘉辰，贵姊懋膺洪册，谨上襚三十五条，以陈踊跃之心：金华紫轮帽，金华紫罗面衣……青木香，沈水香'"。东方朔的《海内十洲记》记载西域月氏国王的使臣曾向汉武帝进贡返魂香："聚窟洲在西海中……洲上有大山，形似人鸟之象，因名之为人鸟山。山多大树，与枫木相类，而花叶香闻数百里，名为反魂树……伐其木根心，于玉釜中煮，取汁，更微火煎，如黑饧状，令可丸之，名曰惊精香……征和三年，武帝幸安定，西胡月支国王遣使献香四两，大如雀卵，黑如桑椹。"汉郭宪的《汉武帝别国洞冥记》卷一记载都夷香："都夷香如枣核，食一片则历月不饥。"《汉武帝别国洞冥记》卷一记载神精香："波祇国，亦名波弋国。献神精香草，亦名荃糜，亦名春芜。"汉郭宪的《汉武帝别国洞冥记》卷二记载汉武帝时的天下异香有沉光香、精祇香、明庭香、金磾香、涂魂香："元封中，起方山像，招诸灵异，召东方朔言其秘奥。乃烧天下异香，有沉光香、精祇香、明庭香、金磾香、涂魂香，外国所贡青楂之灯。"汉郭宪的《汉武帝别国洞冥记》卷三记载汉武帝在望皓台西边修建了俯月台，台下凿池，名为影娥池，池北有女香树：

"有女香树，细枝叶，妇人带之，香终年不减"。汉郭宪的《汉武帝别国洞冥记》卷三记载汉武帝坐的席子上，洒有一种名为"明天发日之香"的树脂香："帝舒暗海玄落之席，散明天发日之香，香出胥池寒国。"《汉武故事》记载汉武帝迎接西王母时烧兜末香："王母遣使谓帝曰：'七月七日我当暂来。'帝至日，扫宫内，然九华灯……上乃施帷帐，烧兜末香，香，兜渠国所献也，香如大豆，涂宫门，闻数百里。"据《汉武故事》描述钩弋夫人死后出殡时，香闻十余里："（钩弋夫人）言终而卧，遂卒。既殡，香闻十里余，因葬云陵。"《汉武故事》记载汉武帝死后埋葬茂陵时，有异常的芳香之气弥漫在坟墓周围，像大雾一样："（汉武帝死）葬茂陵，芳香之气异常，积于坟埏之间，如大雾。"《太平御览·香部一》之"香"条引任昉《述异记》曰："汉雍仲子进南海香物，拜为涪阳尉，时人谓之香尉。"

温翠芳指出西汉时期有确定名称的香仅有乳香、木香、沉香、青木香4种，其他如返魂香、兜末香均需经过考证推定，还有些香如沉光香、明天发日之香等皆不可考。陈连庆指出《海内十洲记》（旧题汉东方朔撰，但书中已引卫叔卿事，则当在葛洪《神仙传》之后）、《汉武故事》（旧题汉班固撰，唐人张柬之以为出于南齐王俭）、《洞冥记》（旧题汉郭宪撰，但词句缛丽，迥异东京，或六朝人依托）、《述异记》（旧题梁任昉撰，而中有唐人语）、《西京杂记》（旧题晋葛洪撰，庾信谓出于吴均）等书，记录香料故事，往往追溯到汉武帝，但荒诞无稽者居多，可信者绝少。由此可见，西汉时期记载的外来香料种类虽多，可信可考者却很少。正如陈连庆所言，西汉时期为香料输入的酝酿阶段。

东汉经营西域，虽经历了三通三绝，但从史料记载来看，东汉与西域各国之间的朝贡贸易是很密切且频繁的。《后汉书·西域传》记载和帝永元六年班超再通西域之后，"五十余国悉纳质内属。其条支、安息诸国至于海濒四万里外，皆重译贡献……远国蒙奇、兜勒皆来归服，遣使贡献"。天竺国于汉和帝、汉桓帝时都曾频繁朝贡："和帝时，数遣使贡献，后西域反叛，乃绝。至桓帝延熹二年、四年，频从日南徼外来献。"（《后汉书·卷八十八·西域传》）大秦国于汉桓帝延熹九年（166），曾向东汉王朝朝贡："至桓帝延熹九年，大秦王安敦遣使自日南徼外献象牙、犀角、瑇瑁。”（《后汉书·卷八十八·西域传》）香料是西域南海的产物，故西域诸国朝贡的贡品中应该不乏香药。汉《乐府·古辞》云：“行胡从何方，列国持何来。氍毹毾㲪五木香，迷迭艾蒳及都梁。”（《乐府诗集·卷七十七·乐府古辞》）由此可知，东汉时期胡人行商已深入内地从事民间香料贸易。在繁荣的朝贡贸易与民间贸易活动的推动下，东汉时期输入中国的外来香药大大增加。东汉时期外来香药被首次载入了正史中，典章制度类史料中也记载了外来香药，说明这一时期的香料记载不仅丰富明确，也更加翔实可靠。

据温翠芳整理，史料文献中记载的东汉时期的外来香药有：苏合香、胡椒、鸡舌香、甲香、枸橼、木蜜（蜜香）（即沉香）、藿香、郁金香、迷迭香、艾纳香、檀香、薰陆香（即乳香）、茵墀香。

汉文史料中最早提到苏合香的是班固的《与弟超书》，书信中记载东汉的外戚窦宪用价同黄金的丝绸，换购大月氏的苏合香：“窦侍中令载杂彩七百匹，市月氏苏合香。”（《太平御览》卷九百八十二“香部二”之“苏合”条）西晋秘书监司马彪的《续汉书》说苏合香是大秦所产，“大秦国，合诸香煎其汁，谓之苏合”（《太平御览》卷九百八十二“香部二”之“苏合”条）。温翠芳指出输入东汉的苏合香恐怕是大秦国人（罗马人）将各种香树脂混合煎制而成，冒充流质苏合香卖给东汉人。汉文史料中最早记载胡椒的是司马彪的《续汉书》：“天竺国出石蜜、胡椒、黑盐。”（《太平御览》卷九百五十八“木部七”之“椒”条）鸡舌香是桃金娘科植物丁香树的果实，常被东汉时代的皇帝和高官们用来清新口气。应劭于《汉官仪》中记载汉桓帝曾赐给侍中刁存鸡舌香以治疗其口臭：“桓帝侍中刁存，年老口臭，上出鸡舌香与含之。”（《太平御览》卷九百八十一“香部一”之“鸡舌”条）甲香是动物类的天然香。后汉议郎杨孚撰《交州异物志》云：“假猪螺，日南有之，厌为甲香。”（《太平御览》卷九百四十一“鳞介部一三”之“螺”条）早在东汉时代，国人已知枸橼的果皮中有香，《齐民要术》卷十引《异物志》云：“枸橼，似橘，大如饭筥。皮有香，味不美。”《隋书》卷三十三《经籍志》云：“《异物志》一卷，后汉议郎杨孚撰。”沉香，《异物志》云：“木蜜香，名曰香树，生千岁，根本甚大。先伐僵之，四五岁乃往看。岁月久，树根恶者腐败；惟中节坚贞，芬香独在耳。"后汉议郎杨孚所撰《交州异物志》云："蜜香，欲取，先断其根。经年，外皮烂，中心及节坚黑者，置水中则沉，是谓'沉香'；次有置水中不沉与水面平者，名'栈香'；其最小粗者，名曰'暂香'。""木蜜"和"蜜香"的取香方法一致，说明"木蜜"或"蜜香"就是沉香树。藿香，《异物志》云："藿香，交趾有之。"《通典·边防典》第四卷"南蛮下"云："顿逊国……出藿香，插枝便生，叶如都梁，以裹衣。"温翠芳指出此处记载的藿香，是靠插枝繁殖的，与现在遍布我国南北靠种子繁殖的藿香不同，而与广藿香相符，汉唐时代的藿香指的是从南海诸国进口的广藿香。朱穆作《郁金赋》称赞郁金香花朵可以"比光荣于秋菊，齐英茂乎春松"可见东汉时代皇宫中已开始种植郁金香。温翠芳综合多位学者观点指出中古时期的郁金香与今日用于观赏的百合科郁金香不同，而是指鸢尾科的番红花，亦称藏红花。汉《乐府·古辞》云："行胡从何方，列国持何来。氍毹氈五木香，迷迭艾蒳及都梁"（《乐府诗集·卷七十七·乐府古辞》）。其中提到迷迭香、艾纳香、五木香。学者温翠芳认为东晋俞益期信中的观点反映汉晋时期人们对五木香的看法，即"五木香"为檀香、沉香、鸡舌香、藿香、薰陆香，既然汉乐府古辞中就提到行胡将"五木香"卖到中土，则说明东汉时期檀香、沉香、鸡舌香、藿香、薰陆香已经输入中土。薰陆香即乳香，据《诸蕃志》卷下记载："乳香一名薰陆香，出大食之麻囉拔、施曷、奴发三国深山穷谷中。"《拾遗记》卷六《后汉》云："灵帝初平三年，游于西园。起裸游馆千间……西域所献茵墀香，煮以为汤，宫人以之浴浣毕，使以余汁入渠，名曰'流香渠'。"

与西汉时期进口的植物香相比，东汉时期进口植物香的种类大大增加。西汉时期有确定名称的香仅有乳香、木香、沉香、青木香 4 种，而东汉时期进口的香除茵墀香外，其余 12 种植物香均有确定名称，且在后世香药贸易中占据重要地位。

三国时期，罗马商人与曹魏政权之间的贸易很活跃。大秦国的使者或商人，为曹魏政权带来众多的外来香药。鱼豢《魏略》在《西戎传》中介绍了大秦的 12 种香。这一时期的一些史料记载亦可反映外来香料的输入情况。曹操早年崇尚节俭，禁止焚烧进口香，后因与汉室通婚，不得松动关于进口香的禁令:"昔天下初定,吾便禁家内不得香薰。后诸女配国家,为其香,因此得烧香。吾不好烧香,恨不遂所禁。今复禁,不得烧香。其以香藏衣著身亦不得。"(《太平御览》卷九百八十一"香部一"之"香"条)后来曹操进位为魏王之后,进口香的禁令彻底作废,其自己也开始使用进口香。《全三国文》卷三"曹操《遗令》"记载曹操在遗嘱中特别提到分香卖履:"余香可分与诸夫人,不命祭,诸舍中无所为,可学作组履卖也。"可见香在曹操心目中的地位极重,也说明曹操平时所用的香应当是价值不菲的进口香。曹植的《乐府·妾薄命行一首》云:"御巾裹粉君傍,中有霍纳都梁,鸡舌五味杂香"(《玉台新咏笺注》卷九)。由此可见,魏武帝曹操所用的进口香极可能就是霍香、艾纳香、鸡舌香等进口香。并且曹操把香料作为改善人际关系的礼物,《全三国文》卷三《与诸葛亮书》:"今奉鸡舌香五斤,以表微意。"

同时,盛产香药的南海诸国与孙吴政权之间存在密切的贸易互动。《太平御览》卷六百二十七《治道部八·赋敛》引《江表传》云:"魏文帝遣使求雀头香、大明珠、象牙、犀角、玳瑁、孔雀、翡翠、斗鸭、长鸣鸡。"魏文帝曹丕向孙权求雀头香说明孙吴政权控制了较多的进口香。《三国志》卷四十九《吴书四·士燮传》记载交州刺史士燮向孙权进贡:"燮每遣使诣权,致杂香细葛,辄以千数。"《梁书》卷五十四《诸夷传》记载了孙权曾派遣朱应和康泰出使南海诸国:"海南诸国……其徼外诸国,自武帝以来皆朝贡。后汉桓帝世,大秦、天竺皆由此道遣使贡献。及吴孙权时,遣宣化从事朱应、中郎康泰通焉。其所经及传闻,则有百数十国,因立记传。"这些史料体现了孙吴政权与南海诸国之间存在密切的贸易互动。康泰出访归来后,写了《吴时外国传》和《扶南土俗》。此外,孙吴的万震还写了《南州异物志》。类书中所引康泰的《吴时外国传》、万震的《南州异物志》的残帙,尚保存二十余国的记事,有关香料的也不下七八条。这些正史或地质类史料中的记载翔实可信,可见与东汉时期相比,三国时期关于外来香药的记载更加丰富、详细。

据温翠芳整理,史料文献中记载的三国时期的外来香药有:微木香、苏合香、狄提香、迷迭香、兜纳香、白附子香、薰陆香、郁金香、芸香、胶香、薰草香、木香、雀头香、沉香、鸡舌香、霍香、豆蔻、甲香、流黄香、艾纳香、百濯香。与东汉时期相比，三国时期进口的香药种类有了大幅度的增加。除去成分不明的香品茵墀香与百濯香外，东汉时期共进口植物香 10 种，三国时期共进口植物香 18 种。微木香、狄提香、雀头香、兜纳香、白附子香、芸香、胶香、薰草、豆蔻、流黄香等均为三国时期新增进口香药种类。

三国时魏人鱼豢《魏略·西戎传》云："大秦国一号犁轩，在安息、条支西大海之西……一微木、二苏合、狄提、迷迷、兜纳、白附子、薰陆、郁金、芸胶、薰草木十二种香。"（《三国志》卷三十《魏书》裴注部分）温翠芳指出根据《三国志》卷三十《魏书》裴注部分的标点，大秦国所出的香只有 10 种，并没有 12 种。其同意陈连庆先生将"薰草木"看作是薰草香和木香的观点，却不同意陈先生认为之所以只有 11 种香可能是因为"传写当中失落了一种香"的观点。她认为的确有 12 种香，"芸胶"是两种香，即芸香和胶香。12 种香中，微木香、狄提香、芸香、胶香究竟是何种物质仍存在争议。陈连庆考证微木香为没药的别名，温翠芳推测其为域外的一种叫"薇"的植物。陈连庆未对狄提香进行考证，温翠芳则推测考证其极可能指来自西域的香附子。陈连庆认为芸胶即安息香，《广志》："芸胶，有安息胶，有黑胶。"（《太平御览》卷九百八十二"香部二"之"芸香"条）《魏略》："大秦出芸胶。"（《太平御览》卷九百八十二"香部二"之"芸香"条）而温翠芳认为陈连庆之所以认为芸胶是安息香，是受了郭义恭的《广志》影响，因而未能注意到关于"芸香"的丰富史料。其认为芸香的资料异常丰富，故不能将芸香和胶香捆绑在一起进行考证，并且推测胶香为白胶香。苏敬《新修本草》木部上品卷十二"枫香脂"条："枫香脂，一名白胶香，味辛、苦，平，无毒。"苏合香，《太平御览》卷三百五十九"兵部九"之"防汗"条记载投降曹魏的蜀将孟达曾进献给诸葛亮苏合香，希望再回到蜀汉："孟达将蜀兵数百降魏……太和元年，诸葛亮从成都到汉中，达又欲应亮。遗亮玉玦、织成、障汗、苏合香。"迷迭香，汉代已输入中国，《魏略·西戎传》记作"迷迷"，《太平御览》卷九百八十二"香部二"之"迷迭"条引《魏略》："大秦迷迭。"可见迷迷是迷迭之形误。温翠芳根据兜纳香"主恶疮肿瘘，止痛，生肌"的关键性功能，认为其功效与没药颇为相似，并且考证兜纳香、兜末香是同一种香，即北朝隋唐时代的没药。白附子香，陶弘景的《本草经集注》卷五"草木下品"之"白附子"条："生蜀郡。三月采。此物乃言出芮芮，久绝，世无复真者，今人乃作之献用。"唐苏敬《新修本草》草部下品之下卷"白附子"条："〔谨案〕此物，本出高丽，今出凉州以西，形似天雄，《本经》出蜀郡，今不复有。凉州者，生沙中，独茎，似鼠尾草，叶生穗间。"温翠芳分析指出白附子的相关记载表明三国到南朝萧梁时期，曾有一种进口的白附子，三国时由大秦（罗马）人输入，之后又从北方少数民族柔然（芮芮）输入，但是这种进口的白附子后来绝迹了，再也没有进口的货真价实的白附子了，所以南朝萧梁时代的人便用四川产的白附子作为进口白附子的替代品。并且认为唐本草对白附子形态的记载与快乐鼠尾草极其符合。薰陆香，《南州异物志》："薰陆香，出大秦国，云在海边，自有大树生于沙中，盛夏时树胶流涉沙上，状如桃胶。夷人采取，卖于人。"郁金香，孙吴时期万震《南州异物志》："郁金者，出罽宾国。国人种之，先取上佛，积日萎槁，乃载去之。然后取郁金，色正黄细，与芙蓉华里被莲者相似。可以香酒。"（《太平御览》卷九百八十一"香部一"之"郁金"条）薰草香，《本草拾遗》草部卷第三"零陵香"条："味甘，平，无毒……生零陵山谷，叶如罗勒。《南越志》名燕草，又名薰草，即香草也。《山海经》云：薰草，麻叶方茎，气如蘪芜可以止疠，即零陵香也。地名零陵，故以地为名。"《魏略》："大秦出薰草。"（《太平御览》卷九百八十三"香部三"之"薰香"条）温翠芳指出史料文献中有两种薰草，一种是中国土生的，还有一种是外来的，其考证罗马人输入到曹魏的零陵香，既有可能是夹竹桃科的多揭罗香，也有可能是唇形科的圣罗勒。木香，陈连庆认为大秦人输入的木香应该是青木香。温翠芳同意陈连庆的观点，其指出中古时代本草书籍中的"木香"通常指两种植物：一种是菊科植物木香的干燥根木香，另一种是马兜铃科植物马兜铃的干燥根青木香。史料中所出现的"木香"需根据药品的性状和植物形态来判别其究竟为菊科植物的根还是马兜铃科植物的根。《南州异物志》："青木香，出天竺，是草根，状如甘草。"（《太平御览》卷九百八十二"香部二"之"青木条"）可见三国时代从印度进口的青木香应当是马兜铃科植物马兜铃的干燥根。雀头香，《江表传》："魏文帝遣使于吴，求雀头香。"(《太平御览》卷九百八十一"香部一"之"雀头"条）唐人苏敬《新修本草》草部中品之下卷第九"莎草根"云："〔谨按〕此草，根名香附子，一名雀头香……交州者最胜……荆襄人谓之莎草根，合和香用之。"由此可见，雀头香即香附子，也叫莎草根，交州进口的最好。沉香，孙吴时期万震的《南州异物志》："沉水香，出日南。欲取，当先斫坏树，著地积久，外皮朽烂，其心至坚者，置水则沉，名沉香。其次在心白之间，不甚坚精，置之死暑，不沉不浮，与水面平者，名曰栈香。其最小粗白者，名曰𥖖香。"(《太平御览》卷九百八十二"香部二"之"沉香条"）鸡舌香，康泰的《吴时外国传》："五马洲，出鸡舌香。"(《太平御览》卷九百八十一"香部一"之"鸡舌"条）藿香，万震的《南州异物志》："藿香生曲逊国，属扶风，香形如都梁，可以着衣服中。"(《太平御览》卷九百八十二"香部二"之"藿香"条）据晋人环济的《吴地记》记载三国时期吴地已有豆蔻："黄初三年，魏来求豆蔻。"(《太平御览》卷九百七十一"果部八"之"豆蔻"条）流黄香，孙吴时期康泰的《吴时外国传》："流黄香出都昆国，在扶南南三千余里。"(《太平御览》卷九百八十二"香部二"之"流黄"条）温翠芳考证中古时代的流黄香应该即宋代以后的金颜香。

综上所述，与东汉时期相比，三国时期进口的香药种类有了大幅度的增加。外来香药的产地为西域及南海诸国，通过朝贡贸易与民间贸易的方式输入中土。

与三国时期相比，西晋时期的外来香料种类没有明显的新的品类的增加。值得注意的是，这一时期藤本类香料如胡椒、荜茇的使用量增加了，说明西晋时期的饮食文化受到胡风影响，饮食中加香的趋势日益增强。此外，正史与笔记小说中关于上层社会用香的细节有了更多的描述，可见用香在上层社会变得普遍起来，也体现西晋社会对奢侈品进口香的追崇。石崇是西晋门阀士族中奢侈用香的代表人物。《世说新语·汰侈》记载石崇在家用厕所内放置固体状的甲煎粉："石崇厕，常有十余婢侍列，皆丽服藻饰。置甲煎粉、沉香汁之属，无不毕备。"

东晋十六国时期是一个分裂时期，进入中原的各少数民族所建立的政权忽起忽灭，统治者经历着胜败无常、生死无常的严峻考验，而人民的生活也因统治者的残暴统治而充满了灾难与痛苦，都开始崇信佛教，想从佛教中获得希望。《晋书》卷九十五《佛图澄传》记载后赵石虎时期许多官员和百姓，因为崇拜佛图澄而信佛，并到寺院礼拜烧香："百姓因澄故多奉佛，皆营造寺庙，相竞出家。"《高僧传》卷九《晋邺中竺佛图澄》记载，在佛图澄的影响下，后赵国内的百姓多信佛教，追随佛图澄受学的门徒，常有数百人；前后所收弟子，累计达万人，后赵国内所立佛寺达893所："受业追游，常有数百，前后门徒，几且一万。所历州郡，兴立佛寺八百九十三所，弘法之盛，莫与先矣。"可见十六国时期的佛教达到空前兴盛的状况。佛教的兴盛导致外来香药消费人群的下移，社会下层的普通百姓因佛教信仰而焚香。烧香是佛教最基本的礼佛仪式，因此东晋时期香的使用量明显增多。学者温翠芳就指出东晋十六国时期，进口沉香种类的增多，应当与佛教的兴起有关。佛经认为，诸根香中，沉香第一。佛教徒们烧香礼拜时要使用沉香。栈香的出现，不仅说明焚香的用量加大，也说明消费阶层的下移，最上乘的沉香不敷使用，才会有较次等级的栈蜜香出现，栈香品质较次，价格也更为便宜，老百姓用得起。

古代异域香料的传入，正如陈连庆所概括的，大体经历了三个阶段：酝酿阶段——西汉；萌芽阶段——东汉；正式输入阶段——魏晋。西汉至东汉时期，进口香药的种类稳步增加，到三国时期达到一个小高峰。西晋由于末年大规模内乱进口香药种类无明显变化，甚至相关记载锐减，到东晋时期逐步恢复并得到长足的发展。陈连庆指出晋代郭义恭《广志》广泛记载西域南海的香料，后世有名的品种，几乎全都囊括在内，后世著作虽然记述逐渐加详，而大体不出它的范围。可以说魏晋之后香料贸易不再神秘，并且日渐繁荣发展。外来香料被广泛地应用于人们的日常生活，熏衣佩戴，烧香礼佛，清新口气，治病救人。

第二节　中国古代香文化对外传播

中国古代香文化，犹如一条历史长河，源远流长，深深烙印在中国历史的篇章中。它既是人们宗教信仰的一种独特表达，又是不同文明之间交流与融合的桥梁。在古代多元文化的交融中，香文化扮演着不可或缺的角色。从古至今，香文化对外传播的方式多种多样，包括人员往来、贸易、宗教等。由于人类对物质利益的追求，使得香料商业贸易成为香文化传播的主要途径，也是文化传播中最具活力的形式之一。例如著名的丝绸之路，这条连接东西方的商贸大道，不仅是丝绸、瓷器的交易之路，更是香料和香文化的传播之路。丝绸之路上的异国商人和旅行者将香料、香品及香料加工技术等带回了自己的国家，使香文化渗透到亚洲、欧洲乃至其他地区，被当地民众接纳并融入日常生活，甚至发展出各自的特色，对于各国文化交流和友谊建立有着深远的影响。

一、汉晋时期：初传异国

汉晋时期，随着疆域的扩大和交通的发展，陆上丝绸之路和海上丝绸之路形成，长途贩运贸易开始兴起，中国古代的香料和香具被交易到许多国家，中国古代香文化也在当地逐渐被接纳和发扬光大。

礼神祭祖是东北亚地区传统文化和美德，而香炉是祭祀活动的重要礼器。香炉在中国汉代就已经广泛普及，且品类多种多样，如博山香炉。在公元前的汉代，博山香炉已经传播到朝鲜半岛。百济（今位于韩国境内）在泗沘时期与中国的南朝交流来往活跃，大力吸收了南朝的先进文化，根据当时在中国流行的香炉样式，创制了作为韩国国宝级的文物——百济金铜大香炉。此外，高句丽壁画墓中的博山香炉、统一新罗时期的置香炉及圣德大王神钟上雕刻的飞天手持柄香炉等，其外观形制也多与我国汉代至魏晋南北朝时期的金属香炉颇为相似。汉代的熏炉甚至还传入了东南亚，在印尼苏门答腊就曾发现刻有西汉"初元四年"字样的陶炉。

在西南边疆地区，独特的自然地理条件为草本芳香植物和麝等珍稀动物的生长提供了理想环境。西藏、陕西、甘肃、青海、宁夏、古益州、云南、贵州及广西等地盛产麝及麝香，为促进麝香贸易发展，形成了交换麝香的"麝香之路"。麝香提取自雄性鹿科动物，比如林麝、马麝或原麝的腹部下方位于肚脐和生殖器之间的生长腺体及香囊中。公元1世纪，罗马帝国通过"麝香之路"经昌都—拉萨—阿里—西亚一线运走西藏、古益州等地盛产的珍贵的麝香。波斯、阿拉伯地区最早对麝香的认知可以追溯到公元5世纪以前。根据亨利玉尔《古代中国闻见录》所述，公元440年以后不久，亚美尼亚史学家摩西的《史记》中已提到中国"产丝甚旺，……又产麝香、红花、棉花、孔雀"。亨利玉尔指出，摩西或许是取材于更早的著作家而写成此书。由此可以推测，虽然波斯人对麝香的记述在文献中较晚出现，但从摩西《史记》和中国《旧唐书》的记载看来，可以肯定萨珊时期的波斯已经获得并使用麝香，而且很可能是产自中国的麝香。

二、隋唐时期：风靡四海

在隋唐时期，中国国力强盛，交通发达，通过陆上和海上丝绸之路向周边国家运输了很多香料。唐代海上贸易繁盛，与陆上丝绸之路交相辉映。佛教在唐代发展兴盛，在佛教各种仪式和活动中，香料几乎无处不在，这对香文化的发展起到了重要的推动作用。

香道是日本的一种传统艺术，与花道、茶道并称日本的"雅道"。公元 6 世纪，香木随着佛教的传播，从中国漂洋过海来到了日本，日本香道文化逐渐发展起来，成为一种独特的艺术形式（图 5 - 1）。麝香是中国本土香料之一。唐朝时期，中国是日本引进麝香等香料的重要来源地之一。

图 5 - 1　香道用具

此时中日文化交流兴盛，日本向唐朝派出遣唐使，唐代的鉴真和尚也几次东渡日本，为其带去了佛教文化和香文化，对中日文化交流起到了积极的作用。《东征传》中记载，鉴真东渡所带香料"麝香二十剂，沉香、甲香、甘松香、龙脑香、胆唐香、安息香、栈香、零陵香、青木香、薰陆香都有六百余斤"。甲香、龙脑香、安息香等香料，多来自域外，传入中国后，又被鉴真等人传至日本、韩国等国家或地区。同时，香品的使用方法，合香、隔火熏香等香艺技术也随之传播到日本。

麝香传入波斯、阿拉伯等地后，麝香的香味作用得到极大的重视。当地的富裕家庭中，麝香成为他们烹调菜肴的重要调料之一。麝香还尤其受到波斯妇女的欢迎，她们喜欢在秀发中喷洒麝香，以达到现代香水的效果。同样作为中国本土香料的樟脑，则与麝香有明显的区别。在药理上，二者是相克的，功效也相反。在颜色上，麝香为黑色，樟脑为白色；在药性上，麝香有兴奋作用，而樟脑有镇静作用。早在公元初的几个世纪，中国人就已经能够通过蒸馏而获取樟脑，再通过升华而净化樟脑，还拥有专业的生产仪器。相比于印度人、波斯人和拜占庭人，中国在这方面的知识和技术领先了许多。公元6世纪，随着陆上丝绸之路的繁荣，中国的樟脑开始跨越千山万水，源源不断地流入萨珊波斯。樟脑因其独特的药用价值和浓郁的香气，迅速在萨珊波斯的制药业和香料行业中风靡开来。

在公元7世纪，中原地区的丝绸、茶叶、香料等商品通过麝香之路进入雪域高原地区。由于边疆地区环境恶劣，气候条件差，人们经常受到瘟疫、疾病、传染病等疫情的困扰。为了应对这些困扰，人们开始使用香料熬制汤药，或将其焚烧以祛除疾病，并高度地重视和应用香料的药理作用。在采集、培育、运输和使用麝香的过程中，香文化也得以进一步传播。麝香最早被认为产自印度，最晚到9世纪中期，阿拉伯人已经认识到麝香产自吐蕃和中国，黑衣大食的宫廷御医伊本·马萨瓦在他的文章《基本的香料》中明确记载了麝香，他将麝香列为五种主要香料之首（其他四种是龙涎香、芦荟、樟脑和藏红花），并详细介绍了麝香的产地、贸易路线：麝香，根据其品质优劣有很多种……还有中国麝香，由于在海上贮存的时间较长，故其品质劣于印度麝香。也有可能其优劣差别是由于最初的产地不同之故。

三、宋元时期：海外传播

到了宋代，中国封建社会的政治和经济都进入到了一个空前的高峰时期，香文化扩展到普通百姓之中，随着儒道佛三教对用香的提倡，民间焚香用香之风日渐兴盛。人口迁移也为许多国家带去了中国香文化。而得益于商品经济的发展和指南针的应用，宋代航海贸易亦逐渐发达，香文化随之漂洋过海，在海外落地开花。

香料和香艺技术在日本的影响力逐渐提升。日本平安时代的医药典籍《本草和名》及《医心方·诸药和名》中所收录的"麝香"，如果是日本所产就在药名（汉名）后标注其日语名称（即"和名"）和日本产地；如果是从唐朝输入则在其后标注"唐"字。而据平安时代中期的文学作品《新猿乐记》记载，商人"八郎真人"所交易的物品中，也包括了被称为"唐物"（即唐朝所产之物）的麝香等药材。日本奈良正仓院现仍完整保存21箱60种药材，有麝香、犀角、龙骨、肉苁蓉、大黄、甘草、芒硝等，这些药材见证了两国之间的深厚友谊和交流历史。如今日本还在沿袭中国古人"净心契道，品评审美、励志翰文、调和身心"的香习活动的四种品德。在日本的镰仓时期，日本深受中华文化影响，开始效仿我国由自然香转为熏香的流行趋势，在武士出征前，将沉香缝入盔甲内，用以提神醒脑。紫式部的《源氏物语》中也多次提及熏香盛会，还描绘了贵族男女们用香熏衣、调制独特香型的场景，充分说明了中国香文化在日本的传播之广和影响之深。

宋朝与高丽交流频繁，香料作为文化交流的一部分，频繁地在两国间流动。据《高丽史》记载，高丽向宋派遣使臣献方物19次，宋出使高丽15次，在贡使贸易和回赐贸易中，香也随之大量流入高丽。高丽文宗三十三年（1079年），文宗患风痹症，上表宋神宗言高丽"国医寡术而功迟，药不灵而力薄"，向宋请求医疗支援，随后宋遣王舜封、邢慥、朱道能、沈绅、邵化及等八十八人入高丽，并赐药一百种，其中有琼州沉香、广州木香、广州丁香、西戎安息香、广州肉豆蔻、广州没药、广州藿香、龙脑八十两、麝香五十剂等，进一步推动了香文化的传播。

人员流动也促进了香文化的对外传播。自宋元时期开始，随着海上丝绸之路的繁荣，移居东南亚的华商数量不断增加。早期华侨华人主要通过海路移居东南亚，由于当时航海技术不发达，能否顺利到达往往只能听天由命。所以他们往往会携带神像，祈求神明保佑，到达目的地之后，他们会进一步信神、敬神，并以分身、焚香等方式把中国宗教文化和香文化在当地传播开来。元朝时期，中国也有一些香料与药物输入东南亚。元贞元年（1295年），周达观随元使团出访真腊（今柬埔寨），回国后据其所见所闻撰成《真腊风土记》，并在书中"欲得唐货"篇章里记载有檀香、草芎、白芷、麝香等，说明真腊对中国香料有不少需求。

宋代的航海技术得到了空前的发展，使得南方的"海上丝绸之路"比唐代更为繁荣。这一时期，商船规模庞大、数量繁多，为远洋贸易提供了强大的支撑。巨大的商船把南亚和欧洲的乳香、龙脑、沉香、苏合香等多种香料运抵东南沿海港口，再将这些香料转运到内地的各个城市，同时将麝香等中国盛产的香料运往南亚和欧洲，不仅满足了海外市场的需求，也为国内市场带来了巨大的经济效益。

四、明清时期：药香四溢

宋元香文化的繁荣在明清时期得到了全面保持并有稳步发展，社会上的用香风气更加浓厚。海外贸易有进一步发展，还出现了香市。而西方传教士来华传教后，也为欧洲带回了香药文化。

永乐至宣德年间（1405—1433年），郑和率领两万余人的庞大船队七次远航驶向海外，沿途用人参、麝香、金银、茶叶、丝帛、瓷器等物开展广泛的国际贸易，换回胡椒、檀香、龙脑、乳香、木香、安息香、没药、苏合香等异域特产。这些香药除供宫廷使用，大部分都被销往各地，带来了可观的国家收入，同时也极大地促进了香文化的海外传播。

东莞寮步镇盛产莞香，是著名香市。莞香具有多方面的价值，树脂可制成香料或供药用，木材可制线香和香扇，树皮可用来造纸，种子富含油脂，供工业用。在明万历年间（1573—1620年），寮步镇弥漫着莞香的香味。无数的莞香从东莞运至香港，再从香港分散到东南亚乃至世界各国，莞香因而得以和茶叶、陶瓷等成为同期出口海外的名贵货物。每当腊月，各地的商人都会来到寮步镇，从香农手中购买莞香。他们会在寮步码头用大小不一的木船和艇仔将香木成品装满，然后经过东江口，运往石排湾（今香港岛）码头。在石排湾码头，商人会对莞香进行包装和加工，然后将其运往广州、苏杭、京师等地，甚至远至南洋、日本、阿拉伯等地区，将莞香文化传播到了世界各地。这使得寮步香市在明清时期成为世界莞香生产和贸易的中心，为广东东莞带来了巨大的经济和文化效益，香港也因莞香而得名。

1645 年波兰耶稣会士卜弥格来中国传教，后向欧洲介绍中国本草的使用情况，其中有不少香药。爱德华·卡伊丹斯基赞扬他是向欧洲介绍中医中药的第一人。卜弥格在《中国植物志》中介绍了 21 种中国或亚洲的植物和 8 种中国的动物，图上标有中国名称，并附有 23 幅插图。例如：香树，"中国人叫它胡椒，认为它主要生长在云南和属于中华帝国的一些岛上，而首先是生长在爪哇岛和婆罗洲 Borneo 上……长胡椒可作药用，治眼病，消毒……黑胡椒的叶子如果放在植物油中炸一下，可用来治食道里的病和肠道里的寒病……胡椒是一种温性的药，它利尿，助消化、明目，还能治一些很厉害的病……将它和花蜜一起吃下去，还能治咳嗽，和桂树的叶子一起吃下去，能止呕吐，和醋一起吃下去，能消除化肿，治脾病，和葡萄一起吃下去，能祛痰"。桂树皮，"中国人称它桂皮，生长在广东、广西和东京，但是最好的桂皮树生长在锡兰岛上……它的果实里有一种香脂，有月桂的香味……这种花可治胃痛和胃部膨胀，利尿，对心、肝、脾、神经和脑的劳动强度起调节作用，也能够有效地抗毒和防治蛇咬伤，增进食欲和防治多种传染病，用它的果实可以做一种治感冒和烫伤的药膏。桂皮有一种好闻的香味，把它碾成的粉末放在水里煮过后，也可用治蛇咬伤，消除肾的发热，缓解肾痛"。麝香，"中国人把麝香用在医疗上，认为它能催产，缓解分娩时的痛苦，消除咳嗽时胸部的不良反应，防止恶性的病变，这都见之于中国的药书和医药辞典上"。

中国明朝时曾封琉球岛统治者为琉球王。因地理、政治、经济、文化等原因，福建与琉球的医药交流频繁、形式多样。乾隆三十二年（1767年），琉球使者马维章带回琉球货物的报关清单中的中药材，就有白苎麻5 500 斤、银朱 7 100 斤、胡椒 4 850 斤、砂仁 11 100 斤、广木香 30 斤、苏木 500 斤，还有沉香、速香、安息香等香料药材，促进了香文化在琉球的传播发展。

总之，中国古代香文化作为一种独特的文化符号，有着无可替代的价值。中国古代香文化是中国文化的重要组成部分，也是中华民族宝贵的文化遗产。中国古代香文化的对外传播，不仅是物质的交换，更是精神的交融，使世界各地的人们能共同分享香文化的美好与神奇，并推动不同文化之间的了解与合作，促进世界和平与繁荣。

第三节　现代香文化国际交流

香文化是一门悠久的艺术形式，从古老的中国熏香艺术，到印度的香料贸易，再到西方的香水制作，现代香文化正以前所未有的方式在世界各地交织、碰撞。在全球化的今天，国际香文化交流活动日益频繁，各种香艺节、研讨会和展览会在全球各地举行，为人们提供了了解不同香料、香制技艺和香道文化的平台。香文化正以前所未有的速度跨越国界，成为一种国际性的文化交流媒介，促进不同国家之间的文化互动和沟通，增进友谊，推动全球文化的多元发展。

一、香文化传承人：香文化交流的桥梁与纽带

香文化传承人是香道艺术的活化石。他们深入研究各种香料的历史、制作工艺和使用方法，将千年的香道智慧薪火相传。他们在实践中不断探索，将香文化的精神内涵以创新的方式呈现出来，使得香道艺术在国际舞台上焕发出新的生命力。

甘肃省庆阳肖金镇，是历史上丝绸之路文化古镇之一，孕育了丰富的民俗文化，其中香包刺绣被中国民俗学会命名为"庆阳五绝"之一。从2002 年开始，庆阳市每年在端阳节期间举办"中国·庆阳香包民俗文化节"。2006 年，庆阳香包绣制被列入第一批国家级非物质文化遗产名录。在这个传承保护的过程中，庆阳香包绣制省级传承人刘兰芳发挥了重要的作用。她始终坚持对香包绣制技艺原生态价值的保护与发展，致力于保护庆阳香包绣制文化遗产的本真性、完整性和核心技艺。刘兰芳收集和保护了庆阳近万件精品香包刺绣，深入研究传统香包绣制针法，整理、摹绘了

300多种手工香包的传统刺绣图案和造型纹样，并根据现代审美需求，设计出既古老又有现代时尚特色的庆阳香包，为庆阳文化的传播发挥了重要作用。除了在国内推广庆阳香包民俗文化，刘兰芳还多次赴海外宣传，足迹遍布美国、加拿大、白俄罗斯、埃及、意大利等国家。她积极组织开展香包、刺绣、剪纸等民俗项目的对流及技能培训，提升了香包刺绣等民俗文化产品从业人员的技能和素质，确保了产品的传统特色和品质。刘兰芳让庆阳香包展现出新时代的绚丽风采，为传承和弘扬中国香文化走向世界、传播中国声音、讲述中国故事贡献力量。

楚香，是具有浓郁荆楚地方特色的中国天然香、非物质文化遗产保护项目，自明清以后断续了上百年。楚香在2018年才申报非遗保护，2019年获得非遗认证。楚香从一个深藏于世、鲜有人知的传统技艺，发展为一个热门的行业，拥有大批忠实的追随者，并荣幸成为省政府接待外国使节的礼仪呈现，离不开楚香传承人的努力。楚香的传承人韩雪，具有很高的文化内涵和审美水平，她结合家族传承的楚香制作技法，自主原创开发了大量楚香产品。这些产品不仅彰显了楚香独特的魅力，更使其在国际市场上备受关注和赞赏。韩雪倾力推动楚香非遗文化的传承和推广，复兴传统香文化，为香文化的国际交流和传播注入了新的动力。

现代香文化的国际交流离不开香文化传承人的坚守与创新。他们是香道艺术的守护者，也是文化交流的桥梁，他们的努力使得香文化成为连接不同文化、增进理解的纽带。

二、香文化相关团体组织及事业单位：香文化国际化的推广者

在现代，香文化相关团体和事业单位正积极推动香文化的传播与推广，以提升香文化的国际影响力和经济价值。

以海垦集团和九州农业为代表的企业联手商业伙伴，共同打造"海垦九州香园"项目，这个园区将在海南省澄迈县设立全球最大的沉香艺术收藏博物馆和香文化博物馆群。海垦集团党委书记、董事长表示，将依托澄迈福山镇等香文化底蕴深厚、香产业较发达的地区，建设国际性的香料展示、交易、休闲旅游和文化交流中心。包括国际香料交易所、文玩沉香鉴定中心、香料展馆、沉香收藏博物馆、香祖神农广场、香火人物历史博物

馆、香器香具香炉文史博物馆、海上丝路香料贸易文化长廊、国际"海香会"以及世界香业大会论坛永久性会址等。

中国民俗学会中国香文化研究中心是中国民俗学会下设的二级研究机构。中心自成立以来，致力于传承与发扬中国香文化，广泛开展香文化的国际交流，促进传统香文化在当代社会的复兴。2018 年曾参加中非论坛非遗展示活动，为国家领导和参与国的元首夫人展示唐开元宫中香仪式；2019 年 5 月，参与世界园艺博览会"北京日"开幕式活动，展出了古道凝香系列线香产品和古朴典雅的香袋、香珠、香扇等文创产品，并复原了中国传统行香仪式，向中国来宾展演，获得好评。2019 年 8 月，该中心主办的首届"京西古香道文化"国际学术交流会暨中国民俗学会中国香文化研究中心成立五周年庆活动在北京市举行，有多位世界各地香道专家出席。本次活动是该中心开展非遗传承保护的创新举措，也是展示深厚京西香文化底蕴、提升区域文化影响力的重要平台。至今京西古香道文化国际交流活动已开展了四届，京西香文化的国际化交流传播还将持续下去。

中国管理科学研究院直属的香文化研究所在 2014 年进步显著，创办了业内首本专业杂志《香事》，并与多个行业机构进行跨界合作，推动香文化研究的专业化和深度发展。香文化研究所对传统香文化锐意创新，迅速取得了出色的成绩，在业内奠定权威基础，为香文化的国际交流作出贡献。因此获得了由中国管理科学研究院学术委员会、中国管理科学研究院所际合作联盟共同颁发的"2014 年度管理科学创新奖"。其后，香文化研究所又创办了《香生活》《香事生活》《香事少儿版系列丛书》，助力中国香文化走向世界舞台。

现代团体组织和事业单位在香文化的推广上发挥了重要作用，不仅通过实体项目和学术活动传播香文化，还通过专业研究和资源整合，推动香文化产业的创新与国际化进程。

三、香文化会展：现代香文化与国际交融的平台

香文化会展是展示香料知识、技艺和历史的重要平台。在各种香文化展览、香料博览会等活动中，来自全球各地的香艺师、制香大师和研究者分享他们的专业知识，展示精湛的制香技艺，推动人们对世界各地香料文

化的了解。这种展示方式打破了地域限制，拉近了各国对香文化的距离。香文化会展也是商业交流的催化剂。各国的香料商、零售商可以从中寻找新的合作伙伴，引进优质的香料资源，也可以将香文化产品推向国际市场，推动香文化产业的全球化发展。

博物馆赴境外举办展览是促进"文化走出去"的重要方式之一。上海博物馆与法国巴黎池努奇博物馆共同策划并主办的"中国芳香：古代中国的香文化"展览在巴黎成功开展，这是法国首次聚焦中国香文化。本次展览通过上海博物馆的展品和巴黎池努奇博物馆的亚洲艺术收藏，展示了中国人如何用香与品香，以及香如何融入皇室、庙宇和文人雅士的日常生活，让不熟悉古代中国的香文化的法国观众感受到中国香文化的悠长魅力所在。

2012 年 11 月，首届中国沉香文化博览会暨沉香文化论坛在北京盛大召开，展出了世界各产地的沉香，品种齐全，可以让参观者直观了解到沉香的形态、结法及香味。众多著名学者、专家、艺术大师以及多国驻华使节均云集此次盛会，为实现沉香的可持续利用和沉香文化的进一步发展作出新的贡献。

广东东莞的寮步香市早在明清时期就成为有着世界性影响的莞香生产和贸易中心，香港也因莞香而得名。2020 年中国（东莞）国际沉香文化艺术博览会创新采用"线下+线上"的展会新模式，首次通过"云端"展示展区、企业、产品。既是出于疫情防控方面的考虑，也是东莞沉香产业创新路上又一次新的探索。其目的是让更多人零距离接触沉香产业，领略中国香文化的精髓。本届香博会以旭生香市文化创意产业园为主会场，中国沉香文化博物馆、牙香街、香博园为分会场，展品涵盖沉香全产业链，汇聚了来自东莞本土、广东省内、海南、莆田等地区的 300 多家参展商参展。香博会还举办多场行业论坛，多地行业专家汇聚于此，针对"中国香文化推广""奇楠沉香的研究与使用定位""沉香药食同源"等行业热点话题进行深入探讨。

作为香料大国的印度以其盛产肉桂、丁香、茉莉等香料而闻名。印度的香料不仅在烹饪中占据核心位置，还在瑜伽修行和宗教仪式中具有特殊意义。通过开展世界香料大会等活动，展示最新调味品、香料、香精和天然增味剂的发展趋势，搭建香料产业全球交流的平台，印度香文化得以在全球范围内广泛传播，成为东西方文化交流的纽带。

丰富多样的香文化会展大力推动了香文化的国际交流，为全球香料市场带来新的机遇和挑战。香文化会展是文化交流的媒介，以其独特的魅力和广泛的影响力，推动了古老而深邃的香文化得以在全球范围内得到传承和发展。参与者在共同品味香韵的同时，也领略到不同国家和地区的生活方式、审美观和哲学思想，促进了跨文化交流和理解。

四、香文化学术活动：引领香文化国际化方向

学术活动是推动现代香文化走向国际的重要途径，它不仅增强了香文化的国际影响力，也促进了各国间对于香艺、香道等传统艺术的深入理解和尊重，为全球文化交流做出了积极贡献。

罗马大学孔子学院在罗马大学东方学院举办了一场关于中国香文化及中式花道的讲座，吸引了四十多名喜爱中国文化的意大利朋友参加此次"梅送春信雪含香"的静心之旅，并亲自体验了焚香和插花的艺术，加深了对中国香文化的了解与喜爱。

由于独特的地理位置和多元复杂的自然环境，云南自古以来就是我国香料、香药的重要产地，也是丝绸之路上外来香料、香药在中国的重要移植地，并且成为外国香文化与中国香文化交流汇聚的要道。2016 年 4 月 13 日，由北京香文化促进会与云南民族大学联合共建的云南民族大学香文化研究院正式成立，这是我国高校第一个专门从事中华香文化研究的学术机构，意味着我国高等教育界在香文化研究领域迈出了重要一步。研究院将在今后承担《中华香学大典》工程的部分编纂工作，并深入开展系统研究 56 个民族香文化的相关工作。2016 年 10 月 26 日，首届中华民族香文化学术研讨会在云南民族大学雨花校区召开，全国各地的香文化专家学者出席会议。

甘肃庆阳连续成功举办了多届香包民俗文化节，使庆阳香包销往韩国、日本、美国、意大利、澳大利亚、法国、新加坡等国家和地区。在韩国举办的国际亚细亚民俗学会学术大会上展出并发表关于香包的演说，通过香包把中国的香道文化、养生文化提升到一个新高度，满足了人们对精

神慰藉的需求，也引起了海内外有识之士的广泛关注，推动中国香文化走向世界。

现代香文化学术交流活动的成功举办，推动了这一古老艺术形式的现代化进程，使得更多的人开始关注并参与到香文化的传承与发展中来，让香文化逐渐深入人心。

五、现代科技：谱写香文化国际交流的新篇章

现代科技的融入为香文化带来了新的可能，加速了香文化的国际交流。通过科技手段，我们可以更好地保护和传承香料资源，同时推动香文化的可持续利用与创新发展。

科技进步下诞生的香水工业将香文化推向了一个新高度。香水不仅是个人魅力的象征，也是一种情感表达的方式。法国、意大利等地的香水品牌正在快速发展，并以其精湛的调香技艺和深厚的艺术底蕴，引领着全球时尚潮流，使得香文化在国际上得到了广泛的认同和接纳。而目前许多国际香水知名品牌也已经在中国驻扎，在国内的市场占据了大量份额，促进了国外香文化在中国的交流传播。

互联网的普及推动了香文化的全球化传播。网络平台让全球各地的香料爱好者和专业人员可以实时分享香料知识、香道技艺，了解和购买各种香品，如沉香文化网提供了香料行业的前沿资讯和丰富多样的香料图片，构建了沉香、檀香、黄花梨、降真香、崖柏的在线香料市场。线上香薰疗法、香料科普等课程也让香文化在教育领域得到普及，便于世界各地的人们交流学习香文化，感受香文化的深度与广度。

香文化已经渗透到电影、音乐、艺术等多个领域，成为推动跨文化交流的新兴趋势。其中，《香事中国》作为一部40集的非遗纪录片，深度挖掘中国传统香文化的根源，梳理历史脉络，揭示产业生态，探讨哲学内涵，巧妙借鉴明清小说的叙事手法，勾勒出一幅与中国人生活哲学息息相关的香文化历史长卷。而《惟有香如故》则以香为线索，通过物象寄寓深刻的文化寓意，展现了与香相关历史人物所承载的中国文化精神。香，既是纪录片的核心主题，又是象征中国传统文化和国民精神世界的重要载体。它在片中被巧妙运用，寄寓了香文化深层所蕴含的文人风骨和先贤之

道，也寄寓着中华文化的精神实质。日本 NHK 电视台与香道泉山御流合作的《香文化》纪录片，邀请了西际重誉老师及多位香道大师参与，全方位展示了香的世界，讲述中国香文化在日本的传承、发展及其对现代社会的影响。

现代科技还催生了新型香品的诞生，如电子香薰、香氛蜡烛、香气喷雾等，它们不仅保留了传统香料的香气，还通过科技手段调整了释放方式和持续时间，让人们可以在日常生活中随时随地享受香氛带来的舒适感。这些创新产品不仅满足了消费者的个性化需求，也推动了香文化的商业化进程。

现代香文化的国际交流具有重要的意义。在全球化的今天，各国之间的交流和合作变得越来越密切。随着香文化在全球范围内的交流日益深入，我们也应注意到保持和尊重每种香文化的独特性。每一种香料都有其生长的土壤和背后的故事，理解和尊重这种多样性，是我们在国际香文化交流中应有的态度。科技发展日新月异，香文化可以借助香文化相关网站，国际博览会等现代化方式进行国际交流。通过现代香文化的国际交流，我们可以搭建起一个文化互通的平台，让不同国家的人们有机会分享彼此的文化传统和艺术成果。这不仅可以加深各国人民对彼此的了解和认同，还能够推动和谐发展、促进互利共赢。同时，国际交流还可以促进香文化的创新和发展，推动现代香文化走向世界舞台，为现代社会的精神需求提供更多元化的选择。

第三篇

创新发展

第六章　当代香文化创新发展成果

　　香文化是中国传统文化的重要组成部分，经过长期的发展，当代香文化的创新发展成果丰富多样，从制作工艺到设计风格，再到传承方式都在不断进步。这些创新不仅让香文化更加蓬勃发展，也让更多人体会到香文化的魅力。

第一节　香文化与民俗文化

　　香文化在历史长河中徜徉并不断发展，内涵不断丰富，用途亦随之更变。纵观其演化过程，香文化的受众阶层和用途呈现一个不断扩张的趋势，由上层统治阶级到文人雅士最后走入寻常人家，由祭祀礼仪到日常生活最终成为文化象征。香料并非如柴米油盐般的生活必需品，但在追求香气的旅程中，人们通过缓缓升起的青烟，获得了嗅觉上的愉悦和精神上的超脱，这种体验是许多物品所无法比拟的。

一、香文化与民俗文化的交融

　　中国的香文化与民俗文化交融深厚，这种交融不仅体现在宗教仪式和日常生活中，还贯穿于中国人的心灵深处，成为一种独特的文化现象。

（一）香与祭祀活动和宗教信仰的关联

　　中国焚香祭祀历史悠久，最早能够追溯到三皇五帝时期，《尚书·尧典》中对舜登基这一历史事件曾有这样一段记载："岁二月，东巡守，至于岱宗，柴。望秩于山川，肆觐东后。"这里所说的"柴"，便是指燃烧柴木。古人认为燃烧香料产生的缭绕云烟随着清风升天，他们的心愿也可以随之升起，最终达到一种通神的效果。商周的"燎祭"也继承了远古的这种祭祀观念，周文王订立了禋祀祭天的典制。《说文解字》中曾言："凡祭祀宾客之裸事，和郁鬯以实彝而陈之。"意为在西周时期使用郁金酿造成鬯来用于祭祀，因此西周时期专门进行祭祀之事的官员也被称作郁人。春秋战国时期，在巫术文化浓烈的楚地，利用香薰来祭祀驱邪是一直延续着的习俗。《诗经·召南》中写道："于以采蘩？于沼于沚……被之僮僮，夙夜在公。被之祁祁，薄言还归。"讲述楚地众人采摘蒿草用于祭祀的情景。《楚辞·九歌·东皇太一》描述："蕙肴蒸兮兰藉，奠桂酒兮椒浆……灵偃蹇兮姣服，芳菲菲兮满堂"，用香草美酒来祭神，群巫共舞，芳香盈室。从此，焚香祭祀天地、神灵的礼仪得以沿袭、传承。

同时，焚香开始运用到宗教信仰中。在本土的宗教信仰之中，以佛教与道教最喜香事。进香、上香、贡香，都被看作十分神圣的事由。通过点燃香料带来气味与烟雾会营造出一种独特的仪式感，让氛围更加肃穆、庄重，这一点与宗教的本意不谋而合，甚至演化出了独属于宗教本身的用香准则。汉武帝时期，由于他信奉道教神仙，用香祭拜，于是烧香祭祀兴盛起来。汉武帝还曾遣使至安息国（今伊朗）了解安息国的祭祀方法。《汉书》中说："安息国去洛阳二万五千里，北至康居，其香乃树胶，烧之通神明，辟众恶。"

到唐代，祭祀焚香已经发展十分成熟，并且形成了一套完整规范的行香制度。其中最值得一提的是国忌行香，唐制规定："凡国忌日，两京定大观、寺各二散斋，诸道士、女道士及僧、尼，皆集于斋所，文武五品以上与清官七品以上皆集，行香以退。若外出，亦各定一观、一寺以散斋，州、县官行香。应设斋者，盖八十有一州焉。"国忌行香是朝廷在寺观举行的一项大型礼佛、求道又带有祭祀性质的仪式，各级官员行香以表哀悼，随着时代发展，参与者范围不断扩大，一度发展成为全国性的礼拜活动。

唐朝实行开明的宗教政策，儒、释、道盛行，在唐都长安就兴建有百余座寺观，全国范围内的寺庙道场更是数不胜数。无论是宗教人士，还是普通信仰者，都将焚香奉为参与宗教生活的重要仪式。对他们而言，焚香是与佛、仙、祖先神灵交流的"媒介"，认为焚香可以"通灵"，是恭敬、虔诚的表现。所以，宗教信仰以焚香形式最为常见，二者之间的交流与融合也更具特点。无疑，焚香的传入与发展为人们的宗教信仰提供了一种新选择、新形式。随着"丝绸之路"的开通与发展，外来香料经传入中国，其中与佛教的融合颇具代表性。在《佛说戒德香经》中，常以沉香比喻持戒之香，这种香最清净无上，突出严守戒律、广修善行的重要性。在庆祝皇帝生日时，也常用到佛教焚香。佛教寺院中还出现了可以直接点燃的线香，与现在"上香"时用的香一样，有粗有细，又称为"香炷"，可以插到香炉的香灰里，多摆置在寺观大殿门及殿内香案上，空气中烟气缭绕，香氲弥漫，增添了一种神秘色彩。还有"印香""香钟""香灯"等，形成了中国佛教独特的行香礼俗。

到了宋代，宗教还出现了"抢头香"的现象，认为烧得第一炷香，是一种敬神、虔诚行为。这种现象逐渐兴盛，并一直延续至今，成为寺观道场、宗庙祭祀中较为常见的信仰仪式。

（二）香在日常生活和民俗仪式中的应用

中国的香文化在漫长的历史变迁当中，随着社会的发展，逐渐衍生出了各种形式的功用，并与人们的日常生活和实现了紧密的结合。

夏商周时期，出现了我国最早关于熏香的文字记录，据《周礼》记载："以莽草熏之，凡庶蛊之事。""莽草"为西周时期盛行的一种香草作物，点燃之后会散发一种清香，具有驱逐蚊虫的效果，因此在西周时期被广泛使用。《礼记·内则》："男女未冠笄者，鸡初鸣，咸盥漱栉縰，拂髦总角，衿缨，皆佩容臭。"这里所谓的"容臭"即香包，佩戴香包是为了接近尊敬的长辈时，避免自己身上有秽气冒犯他们。春秋战国时期，人们佩戴香囊风俗日盛。屈原《离骚》中有"扈江篱与辟芷兮，纫秋兰以为佩"，江离、辟芷、秋兰均为香草，佩即佩带之意。又《离骚》之"椒专佞以慢慆兮，又欲充夫佩帏"，佩帏即香囊。到了汉魏时期，"香囊"的名称正式出现在文献中，有关佩挂香囊的记载也屡见不鲜，香囊成为古人十分喜爱的随身之物。马王堆汉墓中也出土了一些珍贵的香囊实物，其中一号汉墓出土了 4 件较为完整的香囊，三号汉墓出土了 3 件香囊残片。这些文物为研究香囊史，尤其是西汉初期香文化和纺织工艺提供了第一手珍贵资料。

与汉代的宫廷礼制用香不同，唐代宫廷在香的使用上，不仅运用于皇家丧葬祭礼之中，还出现在各重要的政务场所之中，如在庄严的百官朝拜之时使用熏香，在严谨的科举考试场所进行焚香。古籍《梦溪笔谈》中曾记载："礼部贡院试进士日，设香案于阶前，主司与举人对拜，此唐故事也。所坐设位供张甚盛，有司具茶汤饮浆。"由此可见，唐代香文化发展态势良好、用香广泛。

宋代，香文化更多地和人们日常生活融合，从除臭、熏衣、避秽再到涵盖驱虫、疗治、食用、妆造护肤等多个方面，香料在不断研制精进中益发实用，呈现出了功能逐渐壮大、效用增多且覆盖面越来越广的趋势，逐渐与人们的生活息息相关，成为生活中不可或缺的一分子。宋代嗜香之雅士，数量甚多。北宋名臣梅询与赵抃尤喜熏衣，欧阳修《归田录》载梅询"性喜焚香，其在官，每晨起将视事，必焚香两炉，以公服罩之，撮其袖以出，坐定撒开两袖，郁然满室浓香"，而赵抃对香也甚为知晓，其常用之法为"尝置笼设熏炉，其下不绝烟，多解衣投其上"。其次，焚香是文人士大夫营构诗意生活的点缀，朱熹《香界》就描述："花气无变熏欲醉，灵芬一点静还通。"北宋画家郭熙作画时也颇为讲究，要求"凡落笔之日，必窗明几净，焚香左右……然后为之"，说明香气可使文人才如泉涌，思绪驰骋。文人用香不局限于个体的日常生活，亦是往来互动、增进友谊的纽带。赵希鹄《调燮类编》中载："今人燕集，往往焚香以娱客。"陆游《闲中偶题》谓："客来拈起清谈麈，且破西窗半篆香。"宋代画家米芾的《西园雅集图记》记录了宋人雅集的场景，云："水石潺湲，风竹相吞，炉烟方袅，草木自馨。"宋代以香为主题的文学创作十分繁荣，除了写香、咏香之外，宋代文人还对香进行了专业化、体系化的研究，如丁谓的《天香传》、洪刍的《香谱》、叶廷贵的《名香谱》、范成大的《桂海香志》、陈敬的《陈氏香谱》等，其内容涵盖香料性状、香方配制、用香历史、香品器具等内容，为香文化的研究提供了极为重要的文字资料。

清代香文化和日常生活进一步交融，在《红楼梦》中有大量关于香文化的描述，涉及宗教祭祀用香、日常熏香、佩戴用香、陈设用香、赏赐、香药和计时等，基本囊括了清代贵族之家用香的各个方面。

到了现代社会，人们在传统民俗节日中依旧广泛应用香品。其中，春节、端午节、中秋节和重阳节都是用香习俗最多的节日。如端午节就有挂菖蒲、蒿草、艾叶，薰苍术、白芷的习俗；中秋月圆时，人们在皓月当空下，摆起香案，放上香炉、香品、供花及其他供品，先行焚香礼，再祈求月神保佑（图6-1）；重阳节当天则有登高、臂上佩戴茱萸囊、饮菊花酒等习俗，传说能以此避灾。

图6-1 香道表演印香

（三）香作为文化符号和象征的意义

屈原的遣词造句离不开香花香木，并且它们还多用来比喻贤德、忠心善良等美好品质，如《楚辞》云："畦留夷与揭车兮，杂杜蘅与芳芷。"王逸注："杜蘅，芳芷，皆芳草也。"屈赋为喻词，比喻美德或高尚的志向。由此可见，人们对香木香草不仅取之用之，而且歌之咏之、托之寓之，喻君子，喻美人，寄情思，言志节，更加证明背后肯定有一个崇香爱香、以香为美的审美文化土壤。

魏晋南北朝时期，文人除了熏香、用香、制香，还撰写了与香有关的著作，并创作了一批咏香的诗文。如萧统《铜博山香炉赋》"荧荧内曜，芬芬外扬"之句，描绘出松柏麝香一同焚烧的绚烂景象；沈约《和刘雍州绘博山炉》云："百和清夜吐，兰烟四面充。如彼崇朝气，触石绕华嵩。"将氤氲缭绕的香气比之于山峦中的茫茫云雾；谢惠连《雪赋》："携佳人兮披重幄，援绮衾兮坐芳缛。燎薰炉兮炳明烛，酌桂酒兮扬清曲。"寒冬雪夜、暖帐芳褥、烛光香气、美酒佳人，情致盎然。由上可知，香使文人的生活更加多彩，而文人的妙语和情思也使香的内涵更加丰厚了。

唐代文人士子用香之风更盛，对香的推崇成为一大风尚，许多名家都有咏香、颂香的佳作。如王维的"暝宿长林下，焚香卧瑶席"和杜甫的"朝罢香烟携满袖，衣冠身惹御炉香"。宋代文人对香的喜爱和大量描述香的诗歌作品，逐渐使香艺成为宋代文学艺术的主要表现对象之一。清代名著《红楼梦》中，曹雪芹关于人物形象内在气质、性情、品德与思想等的刻画，乃至相关女性形象人生归宿的预示，也多与香文化的描写不可分割。

香文化在整个中国文明史进程中，一直是重要的参与者，不仅在艺术方面，更体现在经贸、交通、外交等领域。"一带一路"沿线，香文化流通构成了一个庞大的网络，香的流通不仅仅是香料交易，更是志香文献、用香习俗、用香观念、香品鉴别、制香技术的大交流。不仅欧洲、阿拉伯、中亚、印度、东南亚的香文化输入中国的边镇、港口，同时中国的香文化也流通到中亚、西亚、欧洲、日本去。可以说，香文化是研究"一带一路"区域文化的一个独特视角。不可忽视的是，香料、香方、香品不仅是古代贸易的大宗，同样也是今天"一带一路"沿线经济贸易的大宗。因此，"一带一路"话语中的香文化，是一个远超出"香料"范畴的立体的文化象征。

第二节　香文化与医疗保健

香文化作为人类文化的一部分，自古以来就与医疗保健紧密相连。香药，这一在中药中被誉为芳香药物的存在，不仅在中医理论中占据着重要地位，而且在实际应用中展现了强大的治病保健功能。除了直接入药，香药在医疗保健中还有许多应用形式。香文化与医疗保健的紧密联系，体现了中华民族对自然和生命的敬畏与尊重。在未来的发展中，我们应该进一步研究和挖掘香药的潜力，使其在医疗保健中发挥更大的作用，为人类健康事业的发展贡献力量。

一、香文化在医疗保健中的历史和传统应用

中华民族的先人们早就发现，某些具有特殊香气的植物，不仅能为生活带来宜人的气息，更能调理身体，防病治病。这些植物，经过精心炮制，在中药中被称为芳香药物。从现有的史料可知，春秋战国时，香料植物在中原地区已经有了广泛的利用。在疫病盛行时，人们熏艾叶消毒杀菌，佩戴苍术、艾叶、藿香、防风、石菖蒲等中药组成的香囊；身体酸胀不适时行艾灸温阳通络；饮食上花椒、桂皮、姜、豆豉等调料在湘菜中广泛应用；使用中草药药枕和香薰精油放松助眠。由此可见楚地香文化及其医学运用延续千年，至今仍产生着深远的影响，是湖湘文化中不可或缺的组成部分。

中国药学家在很早的时期就发现香料具有药用价值，并将其运用到临床实践。比如书于秦汉时期的《神农本草经》记载了多种芳香药物的功用，如指出白芷可以"长肌肤、润泽，可作面脂"，还能治疗"血闭，阴肿，寒热，风头，侵目，泪出"等疾病。马王堆汉墓出土的帛书《五十二病方》中就有较多关于芳香类药物的描述，如外治用"柳蕈一捼、艾二"焚熏治疗胸癢（指外阴和肛周皮肤瘙痒），治金刃、竹木外伤及跌打损伤等。此外，在《五十二病方》诸伤、巢者、颓（癫）、牡痔、疽痈、痂、虫蚀、蛊等病中的十二个病方中有桂、箘桂等入药；诸伤、寒、疽、痈、痂等病的七个病方中有蜀椒等入药；蚖、□蠪者等的三个病方中有佩兰入药。可见古人对于芳香类药物已经十分了解并且挖掘出了其不同功效，并结合疾病的特点广泛运用到日常生活的养生保健及疾病治疗当中，体现出了一定的中医辨证论治水平。

隋唐时期，用香更为多样化、细致化，绝大多数香料都已成为常用的药材。孙思邈的《千金要方》中有不少运用香药组合的配方，如"五香丸"，可以"疏肝和胃，化浊醒脾，辟秽香口"，沿用至今。唐末五代时

本草学家李珣所撰著的《海药本草》中载录香药 131 条，他对香药在分类、性状、功能、主治及炮制进行了详尽的记录。书中载："薰陆香，味苦、辛、温，无毒，善治妇人血气，能发粉酒，红透明者为上。"又有："没药，味苦、辛、温，无毒。主折伤马坠，推陈置新，能生好血"。

随着宋代香文化的发展，医家对香药的研究和运用更加深入，中医学对香药的应用更加普遍。如安息香、龙脑香、乳香、龙涎香、木香、没药、阿魏、沉香、苏合香、郁金香、肉豆蔻、白豆蔻、丁香等香药都出现在了宋人编写的药学或者方剂学专著中。医家通过对香药功能和用法的长期观察和实践，创制了大量应用香药的方剂。赵宋王朝组织编纂的第一部大型方书《太平圣惠方》中，有大量的方剂用到了香药，甚至有些方剂还是以香药命名的，如乳香丸、沉香散、木香散等。宋代太医局所属药局的成药处方配本《太平惠民和剂局方》中，也有大量以香药命名的方剂，其中"苏合香丸"成为中医芳香开窍的著名代表方剂之一，沈括在《梦溪笔谈》中说，苏合香丸当时几乎成了百姓家中必备药。《圣济总录》中以香药作丸散汤剂之名甚丰，如以木香、丁香为丸散的方就多达上百首，仅"诸风"一门即有乳香丸 8 种，乳香散 3 种，乳香丹 1 种，木香丸 5 种，木香汤 1 种，没药丸 5 种，没药散 2 种，安息香丸 2 种，肉豆蔻丸 1 种。

晚清时期吴鞠通的《温病条辨》，系统总结了芳香类药物的药性特点和功效主治，展现出他善用辛凉芳香、巧用辛温芳香、妙用芳香开窍及重视透散的配伍应用规律。以芳香开窍药物为主创立的"温病三宝"（安宫牛黄丸、至宝丹、紫雪丹），选用犀、羚、脑（冰片）、麝等咸寒苦辛、芳香清透灵异之品，能开心窍之闭，是中医学挽救生命于一旦的宝方，受到古今医家的重视。

二、芳香类药物的功效

（一）芳香化湿

脾喜燥而恶湿，湿阻中焦，脾胃运化失常，会出现脘痞、呕恶、舌苔厚腻等证。如《本草纲目》云："津液在脾，令人口甘，此肥美所发也。其气上溢，转为消渴。治之以兰，除陈气也。"芳香药物以其辛香之味，能醒脾化湿，助脾胃恢复健运。代表药有藿香、佩兰、苍术、砂仁、豆蔻、草果等。

（二）芳香行气

气机的升降出入保证了人体正常的新陈代谢，气机不畅则容易出现气滞、气逆等病理表现，影响正常的生理功能。芳香药物气香而疏泄，有助于气机的调达畅行，代表药有檀香、沉香、木香、橘皮、佛手、香橼、甘松等。如《本草纲目》云："木香乃三焦气分之药，能升降诸气。诸气郁，皆属于肺，故上焦气滞用之者，乃金郁则泄之也。中气不运，皆属于脾，故中焦气滞宜之者，脾胃喜芳香也。"

（三）芳香开窍

古人认为孔窍透达空灵，则神志清醒；若心窍因邪蒙或痰迷而闭阻，则神志模糊。芳香药物药性走窜，入心经而开通心窍，苏醒神志，代表药有麝香、冰片、苏合香、石菖蒲等。《本草经疏》谓麝香："其香芳烈，为通关利窍之上药。凡邪气着人，淹伏不起，则关窍闭塞，辛香走窜，自内达外，则毫毛骨节俱开，邪从此而出。"

（四）芳香疏散

外感六淫邪气，常致风寒、风热或风湿表证。芳香药物性疏散，使毛窍疏达，外邪祛除，卫阳宣畅，部分药物又可宣通鼻窍，代表药有紫苏、香薷、薄荷、菊花、白芷、辛夷等。《景岳全书》中谓紫苏："气味香窜者佳，用此者，用其温散。解肌发汗，祛风寒甚捷；开胃下食，治胀满亦佳。"《医学衷中参西录》中云："薄荷，味辛，气清郁香窜，性平，少用则凉，多用则热。其力能内透筋骨，外达肌表，宣通脏腑，贯串经络，服之能透发凉汗，为温病宜汗解者之要药。"

（五）芳香辟秽

药物自身的芳香之气可以祛除外来的秽浊不正之气，以达到防病、防疫的作用，常用药物有藿香、苍术、石菖蒲、吴茱萸、冰片、草豆蔻等。《本经逢原》中记载："苍术辛烈，性温而燥，可升可降，能径入诸经。疏泄阳明之湿而安太阴，辟时行恶气。"《本草经疏》谓草豆蔻："善破瘴疠，消谷食，及一切宿食停滞作胀闷及痛。"

（六）芳香散寒止痛

寒邪凝滞致气滞血阻，不通则痛。芳香药物中的温性药，因其辛散温通之性常可以起到散寒止痛的作用，代表药有肉桂、桂枝、干姜、吴茱萸、丁香、高良姜、花椒等。《景岳全书》中云："丁香，能发诸香，辟恶去邪，温中快气。"《本草经疏》云："椒禀纯阳之气，乃除寒湿，散风邪，温脾胃，暖命门之圣药。"

三、香药在医疗保健领域的多种应用方式

（一）佩香

将一些有特定功效的芳香药装在特制的布袋中用以佩戴在胸前、腰际、脐中等处的方法称为佩香。我国长江以南地区多阴雨，蚊虫甚多，人们常常佩戴香囊以除潮湿，赶蚊虫。如屈原的《离骚》中有"扈江离与辟芷兮，纫秋兰以为佩""户服艾以盈要兮，谓幽兰其不可佩"等诗句，表明当时佩香已经成为楚地人们的一种习俗。马王堆汉墓出土时辛追夫人两手各握一个香囊，头上枕着一个药枕，香囊里装有茅香、桂皮、花椒、高良姜等多种药物，药枕里装的是佩兰，这些药物皆有温阳通痹、温经活脉、散寒止痛之功，且佩兰含有挥发油，气味芬芳，做药枕还可起到安神助眠之效。

（二）香汤沐浴

香汤沐浴是将芳香药物煎汤沐浴，以达到清洁身体、防病治病的目的。我国自古就有用香汤沐浴的习俗，如《礼记》中就有"头有疮则沐，身有疡则浴"的记载。香汤沐浴不仅可以清洁身体，还可以起到舒筋活血、祛风散寒、芳香辟秽等作用。如《千金要方》中即有"治风瘙瘾疹，身体痒痛烦满"的防风汤，用于沐浴可治疗皮肤瘙痒等疾病。《小儿卫生总微论方》中采取生姜浴汤治小儿咳嗽。

（三）香薰

香薰疗法是通过芳香药物自然挥发或燃烧对人体呼吸系统和皮肤进行刺激的自然疗法，从中医角度讲，焚香当属外治法中的"气味疗法"，因为"气血闻香则行，闻臭则逆""香气盛则秽气除"。早在新石器时代，我国就出现了用于熏烧的器具。到了西周时期，朝廷更是专门设立了掌管熏香的官职。《周礼》中记载："剪氏掌除蠹物，以攻禜攻之，以莽草熏之，凡庶蛊之事。"由此可见，西周时期人们善用熏香驱灭虫类、清新空

气。在马王堆汉墓中也出土有彩绘熏炉两件和竹熏罩两件，香炉的盖壁有三角形镂孔，盘内残留有茅香、辛夷、藁本等中草药，可明确看出西汉初年的熏香习俗。香薰疗法发展至今形式多样，理论也日臻成熟。古代典籍中也有应用香薰疗法治疗疾病，甚至于挽救生命的记载。如《养疴漫笔》中记载了名医陆氏用红花熏蒸的方法救治了一名产后血闷气闭的患者。《本经逢原》中记载："唐许胤宗治柳太后病风不能言，脉沉而口噤，乃造黄芪防风汤数斛，置于床下，气如烟雾，一夕便得语也。"

（四）嗅香

是指选择具有芳香气味的中药，或研成粉末，或煎液取汁，或用鲜品制成药露，装入密封的容器中，以口鼻吸入，也可将药物涂在人中上嗅之。此法通过鼻黏膜的吸收作用，使药物中的有效成分进入血液而发挥药效，也可治疗局部疾病。可用于治疗支气管炎、头痛、眩晕、失眠、鼻炎、咽炎、中暑等症。如《备急千金要方》治鼻不利香膏方，用当归、薰草、通草、细辛、蕤仁、川芎、白芷、羊髓，制成小丸，纳鼻中，治疗呼吸不畅。

（五）香灸

香灸，是在传统艾灸的基础上，巧妙地融入了香气怡人的中草药，经过古法炮制和严格的中医药配伍精制而成。它不仅继承了传统艾灸的诸多优点，更在火力、药效和烟气等方面有了显著的提升，还具有广泛的适应证和独特的香气。它不仅能够治疗疾病，还能让人在享受的过程中感受到身心的放松和愉悦。

香药同源，香以养生。芳香类药物在医疗保健领域的应用方式多种多样，既可以通过内服发挥治疗作用，也可以通过佩戴、燃香、香汤沐浴、香薰等方式发挥预防保健作用。古往今来，以香药为主的方剂数以万计，至今常用的也数不胜数，比如藿香正气水、十香止痛丸、九制香附丸、麝香止痛膏、香砂平胃散等。随着现代科技的发展，芳香类药物的应用也将更加广泛和深入，为人类健康事业作出更大的贡献。2015 年诺贝尔生理学与医学奖得主屠呦呦教授正是在古人将青蒿用于预防瘴疠之气的启发下，为抗疟疾药物青蒿素的研发找到突破口。中医药并非仅基于生理学的医学体系，而是一种涵盖生命观和健康观的全面文化。在研究中医药中的香药时，应当从传统文化的宏观视角出发，深入探究香药与中国人的医学观念、生命理念之间的紧密联系。

与此同时，中国还有丰富的少数民族医药文化和民间医药文化，比如藏族医药、傣族医药、苗族医药、回族医药等医药知识体系，都蕴含丰富的香药医疗知识。2017 年中国政府向联合国教科文组织申报的"人类非物质文化遗产代表作"就是"藏医药浴法——中国藏族有关生命健康与疾病防治的知识与实践"，这就是一种典型的香药浴疗法。香药文化已经超出了狭义的医学范畴，而涉及中国文化对生命、宇宙的认知与文化实践。

第三节　香文化与旅游文化

一、香文化融入旅游文化的意义

近年来，文化与旅游融合的新型旅游方式引起了广泛关注和热情追捧。文化作为城市的核心元素，旅游则扮演着传播文明、促进文化交流的重要角色，将文化元素融入旅游体验中不仅有助于文化传播和旅游业的发展，更能满足人们对于更高层次旅游体验的需求。香文化作为中国传统文化的重要组成部分，拥有悠久的历史渊源，可追溯至 6000 多年前，尤其在汉代、唐宋以及明清时期达到了璀璨辉煌的顶峰。经过漫长的历史沉淀，香文化积累了丰富的精神内涵，深刻地影响着人们的日常生活和价值观念。将香文化与特色旅游相结合，不仅可以更好地推动香文化的传承和弘扬，还能够有效丰富文化旅游的内涵，拓展其形式和层次。此外，这一融合还具有重要的产业发展和经济振兴意义，有望成为促进地方经济发展的重要契机，具备重要的应用与实践价值。

（一）弘扬香文化，展示城市文化底蕴

在国内经济稳健发展的大背景下，旅游业已成为我国最具活力和规模最庞大的产业之一。各地纷纷以丰富多样的名胜古迹、特色景点和独特文化为竞争优势而进行包装宣传，这已成为吸引游客的关键竞争因素。一个城市所拥有的独特文化和历史建筑不仅是其地域的标志，更是向外界展示自身形象以及与其他文化交流的重要平台。在欧美发达国家及日本，香文化旅游已经形成了较为成熟的产业链，并展现出广阔的市场前景。尽管我国的香旅游产业起步相对较晚，但我们拥有丰富的香料资源和源远流长的历史文化底蕴，在近几年，香文化旅游产业正处于蓬勃发展阶段。随着人民生活水平的提高，单纯的观光旅游已无法满足人们日益增长的需求，因此在旅游过程中对文化体验的重视应当得到进一步加强。这一趋势将进一步推动香文化旅游产业的发展，丰富旅游产品，提升旅游体验，促进地方经济的繁荣发展。

香文化作为我国传统文化的重要组成部分，其在当前互联网+旅游的大背景下，融入旅游行业具有重要意义。通过推动香文化与旅游业的融合，可以更好地向广大游客普及和宣扬香文化，传授相关知识，有助于借助香文化传播和推广中华优秀传统文化，同时保护和传承文化遗产，为旅游者提供更加深入和丰富的旅游体验。举例而言，可以通过打造符合新时代需求的香文化旅游体验项目，让游客参与香艺表演、手工制作香品、品鉴香气以及参与宗教仪式等活动，从而增加游客对香文化的了解和参与感。此外，将香与旅游深度结合，如在"食住行游购娱"中引入具有浓厚香氛主题的酒店，并推出相关纪念品，不仅能够丰富旅游产品，提升旅游体验，更可以为城市文化底蕴的展示和旅游产业的发展注入新的活力。这一举措不仅推动着香文化的传播，也为文化产业与旅游产业的融合发展提供了新的思路和模式，进一步满足了人们对多元化旅游需求的追求。

（二）提升城市形象，促进经济发展

城市形象的提升对于一个城市的综合发展至关重要。城市的整体形象是由众多因素共同构成的，其中包括建筑风格、城市环境、交通便利程度等方面。然而，更深层次的影响源自城市的文化底蕴和精神内涵。文化作为城市的灵魂，扮演着塑造城市形象的关键角色。在文化传播中，城市通过展示其独特的文化魅力吸引着人们的目光。这包括了城市的历史文化遗产、地域特色文化以及现代文化创新。城市品牌的建设实质上是对文化的建设和传承。文化作为城市的特定差异性特征，具有最为核心的吸引力。它不仅是城市形象的重要组成部分，更是城市的灵魂所在，凝聚着城市的历史、传统和人文底蕴，反映着城市的独特魅力和品位。因此，城市的形象提升需要在文化传承与创新上下功夫。首先，城市应当通过传承历史文化，保护和活化城市的文化遗产，让历史的沉淀成为城市形象的一部分，为城市增添艺术气息和文化底蕴。其次，城市需要挖掘并展示地域特色文化，弘扬地方文化，使其成为城市形象的亮点和特色，吸引游客和投资者的眼球。同时，城市还应积极推广现代文化，促进文化创新与交流，培育具有时代感和包容性的城市形象，增强城市的国际竞争力和吸引力。通过这些努力，城市能够塑造出具有鲜明品牌形象的特色城市，吸引更多的人才、资金和资源，为城市的可持续发展注入新的活力。城市形象的提升不仅仅是对外展示的一种表面现象，更是城市文化软实力的体现，是城市综合实力和国际影响力的重要标志。

将香文化有机融入旅游文化的开发应用中，不仅是对城市文化资源的充分利用，更是对城市品牌塑造的战略性举措。这一融合不仅赋予了城市独特而引人入胜的魅力，更将其深度融入城市形象的塑造之中。成功建立起的城市品牌不仅仅是城市的名片，更是城市形象的有力体现，有助于提升城市的知名度和声誉。这种塑造的城市品牌不仅仅是对城市形象的提升，更是对城市的经济发展带来的巨大推动。通过一个成功的城市品牌，人们可以迅速了解到该城市的形象及其所传达的丰富内涵，从而使城市在世界范围内拥有更广泛的认知度和影响力。同时，城市品牌的建立也是对城市丰厚历史与文化的传承与弘扬，是对城市文化底蕴的再次凸显和传承。当前，随着互联网的普及，文化交流的便捷性进一步增强，城市品牌不仅仅是在实体空间上的展现，更是在虚拟网络中的传播。城市品牌结合地域文化符号将吸引人们的广泛关注和参与，进而推动城市旅游业和文化交流的繁荣发展。这种文化交流的增加不仅会为城市带来更多的外部资源和活力，也会进一步促进当地经济的发展与增长，为城市的繁荣做出积极的贡献。因此，将香文化有机融入城市旅游文化的开发应用，不仅有助于城市形象的提升和城市品牌的塑造，更是对城市经济发展和文化传承的重要推动力量。

（三）增强城市内居民向心力

党的十八大以来，中央领导层，特别是习近平总书记，在多个场合不断强调文化自信的重要性。总书记明确指出："文化自信，是更基础、更广泛、更深厚的自信。"此言论不仅深刻阐述了文化自信对于国家和民族的根本性意义，也明确了其在个体和社会层面上的广泛影响。文化自信的核心理念在于鼓励每个公民对本民族文化的认同和自信，认识到本土文化的独特价值和不可替代性，从而在全球化背景下坚守文化根基，促进文化的繁荣发展。这种对文化自信的强调，同样适用于城市居民。城市文化作为一个地区文化的重要组成部分，承载着该地区的历史记忆、生活方式和价值观念。城市居民对所处城市文化的自信，不仅有利于保护和传承地方特色，还能促进城市的独特魅力和竞争力的形成。城市文化的塑造与发展，既需要政府、企业等社会力量的推动，更需要广大居民的积极参与和创造。城市居民在城市文化建设中扮演着双重角色：一方面，他们是城市文化的创造者，通过日常生活实践、艺术创作、社会交往等活动，不断创造着城市文化的新内容和形式；另一方面，他们也是城市文化的建设者，通过参与文化遗产保护、文化活动组织、城市形象推广等，为城市文化的传承和发展贡献力量。每一位城市居民的参与，都是对城市文化底蕴的一次增加，也是对城市文化自信的一次坚定。因此，培育和提升城市文化自信，不仅需要上层建筑的引导和支持，更需要基层民众的广泛参与和自觉行动。通过教育普及、文化交流、政策激励等多种方式，激发城市居民的文化创造力和建设热情，形成全民参与的文化发展格局。这样，城市文化才能展现出更加丰富多彩的面貌，城市的文化自信也将成为推动社会进步和文明发展的强大动力。

香文化作为一种深刻探索人内心的文化形态，强调人与自然的和谐相处，并在实践中体现出天人合一的哲学思想。香的使用不仅仅具有滋养人性的作用，更能够在使用的过程中使人的心灵宁静，感受到彼此之间的默契和共鸣，好似春雨般无声地改善着当代社会的人际关系。在香文化传播的过程中，其独特魅力不仅能够增强城市居民之间的凝聚力和归属感，更将这种内在的联系传达给城市的外部形象。城市居民对于城市凝聚力和归属感的认同是构成城市形象的重要组成部分。香文化的融入不仅提升了个体的自信心，更推动着城市走向更加良好的发展方向。这种对于城市文化的自信和认同，将进一步提高居民对于城市的依恋度，从而形成积极向心力，为城市的繁荣和发展注入新的动力。因此，香文化的有机融入城市生活，既是对文化自信理念的具体践行，也是城市形象建设的一项重要策略。

二、香文化在旅游文化中的应用实践

（一）莞香文化

清初《广东新语》中记载着："……当莞香盛时，岁售逾数万金……莞香之积阛门者，一夕而尽，故莞人多以香起家……"这段历史的记述为我们提供了一个清晰的窥视历史的窗口，揭示了莞香在过去的辉煌时刻。作为沉香品种之一，莞香自唐朝传入广东，宋朝更是广泛种植，并因主要集中于东莞地区而得名。莞香早已超越其实质的香气，演变成东莞极具代表性的文化符号，更象征了东莞人的勤劳奋进、务实的精神。在上千年的历史长河中，莞香与东莞已形成密不可分的关系，成为东莞独特的文化符号，即莞香文化。

在东莞的部分地区，珍贵且具有重要价值的野生莞香群仍得以保存。通过科学技术手段的开发利用，这些莞香群衍生出诸如莞香烟、莞香茶等周边产品，并成功推广至旅游市场，为当地经济带来显著而积极的影响。除了野生莞香群，东莞还拥有一批得到有效保护的莞香树，这不仅在某种程度上促进城市环境的绿化改善，同时也吸引了众多游客驻足观赏。随着东莞将莞香文化与旅游产业相融合，地方政府积极举办香博会、深入推进香文化的建设与发展。香文化工程的启动使得香文化街道得以修复，同时拍摄编写了一系列关于香文化的影视作品和书籍，致力于打造独属于东莞的城市名片。这些措施全面提升了城市形象，使得东莞成为现代的"香都"。随着莞香旅游文化产业的构建，东莞政府还推出了一系列相关产品，逐渐在消费群体中取得规模。其中，具有放松身心愉悦效果的莞香香品成为一项备受欢迎的产品。从东莞的发展路径可以看出，传统的香文化在未来地方旅游产业中有着广泛而良好的发展前景。这一独特的文化符号将不仅丰富了地方文化内涵，同时也成为吸引游客、促进经济繁荣的有效手段。

（二）泉州香文化

泉州，作为历史文化名城，自唐朝起即扮演着海上丝绸之路的关键角色，成为重要的对外通商口岸。1973年，在泉州进行的考古工作中，发现了一艘古代沉船，其货物包括沉香、檀香、降真香、乳香、龙涎香、槟榔、胡椒等香料。由此可见，香料在海上丝绸之路贸易中占据着重要地位，成为当时交易的主要物品之一。泉州作为海上丝绸之路的要塞，吸引了许多阿拉伯人携带香料来此定居，拉开了泉州与香文化密切联系的历史序幕。泉州自古以来就有着丰富的香文化传统，其中制作篾香更是福建省的非物质文化遗产之一。至今，这一制香技艺的传承人仍然坚持使用古老的方法进行制香，并且其产品品质已经获得市场的广泛认可。这些篾香产品不仅出口到全球各地，为泉州增加了财政收入和就业机会，也吸引了众多游客前来参观体验，从而进一步塑造了泉州独特的城市品牌。泉州的香文化传承与发展，不仅丰富了当地的文化底蕴，也为城市经济增长和旅游业发展注入了新的活力。这种深厚的文化底蕴与现代经济的融合，不仅让泉州历史文化得以传承，也使其成为一个充满魅力和活力的现代城市。

在达埔小镇的发展中，香文化成为研学旅游产品的核心主题，香料庄园经过巧妙打造，已然成为一座宜人的休闲观光基地。这里不仅让游客在参观过程中深入了解香草的种植方法和其潜在的保健价值，更推陈出新地推出了"辨香识香猜香"游戏，将教育和娱乐融为一体，使参观者在愉悦中获取知识。而泉州每两年一度的海上丝绸之路国际艺术节更是吸引了全球目光。以香文化为主要元素，艺术节不仅包括斗香等香道表演活动，还涵盖了线香、香牌、香珠和车载香薰的设计与制作，以及香茶品鉴等多样活动。这种独特而富有特色的香文化融入国际艺术节，不仅使游客深切感受到当地文化的魅力，同时也为该艺术节增色不少，彰显其独特文化属性。达埔小镇不仅有丰富的研学旅游项目，更以香文化为主题打造了独特的民宿。每个房间都以不同的香气主题设计，陈设各类手工制作的香品。民宿内不仅设有品香室和香品制作室等设施，旨在让游客在这里享受身心愉悦，感受香文化的魅力，达到陶冶情操的效果。值得一提的是，泉州政府在文化发展方面采取了融合的策略，将香文化与宗教文化、茶文化和陶瓷文化等有机结合，实现了文化的大融合。泉州作为宗教的聚集地，每年吸引大量游客前来烧香拜佛，这与香文化的结合既营造出庄重的氛围，也增加了泉州在宗教文化资源方面的竞争优势。古人所言的"品茶、斗香、插花、挂画"等雅事在泉州得以体现，将香文化与茶文化相结合，使游客在此旅行中既能品茶放松心情，又能识香感受文化，为他们带来身心的愉悦，忘却烦恼。这一综合性的文化融合为泉州注入了新的文化魅力，进一步提升了其在旅游业和文化产业中的地位（图6-2）。

图6-2　沉香鉴别

（三）楚香文化

　　荆楚大地，作为中国香文化的重要发源地之一，见证了楚文化、关公文化以及端午节活动的深厚渊源，形成了独特的文化脉络，为荆州打造了一枚独具特色的文化名片。楚香文化源远流长，其根基扎根于古代传说的神话与历史人物，主要以炎帝神农和战国时期楚国著名诗人屈原为其先祖。神农，历史上传颂的百草之父，通过"尝百草"的实践，深入"察其寒、温、平、热之性，辨其君、臣、佐、使之义"，并于一日之间遇七十毒，神奇地化解并创制方书以疗治百姓疾病，从而创立了香药同源的医学体系。神农的医学贡献不仅开创了古代医道的先河，也为后来楚文化的香草应用奠定了坚实基础。屈原，则是楚香文化的又一代表性人物。在其著名的《离骚》中，屈原以"扈江离与辟芷兮，纫秋兰以为佩"一句，将江水的离别之情与芷草的香气融为一体，将草木之香升华到人格之芳，深刻描绘了楚地独有的香文化体系。屈原的诗歌既表达了对故土的眷恋，又通过芷草的香气赋予了楚地独有的文化内涵，为楚香文化的形成与发展贡献了深远的思想与情感。荆楚大地因此承载了神农的医学奠基和屈原的文学贡献，形成了独一无二的楚香文化。这一文化传承不仅丰富了地方的文化内涵，更为荆州在全国范围内树立了引人瞩目的文化形象。楚香文化的深刻内涵和独特特色，使其成为中国丰富多彩文化体系中的一颗璀璨明珠，为荆楚大地增光添彩，展现了博大精深的历史文化积淀。

楚地，作为中国香文化的关键发源地，《荆楚岁时记》中翔实记载了丰富的民俗资料，透露出楚香作为楚国民众日常生活的重要习俗。深入挖掘香学经典《香乘》一书，有助于楚香起源的溯源研究。该经典中记录了众多楚香传承的秘方，其中一些与马王堆汉墓出土的帛书《五十二病方》相似，这一相似性代代相传，延续至今，为楚香文化的历史深度和文化内涵提供了丰富的证据。目前，楚香文化已被列为非物质文化遗产，通过广泛传播荆楚文化，成功将楚香文化的价值转化成了荆楚城市品牌的重要组成部分。这不仅推动了荆州本地的文化传承，更在全湖北范围内促进了旅游产业的蓬勃发展，为当地经济建设注入了强劲的动力。楚香文化的推动效应，不仅仅是地方文化的传承，更是通过经济产业的嫁接，形成了一种可持续发展的文化经济模式，为当地社会的繁荣做出了积极贡献。

（四）广元香文化

广元，位于秦岭南麓，季节性气候交替显著，冬季严寒而夏季炎热。然而，受制于地质和气象灾害的频发，自然旅游需求逐渐减少，为此，人文旅游逐渐崭露头角成为广元旅游的主导方向。在四川省内，武则天作为一位历史名人备受推崇，其独特的历史地位为广元提供了丰富的文化资源。通过打造武则天文化旅游，广元成功构建了文化与旅游融合发展的广泛平台，为地方经济注入新的发展动力。

近年来，广元昭化区深入挖掘广元女皇文化资源，巧妙地将其与中国香文化相结合，成功研发了"女皇香"系列文创产品。这一创新不仅扩大了广元旅游文化的影响力，更为当地文化旅游的可持续发展提供了新动力。通过香文化与女皇文化的巧妙结合，游客得以更深入地了解中国悠久的香文化，同时凸显武则天文化的生动与灵动。这一举措不仅构建了多元化旅游载体，强化了文化差异，更创造了与众不同的文化旅游产品，为广元打造独特的文旅品牌奠定了坚实基础。当前，昭化区已经成功开创了香文化体验基地，而进一步开发"女皇香"系列产品的计划也已制定，这将无疑促进当地经济社会的全面发展，为广元的文化遗产保护和旅游产业的繁荣注入了新的生机。

第四节　香文化与文创产品

一、香文化视角下文创路径探索

文化创意产品的兴起在当代社会已成为一个引人瞩目的趋势。这些产品以文化为内涵，通过将创意与产品相融合，开发出具有文化附加值的全新商品。在此过程中，"文化""创意""产品"三者相辅相成，相互制约，密不可分。特别是文化因素的融入，赋予了产品更高的价值和更广泛的影响力。香文化作为一种悠久而深厚的文化传统，在近年来逐渐在文创产业中崭露头角。香文化不仅是历史的传承，更是一种充满艺术性和情感表达的载体。它蕴含着丰富的文化内涵和情感共鸣，能够触动人心，引发人们对于生活和美好的思考。深入挖掘香文化的精髓，以及与现代设计理念的结合，可以为文创产品注入更深层次的文化内涵，丰富产品的表现形式和意义。这不仅有助于传承和弘扬香文化，也为文创产业注入了新的活力和创造力。

（一）保证文创产品内核

近年来，随着文创产业的蓬勃发展，香文化在文创产品领域得到了广泛而深刻的运用，成为文化创意产品中备受瞩目的热门趋势。香文化作为一个博大精深的文化形态，涵盖了丰富的历史、宗教、艺术等方面的元素，为文创产品的多样化和创新提供了丰富的资源。文创产品以实体化的形式成功地呈现了香文化的内涵。通过香文化主题的手工艺品、艺术品和日用品等文创产品，人们可以更直观地感受到香文化的深厚内涵。在当前文旅融合的环境下，香文化不仅仅是一种艺术表达，更是一种文化体验，可以通过文创产品的形式充分展现其深厚的文化内涵，从而为游客提供更加丰富、深刻的文化体验。

然而，尽管各地旅游局纷纷推出各类文创产品并在旅游景点销售，但同质化现象严重，创意匮乏的问题也日益凸显。为解决这一问题，有必要深入挖掘香文化的核心形式，从中汲取更多灵感和元素进行文创产品设计。例如，可以选择特定历史时期或宗教仪式中使用的香品作为设计灵感，通过深入挖掘香文化的历史渊源和仪式背后的文化内涵，为产品赋予更为独特和深刻的寓意。在具体的产品设计过程中，应当坚持保留产品的本质特征，不仅要考虑材质和工艺的选择，还要注重文化创意内核的精炼和创新。可以通过与当地艺术家、文化专家的合作，深入探讨香文化的各个方面，将其与现代审美、功能需求相结合，使文创产品既能传承香文化的精髓，又能满足当代消费者的审美追求和实用需求。这一综合的设计举措将有助于文创产品的差异化发展，提升其在市场上的竞争力。同时，通过对香文化核心价值的深入挖掘和传承，可以在保护和传承香文化的过程中实现文创产品的创新与升华。在这个过程中，文创产品不仅仅是商品，更是香文化的传播者和传承者，为香文化在当代社会中的继续繁荣做出了积极贡献。

（二）保证文创产品实用性

文化创意产品的设计旨在兼顾创意与实用性，这是一个综合考量的过程。在着手设计文化创意产品之前，深入的用户调研是不可或缺的环节。通过广泛的调查研究，可以洞察目标用户的需求、偏好以及消费习惯，这有助于设计团队更准确地把握产品的定位和特性。以生活型文化创意产品为例，如口红、粉饼、梳子、文具等，这些日常用品承载着人们的生活情感和文化价值，是文化创意产品的重要载体。在融入香文化等创新元素时，功能性成为设计过程中不可或缺的一环。只有通过满足人们的实际生活需求，产品才能在市场上得到认可和持续使用。因此，文化创意产品的设计必须注重实用性，避免让消费者购买后因功能不实而搁置产品。文化创意产品的设计过程需要在创新和实用性之间寻找平衡，以确保产品能够在市场上获得成功并持续受到用户的青睐。

（三）规范文创产品审美

文化产业在当今社会发展中扮演着重要角色，其中，振兴和发展文创产品不仅仅是对文化的传承，更蕴含着深刻的民生意义。其背后的意义除了保护和传承文化遗产外，还开发了一种新兴的高附加值产业，为经济增长和就业提供了新的动力。在进行文创产品设计过程中，地域特色和技术创新是至关重要的考量因素。因地制宜、因技制宜的设计理念被广泛采纳，通过对当地历史、人文、地理等方面的深入研究，结合现代设计理念和技术手段，进行文创产品的二次创造。这一过程旨在保证文创产品不仅保留了香文化核心精神内核，同时还突出了文化性、地域性、民族性等特征，从而更好地满足不同消费者群体的需求。通过有效保护与传承香文化，文创产品不仅可以提升文化自信心，还有助于塑造城市形象、促进旅游业发展。特别是在旅游文创经济方面，文创产品的推广与应用将为当地经济注入新的活力。由此可见，文化的活态传承不仅仅是一种保护行为，更是一种与时俱进的发展策略，有望在推动地方经济发展的同时，为文化的传承和创新注入新的活力。

二、香文化与文创产品结合实践

在中国传统文化的广袤蕴含中，香文化被视为一种深刻而重要的文化符号，其在人们日常生活和精神追求中扮演着不可或缺的角色。香文化不仅体现在焚香、敬香、咏香、赞香、造香等仪式活动中，更是融入了人们的精神寄托、高尚情操、美好情性，以及儒雅情趣之中，成为中华民族文化传统的重要组成部分。近年来，随着文化产业的兴起和文创产品的崛起，传统香品以崭新的形态重新走进了大众的视野，成为文化传承与创新的重要载体。将香文化融入生活实践之中，成为当代文化发展的一大趋势。除了延续传统制作工艺，如制作传统香品、复原祖传香珠、香饰品等，近年来，许多香文化制作者开始积极探索创新之路，致力于打造更具现代审美和文化内涵的文创产品。

这些文创产品不仅仅是单一的复制品，更多的是在传统技艺的基础上进行创新与融合。结合各地景区的独特地域文化特色，制作者们通过深入挖掘当地的历史传统和文化底蕴，将文化元素与创意相结合，推出了一系列具有地方特色和文化内涵的香文化产品。这些产品不仅满足了人们对美好生活的追求，也为传统文化的传承与发展注入了新的活力。它们的出现不仅仅是对传统香文化的一种重新诠释和延续，更是对文化创新与发展的积极探索。通过不断地挖掘、传承和创新，香文化将在当代焕发出崭新的生机与活力，为中华民族传统文化的传承与发展贡献着自己的力量。

在文化传承与创新的道路上，非物质文化遗产的传承人邢晓秀以其扎实的技艺和创意为山西博物院和国家图书馆带来了一系列独具匠心的作品。邢晓秀不仅精心制作鸟尊香囊，将传统工艺与现代设计相结合，更为国家图书馆打造了 DIY 香套盒，使香文化与图书馆这一文化殿堂相得益彰。此外，邢晓秀还运用燃烧完的天然香料，巧妙地熏制出传统纹饰香画，将传统技艺融入艺术创作之中，展现了非遗传承人的创新与智慧。与此同时，上海博物馆积极探索文物与香文化的跨界融合之路，将上海博物馆珍藏的文物与藏香制作技艺相结合，开启了一场文物与非物质文化遗产的对话与交流。在这一融合之中，上海博物馆精心设计、烧制了多种形制陶瓷香具，不仅延续了传统工艺的精髓，更将其与现代科技相结合，推出了智慧香、安神香、平安香等多款香型，以满足当代人们对生活品质和精神追求的需求。这种"香具+藏香"的独特组合不仅是对传统工艺的创新与传承，更是对当代生活方式的一种回应与探索。通过将传统工艺与现代生活相结合，上海博物馆旨在推动传统工艺走进当代生活，为非物质文化遗产的活态传承注入新的动力。同时，这一举措也有助于当地乡村振兴，为乡村经济发展和文化传承提供了新的思路和路径。

青州市非遗古法合香香牌制作技艺传承人李娜，承袭着丰厚的香文化传统，不懈致力于传承与发扬这一瑰丽的技艺。她精心制作的一系列文创香品，不仅在市场上获得了广泛好评，更是引领了古法香牌制作的新潮流。古法香牌的制作历史悠久，这一传统技艺需要经历炮制、研磨、打粉、筛选、揉泥、醒发等20多道复杂工序。每一个工序都需要细致的手工操作和丰富的经验积累，才能确保最终制作出品质上乘的香牌。而这些香牌不仅仅是一种香气四溢的器物，更是具有独特装饰性的艺术品，古人常常将其佩戴在腰间，展现身份与品位。李娜作为非遗传承人，不仅致力于传承传统技艺，更是敢于将传统文化与现代审美相结合，为古法香牌注入新的生命与活力。她深知只有创新发展，才能让这一古老的工艺走进现代生活，持续焕发光彩。因此，她特意结合青州市的历史文化，精心制作并推出了宜子孙古法合香香牌。这款香牌以青州博物馆馆藏的东汉宜子孙玉璧为设计灵感，不仅造型美观大方，更是香味轻缓柔和。其设计精湛，不仅展现了李娜对传统文化的尊重与理解，更是将古法香牌与现代审美完美融合，呈现出一种全新的艺术魅力。这种融合不仅丰富了香文化的内涵，也为传统工艺的传承与发展开辟了新的路径。

香文化作为一种深植于人类历史和社会生活的非物质文化遗产，其内涵丰富、影响深远。在社会生活的诸多方面均占有一席之地，展现了其独特的文化价值和社会功能。香文化的传承与发展对于保护非物质文化遗产、促进文化多样性和加强文化自信具有重要意义。面对全球化带来的文化同质化压力，加强对香文化的研究与传承，不仅能够丰富人类的文化遗产库存，还能促进跨文化交流与理解，增强文化的包容性和创新能力。

第七章　当代香文化创新发展展望

第一节　香文化的功能价值

一、祀先供圣，礼仪的表达手段

西汉戴圣的典章制度选集《礼记·祭统》中记载："凡治人之道，莫急于礼。礼有五经，莫重于祭。夫祭者，非物自外至者也，自中出生于心也；心怵而奉之以礼。"查阅"香"的古文字形，其上面为一束稻谷，下面是一个小碗，隐喻在碗内放置稻谷以用于祭祀这样一种仪式。先祖们以燔木升烟仪式告祭天地，在上古时期先民中的心中祭祀作为与天地沟通的方式，地位是至高无上的，而香自然成为其媒介表达先民对天地的敬意与礼仪的手段。

在皇权的地位合法性与神圣的宣示中香的作用不可替代，追溯至三皇五帝时期，比如舜燃柴登基，在当时便是指燃烧柴木或是祭品的方法，以香表达帝位皇权的禅让制度的崇高无上。商代的燎祭则继承了远古的这种祭祀观念；至周代，周文王订立了禋祀祭天的典制。从此，焚香祭祀天地、神灵、祖宗、圣人的礼仪得以沿袭、传承。在唐代香成为大国的外交礼仪不可或缺的载体，天竺国王尸罗逸多来到中国，在接受唐廷诏书时，用以焚香仪式；乌荼国、交趾国向唐太宗进献龙脑香；伽昆国向唐太宗进献郁金香；其后又有交趾国向唐玄宗进贡瑞龙脑香等。

随着香文化的发展，香的应用不再局限于皇权祭天与大国交涉的礼仪手段，而被广泛运用到平民百姓生活礼仪的方方面面。香的运用逐渐与民俗交融密切，如春节祭祖要进香；清明节扫墓也要上香；端午节从门口悬挂艾叶、菖蒲，到身上佩戴香囊；中秋节祭月时也要上香都是香文化的体现。宋代朱熹的《家礼》中明确记录了祭祖仪式要备齐香案、香炉、香合、香匙、火炉，仪式的主要环节都要焚香。在上流阶层当中，佩香还是一种礼仪，如晚辈拜见长辈时需要漱口洗手佩香囊。

二、祛疫辟秽，草药的重要部分

香不仅是祭祀的礼仪用品，更是古人祛疫辟秽的法宝利器。比如我国南方地区气候湿润，易滋生蚊虫，在这样的环境下人们容易感染疾病，香的使用便可以有效缓解这些问题，因此香逐渐演变为草药的一部分。

春秋战国时，香料植物在中原地区已经有了广泛的利用，人们已将泽兰、蕙草、椒、桂、萧、郁、芷、茅等香草用于熏香、辟秽、驱虫、医疗养生等多个领域。秦汉时延续了先秦关于芳香植物香料可以辟邪祛秽的认识，这一时期的药学专著《神农本草经》记载了多种芳香药物的功用。隋唐时期使用的香料品种繁多，用香更为多样化、细致化，而且同种用途的香料也有不同的配方，其香品种，用量都颇为讲究，绝大多数香料都已成为常用的药材。宋代之后以香药作丸散汤剂之名甚丰，如以木香、丁香为丸散的方就多达上百首，其芳香化湿、芳香辟秽、芳香开窍、理气止痛、活血通络的功用为医家所熟知。明清香谱多录历代香方，特别是清代蒸香以露疗疾。

中国的香文化和中医学有着密不可分的联系，香文化中的各种香料，大部分都有治病保健等作用，在中药中被称为芳香药物。中医学的奠基之作《黄帝内经》将"香薰"作为一种治疗疾病的方法介绍于世，就是焚烧香木香草作为治疗手段，将香木香草开始当作草药使用。芳香药物都具有芳香之气，在药性理论中多归于辛味，性多升浮，具有理气、解郁、化滞、开窍、醒神等功效。香药的不同药用部位也影响着药性，药用部位偏上者，如花、叶、果，气多轻薄，气味发散快，但穿透性不强，传播距离短，留香时间短，如薄荷、紫苏叶、藿香等。而药用部位偏下者，如植物的根部、树干，气味厚重而浓郁，香气散发速度慢，但穿透力强，留香时间长。如檀香、沉香、乳香等。

而中医运用芳香药物治疗疾病的形式也是丰富多样，根据疾病的部位及性质和不同芳香药物的特性治疗手段也是因势利导。如以佩香佩戴在胸前、腰际、脐中等处通过药物渗透作用，经穴位、经络直达病处，可起到活血化瘀、祛寒止痛、燥湿通经的作用。将嗅香涂在人中穴（鼻唇沟上中1/3 交界处）上嗅之，通过鼻黏膜的吸收作用，治疗支气管炎、头痛、眩晕、失眠、鼻炎、咽炎、中暑等症。用浴香疗法治疗风湿病、关节炎、皮肤病等。

三、安魂定魄，宗教的必备用品

香火、香烟是衡量中国民众的民间信仰的核心概念，"香"在这里具有丰富的内涵。一方面，香可以通天、通神，另一方面香也是神祇反馈信众的重要渠道。因此香在宗教中也起着至关重要的作用。佛教、道教用香最为普遍，线香、盘香、竹篾香、塔香都是常用的燃剂类香品。佛教、道教用香不仅有通神的功能，更有辅助修行的作用。香能通窍，最适合修行的环境，帮助教徒参悟宗教境界。有些著名的佛教、道教寺观，有专门的制香作坊供应香品。

在佛教信仰上，中国继承印度行香礼佛传统的同时，又作了改造与创新，它以香供养最为常见，焚香是主要形式。并且出现了佛塔式香炉，是佛教寺院中用于焚香的重要工具。香在梵语中称"健达"，敦煌文书记载用于佛事活动的香料主要有檀香、沉香、乳头香、郁金香、苜蓿香等，在佛教中十分常见，因此有焚香发源于佛教的说法，佛教徒常用焚香仪式来做礼拜或忏悔。香在佛教中还隐喻品格，在东晋竺昙无兰的《佛说戒德香经》中，常以沉香比喻持戒之香，不受顺、逆风的影响，能普熏十方。佛教认为这种香最清净无上，突出严守戒律、广修善行的重要性。香在佛教中还代表功德，佛经里有戒香、定香、慧香、解脱香、解脱知见香的说法，称为"五分香"。认为通过修行戒、定、慧、解脱和解脱知见这五种功德，可以成佛。香在佛教中还可以计时，薛爱华《撒马尔罕的金桃》一书介绍了一种带有刻度的香烛，称为"香钟"，即"事先在一个平面上刻好用以区分不同时间的字样，然后将香末撒在平面上，形成精细的花格，细长的香末线将不同的时间标志连接起来。这样一来，随着香末一路燃烧过去，便可以读出时间"。

香在道教中也是不可或缺的角色，每当道教举行斋醮，几乎都有三上香的仪式，即：一捻上香愿达太清境，二捻上香愿达上清境，三捻上香愿达玉清境。上香时还要口念咒语，以香烟作为媒介，传达至神灵。期间还要下跪叩拜或屈身作揖，以示虔诚。焚香在羽化升仙中扮演着重要角色，利用焚香供奉神灵，以求庇佑而消灾祈福，并且道教焚香一般是放在殿外焚炉内，以表虔诚。道教的《祝香咒》："道由心学，心假香传。香焚玉炉，心存帝前。真灵下盼，仙旆临轩。令臣关告，径达九天。"便是通过焚香将自己的愿望传达至神灵，以满足自身需求。道教焚香时要使用和香，而不喜欢用乳头香。香种的选择是道教重视教规礼仪的体现，也是信仰者虔诚的表现。

伊斯兰教十分重视香对宗教生活的意义。在各种宗教仪式中，除了燃剂，也常用油剂、水剂、雾剂。《古兰经》的若干注解经典中有大量有关香的论述。回族、维吾尔族、东乡族、撒拉族等穆斯林民众进清真寺礼拜时，都要在身上喷涂香水。这一方面是为了尊重别人，更重要的是香气能体现伊斯兰教平和、顺从的宗教精神。认为香有五种作用：一是信仰层面的通达作用，二是宗教仪轨中的洁净作用，三是日常生活中的审美作用，四是文学艺术层面的表达作用，五是生计层面的经济作用。

基督教、天主教使用香油、香水、雾剂居多。乳香是基督教、天主教常用的一种香。出产乳香的植株名为薰陆，为橄榄科常绿乔木，其凝固树脂即为乳香。

四、启迪才思，文人的读书伴侣

宋代陈去非的诗作《焚香》中，一句"即将无限意，寓此一炷烟"把经书中蕴涵的无穷深意，寓注在这一缕袅袅上升的青烟之中，从某种程度上也可以反映我国的古代士人视香为精神寄托的极高评价。一方面，香通窍的本质与文人的精神追求契合，往往能激发思想灵感。另一方面，文人品香背后是每一个时代社会发展的缩影，尤其是香的采集、流通、制作、品鉴无不与交通、外交、工艺、农业、贸易、文学相关联。

先秦时期，文人就开启了用香的历程。当时所用香料以草本类的蕙草秋兰为主，在诸多典籍中可见文人君子亲之近之的态度。先秦时期文人用香是为了满足佩戴、沐浴、祭祀等所需。两汉时期，香的使用可作为馈赠之礼，由此可知熏香之风的普及。至东汉中后期，独立的文人阶层逐步兴起，出现了反映个体生活和人生体验的咏香诗文。魏晋南北朝时期，香之于文人乃日常生活与精神生活的雅致陪伴。文人除了熏香、用香、制香，还撰写了与香有关的著作，并创作了一批咏香的诗文。

唐代文人士子用香之风更盛，对香的推崇成为一大风尚，许多名家都有咏香、颂香的佳作。唐五代还出现了"香赏"，韩熙载的"五宜说"将花与焚香之道融二为一，他提出搭配之法："对花焚香，有风味相和，其妙不可言者，木樨宜龙脑、酴醿宜沉水、兰宜四绝，含笑宜麝，蒼卜宜檀。"唐代随着中国对外交往日益密切，熏香仪式成为国家典礼、文人聚会和宗教仪轨的必备仪式。"熏"是一种重要的行香方式。熏香通常不燃烧香料，而靠天然香气熏染。直接燃烧香料的行香方式称为焚香。

宋代嗜香之雅士，数量甚多。宋人每逢雅集必焚香唱和，把香入诗入文。苏轼、黄庭坚、李清照等著名文人便是文人品香的典型。宋人张择端的《清明上河图》中甚至有专门的"刘家上色沉檀拣香铺"。日常生活中焚香用于熏衣，或者燕居休闲，营构诗意生活的点缀，或者深思伤神时氤氲缭绕的香气被视为醒脾通窍的良方。香亦是文人交往的方式，故友来访，焚香清谈可谓美事；宴会雅集，焚香是营造交际氛围的重要手段；文人雅士之间常常赠香，以诗为谢，以此联络感情。除了写香、咏香之外，宋代文人对香进行了专业化、体系化的研究，如丁谓的《天香传》、洪刍的《香谱》、叶廷贵的《名香谱》、范成大的《桂海香志》、陈敬的《陈氏香谱》等，其内容涵盖香料性状、香方配制、用香历史、香品器具等内容，为香文化的研究提供了极为重要的文字资料。

第二节　香文化的产业价值

一、种植方面

过去几年，不少地方先后提出了病毒预防的中医方案，为传统制香的发展提供了难得的历史契机和市场动能。河北保定与福建厦门、福建永春和广东江门并称为"中国四大制香基地",都需要大量各类香料来源。

以河北保定为例,清苑区地处河北省中部,是保定香业发展的集中代表性区域。当地有 500 余家进行原料采集、香品生产、包装制作和设备加工的制香上下游企业,超过 5 万人直接或间接从事香品生产工作,形成了完整的制香产业链,产品远销国外 38 个国家和地区。在清苑香业迅猛发展的背后,有一个重要的助推因素,那就是紧邻清苑区的"千年药都"安国市。该市中药材种植面积常年保持在 15 万亩以上,年提供商品中药材近 4 万吨。

此外,由于我国市场上的香品仍以礼仪祭祀用为主。行业创新多集中于产品和配套机械,而文化和服务方面的创新则较为稀缺。针对此种形势,保定正在进行香文化产业园区项目建设,项目占地 203 亩,投资 6.1 亿元。园区建成后将着力打造成全国乃至世界香文化交流中心,涵盖中国香文化博物馆、香料种植基地和养生防病香生产中心等。与此同时,河北省香药熏香科技创新中心也在建设当中,总建筑面积 15 120 平方米,总投资 5 000 万元。该项目是促进中药制香产业向大健康领域转型升级的重要支点,包括香药养生配方研究中心、熏香工业设计研究中心和科研成果转化交易管理中心等。

广西在种植香料方面具有非常好的地理气候优势,沉香自古出岭南,广西便是产地之一。广西不仅种植沉香历史悠久,品质优良,还是目前全国沉香种植面积最大的省份,共约 20 万亩,可结香面积约 6 万亩,年产沉香量 220 吨。以南宁市悦香天公司为企业代表,不仅在南宁建设了研发技术中心,还在北海、海南等沉香种植产地建成生产工厂,在北流市、化州市等地沉香种植基地建立了存树量近 30 万棵结香沉香树基地,通过"多系统精油提取系统""沉香树有机全株结香系统"两大核心技术的支持,打造出一条完整的沉香产业链。该企业"微生物植香技术"的成功研发解决了人工种植沉香树高效、稳定、优质结香和提炼沉香精油的技术难题,以"公司+技术+资金+香农"的发展方式来为广大香农提供优良的技术服务,大大降低了广大香农种植沉香的风险,有效地推动了现代沉香产业发展,助推了脱贫攻坚和乡村振兴的有效衔接。

二、加工方面

（一）香水及香水品牌文化

在经济贸易全球化驱动下，中国香水市场正面临着法国、意大利、德国等国外香水强国的香水品牌文化冲击，宋代是中国传统美学发展的顶峰时期，在文化、艺术、审美等方面造诣颇深，至今仍在影响着现代人审美观念，我们需要讲好宋代香文化，使其在现代社会得以传播与发展，这也是国家文化战略下对于优秀传统文化的复兴，具有一定的社会意义与社会价值。

"花蒸香"是中国独有香调，宋人偏爱花香，讲究花香与沉香结合的调香方式。宋人行香事时，将鲜花花瓣数层铺于切成薄片的树脂型香料上，反复多次慢火蒸热，使香片散发复合型香味。再将香片放入香炉中，方可焚熏出柔和清润的香气，这种合香工艺在宋代得到普遍应用。纵观国内香水消费市场，25 到 30 岁群体是各年龄段中最具贡献的族群，更注重健康保养，看重产品品质，消费能力较强。相对于偏向家庭消费的 30 岁以上族群来说，这一人群大多没有家庭负担，发现新兴事物的敏锐程度与消费意愿程度相对较强。且有调研发现：该群体对香味的选择更偏好花香调，这种香调在调配成分选择上与宋代花蒸香的制香香料近乎相同。

此外可以利用香文化打造香水品牌，多元民族文化影响着设计师们将品牌设计主题趋向本土化，提炼与应用本民族文化元素，使得香水品牌形象极具民族特色。如日本三宅一生香水是将日本文化兼收并蓄、民族柔和性格与香水瓶身形象相结合；法国香奈儿香水是将法兰西民族精神贯穿香水品牌形象；其中以阿拉伯香文化为主题的品牌形象设计中最具代表性的是爱慕香水，爱慕品牌象征元素与阿拉伯香料文化有直接关联，品牌在香水配料中甄选珍稀银乳香、没药、麝香、龙涎香等阿拉伯上百种天然珍稀香材，旨在填补素有香料天堂美誉的阿拉伯半岛在顶尖香水制香工艺上的空白。并且瓶身设计也富含民族文化元素，女香矮方瓶瓶盖设计是从阿拉伯建筑元素——球形穹顶中予以灵感，男香高方瓶瓶盖设计灵感则源自阿拉伯男子随身配饰——匕首短柄、纯金镶嵌、水晶为饰，增添了品牌典雅华美的形象。品牌从沙漠、天空、海洋等自然环境中汲取棕色、深蓝色、绿色等色彩，呈现出清新明快、鲜明醒目的色彩倾向，与阿拉伯民族审美取向相一致，并且赋予每一瓶香水无可比拟的文化底蕴。

品牌通过提炼和概括宋代香文化的视觉要素作为品牌象征元素，应用于品牌标志与象征图形设计之中，加深人们对品牌文化印象感知与情感建构，进而形成对品牌专属视觉记忆。例如单从视觉层面来讲，香文化企业可以从梅花、朱栾花、柚花、茉莉花、素馨花和桂花等宋代花蒸香品中提取花叶形状作为品牌象征元素之一。宋人撷取万物之色，大多选取天空之色——天青、似玉之色——梅子青、粉青、月白等天然纯净色彩，是对自然观深谙其道的表达，也是对洗尽铅华之后回归超脱宁静生活态度的追求，品牌可以提取宋代香炉釉色中的天青釉、梅子青釉、月白釉和海棠红釉，打造符合品牌形象的个性化色彩设定，运用色彩语言赋予消费者色彩感知力，引发色彩联想，加深品牌色彩印象。

（二）香具的加工

秦汉时期香具就细化到熏屋、熏衣、熏被、熏身等用途。唐宋时期熏球、香斗等香具开始广泛使用。成套且专用的香具：香箸、香勺、香铲、香炉开始产生。同时，较铜制香具更低廉、造型灵巧、色彩多变，更适合市场推广普及的瓷质香炉开始使用和普及。明清时期香炉、香盒、香瓶、烛台等组合香具开始盛行。传统熏香器具造型大多根据香品的使用方式或者使用场合进行设计，不同的香品使用不同造型的香具。如点线香的香筒；焚香粉的香篆；焚香丸、香木块的手持式手炉；随身佩戴的香囊等等。

自 20 世纪 90 年代起，香文化出现回流与复兴。而西方社会思潮的传入早就给中国本土文化带来了巨大冲击，人们的生活方式逐渐转变。为了适应大部分快节奏的现代人群，制作完成的香型让人们能更简易地操作并完成享受，人们使用最为频繁的香品变成了线香、盘香、篆香、倒流香。应运而生的还有电子熏香炉和各式各样材质的香器，如木质、陶瓷、金属等，现代熏香器具的设计必须依据香文化同时结合现代人的生活方式，简化繁琐的操作方法的同时保留熏香的仪式感，还具有很大的探索空间。

（三）制香工艺的加工

"每 3 根香，就有一根由永春生产。"这是永春达埔制香产业兴盛的见证口号，全镇近 300 家香产业链企业蓬勃兴旺。永春香，俗称永春汉口神香，系宋代定居泉州的阿拉伯人蒲氏家族后裔，于明末清初迁居永春县达埔镇汉口村后，引进的香配方、制作工艺和制香技术。

随着社会的不断发展进步，人们的用香观念和习惯也逐渐发生了变化。很多人以前从不关注自己所焚燃的香品是何种类型、何种材质，如今也开始关注到香材本身，并且有意识地以消费的方式来重新塑造用香形式，永春香业加工新产品的工艺也在与时俱进。《海南省新型冠状病毒感染的肺炎中医药防治方案》中提到了空气熏蒸法预防，建议"可采用沉香、艾叶、艾绒、菖蒲等适量制成香囊佩戴净化口、鼻小环境空气等。"看准市场需求，永春企业精心研发的沉艾香就成为热销爆款。其选用了地道的艾草、三年的入药沉艾等纯天然中草药为材，自主研发了这款养生香，经过检测点燃 2 小时、4 小时对空气自然菌的平均消亡率分别达 76.96％、81.52％。

此外，在制作工艺方面，手工制香工艺已经成为永春县以及达埔镇着力保护和宣传的一门独特技艺。永春篾香依然是各大制香工厂和家庭作坊的主要产品，而盘香、塔香、锥香等只是附加产品。传统的永春篾香制作过程步骤繁多，包括沾、挫、浸、展、抡、抛、晾、染、晒等九个流程。在机器手段介入之后，现在当地已经将制香的工艺简单化了，比如展香、抡香这些原先需要经验和技巧并且要消耗大量体力的工序，都可以由机器来完成。以前晒香这个阶段只能靠天吃饭，如果天气够好，篾香一般晒上半天，也就是 3～4 小时便可，但是如果天气一般，则要晒上一天甚至两三日。如今有些规模较大的制香厂会配置烘房，烘房里放置煤炭锅炉进行加热，将热气传递到烘房里的地板上，地板上有铁制的香架，将篾香铺在上面，烘上 2～3 小时便可。同时永春建成中国香都产业人才传承发展中心传承工艺，举办全国"香杯"斗香赛、线上香博览会等活动，推广永春香品牌。政府出台了"香八条"等助推香产业发展政策，实施香产业品牌推广行动，永春香产业迎来了前所未有的大发展时机。

三、药用方面

（一）闻香健身

在制香行业有这样的说法：中国香业看保定，保定香业香古城。改革开放以来，当地的制香企业从传统手工作坊逐步发展成产业集群，形成了市场占有率高、经济效益好、品牌优势明显的特色区域经济发展格局。人类很早就懂得焚烧艾叶、菖蒲等来驱疫避秽，每年端午节熏燃各种香料植物以杀越冬后的各种害虫，减少夏季疾病的流行传播。在欧洲，中世纪闹瘟疫，人们将沉香、月桂、玫瑰花等加到篝火中燃熏，有效地阻止了瘟疫蔓延。河北企业将现代生产技术和传统工艺相结合，在我国传统熏香的基础上，筛选了传统配方，添加了有杀菌作用的中草药，如丁香、艾叶、苍术、管仲、檀香木等，经上百次实验，请专家和权威机构检测，研制成功了空气卫生香。其杀菌原理是通过燃烧加热将中草药及香料的活性物质弥散在空中，清除或杀灭空气中的细菌等病原微生物，有效地起到杀菌防病、净化空气的作用，并在非典流行期间成为抢手货。

（二）香薰疗法

香薰疗法是通过芳香药物自然挥发或燃烧对人体呼吸系统和皮肤进行刺激的自然疗法。早在4千多年前的新石器时代，我国就出现了用于熏烧的器具。到了西周时期，朝廷更是专门设立了掌管熏香的官职。香薰疗法多用于辟瘟防疫、美容保健等。香薰疗法所用的药物都具有芳香之气，在药性理论中多归于辛味，性多升浮，具有理气、解郁、化滞、开窍、醒神等功效。主要的香薰疗法有佩香、嗅香、燃香、浴香。佩香是指将一些有特定功效的芳香药制成粉末状，装在特制的布袋中用以佩戴在胸前、腰际、脐中等处。嗅香是指选择具有芳香气味的中药，或研成粉末，或煎液取汁，或用鲜品制成药露，装入密封的容器中，以口鼻吸入，也可将药物涂在人中穴上嗅之。燃香是指将具有芳香醒脑、辟秽祛邪的中药制成香饼、瓣香、线香、末香等，置于香炉中点燃。浴香是指将具有治疗作用的芳香类中药加入水中，用来洗浴或熏蒸。

（三）中医治疗

香文化的发展对中医中药产生了巨大影响。药物方面，熏陆香（乳香）、龙涎香、珍珠、犀角、象牙、珊瑚、木香、没药、血竭、阿魏、苏合香、龙脑、沉香、没石子、蔷薇水、番栀子花、摩挲石（黑琥珀）、硼砂等百余种香药被《开宝本草》（宋·刘翰、马志）、《证类本草》（宋·唐慎微）等众多本草著作收录。香药方剂方面，以宋代王怀隐《太平圣惠方》为例，以香药命名的方剂如乳香丸、沉香散、木香散、沉香丸等就达到 120 首。特别是以芳香开窍药物为主创立的"香药三宝"（苏合香丸、至宝丹、紫雪丹）以其清热解毒，开窍定惊的良好功效，用以救治高热神昏痉厥的急危病人，提高了中医急重症治疗水平，也为后世温病学的发展奠定了基础。临床治疗方面，各类中医典籍中记录了大量芳香疗法，如嗅香法、佩香法、燃香法、浴香法、熏香法等。北宋沈括在《梦溪笔谈》中称香药对瘟疫暴发效果突出，成为百姓家中必备之药。

四、文化、宗教方面

香的使用在现代普通百姓家中也是十分常见的，最常用场景就是过节祭祖烧香，或者去各类宗教场所如寺庙，道观等烧香祈福。在中国，沉香最早的用途之一就是用于宗教供奉。佛家日常所说的对佛的供养分为八种：饮水、浴水、花、香、灯、涂油、食、乐，而以香供养佛被视为是恭敬供养，是一种虔诚的象征，而沉香更是每每都被提及，可见沉香的重要性。因此这里以沉香为例简要介绍。

道家在养生上大量使用沉香，在开坛做法和各类仪式中均使用沉香，在供养祖师时也要使用沉香。在修行方面，佛家认为，沉香的理气、宁神、静气作用可以帮助修行者更好地、更容易地进入冥想状态，因此沉香成为参禅打坐的首选香品。而道家认为，燃烧沉香可以营造一个良好的纯阳气场，有助于修正或加强修行之地的气场。并且，他们认为沉香是天地间灵气汇聚所生，修行者吸纳沉香中的灵气有助于自身内丹的修炼。更重要的是，沉香被道家看作是可以"通三界"的物品。

此外，在宗教沐浴之后，仪式中必不可少的用香环节就是烧香了。纵观古典文献，中国古代道教中出现的香料约有 10 种，即"返风香""七色香""逆风香""天宝香""九和香""反生香""天香""降真香""百和香""信灵香"等，不同场合使用不同的香。因此各种香类制品在宗教中被大量消耗，也带动了不少地区的经济发展。如中国的佛教四大名山峨眉山、九华山、五台山和普陀山，都形成了著名景点旅游区，并且以香类题材为代表的商品产生的经济价值不容小觑。

五、收藏方面

香类制品在收藏方面也有着不错的经济市场。以沉香为例，明代李时珍《本草纲目》记载："其积年老木，长年其外皮俱朽，木心与枝节不坏，坚黑沉水者，即沉香也。"沉香是在香树树干受到伤病时，为了保护自身而分泌的膏脂状的结块，生长极其缓慢，沉香树因病变开始结香后，会经历漫长的生长期，至少需要几年至十几年的时间，但一块优质的沉香形成需要数十年甚至百年。长 1 毫米厚的油脂几乎需要 30—50 年的时间，从生长周期方面就天然决定了沉香的稀有属性和经济价值。

收藏沉香经济价值取决于以下几方面。首先沉香稀有，不泛滥。结香速度很慢，消耗速度远远大于它的生成速度。其次采香问题难解决，生长位置往往难以机械介入。此外沉香可以入药治病。《本草纲目》中记载沉香的药用价值为宁神、静气、通窍、理顺、温中、固精，还可用以降血压和治疗心脑血管疾病。并且在现代生活中，沉香能改善室内的空气质量，有利于养生，这也是人们争相收藏的原因。

沉香通常有 3 种收藏方式，一是文玩类收藏，做一些手珠、手串来把玩；二是艺术品类的收藏，特别是一些雕刻大师的艺术创作，构思和雕工决定了沉香价值的二次提升；三是储存香材原料，也是为了升值。在拍卖场，沉香木和雕刻作品都有着不错的成交记录，北京匡时拍卖有限公司还在 2012 年秋拍中首次推出了香道具专场拍卖。在国家林业和草原局以及文化部的指导支持下，由中国野生植物保护协会沉香保育委员会等多家机构联合主办的沉香博览会也在连年开展，因此不论哪类香类制品的经济市场都有着不错的发展前景。

第三节 香文化的精神价值

一、香文化精神之"和"：天地和气陶冶慧心

"香"之一字，上面是禾，下面是日，最早的寓意是表示太阳下五谷的香。人闻到香味，气血正时针运行，故而会心情顺畅。香是人与自然发

生共鸣的媒介，是人与自然和谐相处的美好愿景。

有道是西方的香悦人，东方的香悦己，我国香文化在如今的环境美化方面首先是讲究利己的，一个人，一炷香，一缕烟，燃香，点香，赏香，品香，像是一幅水墨画，更是一种天然的美感。香之味道美，烟之形态美，香炉之造型美，整体之意境美，能在快节奏生活的压力世界下，为赏香之人带来一隅恬静天地和一方世外桃源，营造出"香"的审美氛围，展现出天人合一之势。

崇尚自然的古人，一直有着天人合一的希冀，自然对于芳香的植物有着难以言喻的热爱，或外用，或内服。长沙太傅贾谊云："长沙为卑湿之地，不利于长寿"，南方多湿气，多瘴气，疫病多发，蚊虫滋生。此外，楚地暑湿的气候容易造成流行病的传播，马王堆汉墓所处时期楚人便已运用饮食来祛湿除瘴，运用芳香类的药物祛湿防霉、杀虫去秽。

马王堆汉墓中随葬的食品中有花椒、桂皮、姜等，此外还有一碗调味品，为豆豉、姜。而食用花椒、桂皮、姜、豆豉这类辛香药物也无不与湖湘区域地理气候特点相符合，花椒、桂皮、姜性温，味辛，有温中散寒、健胃除湿的功效。中医认为辛香发散的药物能够祛寒去湿、开郁行气、活血化瘀，以此作为药膳能够起到很好的祛湿作用。

除内服之外，香类外用之法也很广泛。结合湖南区域多阴雨，湿度大，不仅人体受影响，同样衣物容易发霉且蚊虫多的环境。在马王堆汉墓中出土有彩绘熏炉两件，竹熏罩两件，香囊七件。香炉内残留有茅香、辛夷、藁本等中草药，香囊中同样也装有这类中草药。此外，清代徐大椿《神农本草经百种录》云"香者，气之正，正气盛则除邪辟秽也"，通过熏香起到辟邪祛秽，空气消毒之效是楚地防治疫病的一大特色。

宗教活动是人们与自然沟通的最高礼仪，作为道家宗教礼仪，熏香活动是必不可少的。人们将自己的美好愿望依托在馨香的气体中冉冉升起，沟通神明，尝试着天人合一的境界。这些熏香活动在有意无意间成为当时人类的一重精神寄托，抒发出了内心情感，在熏香中愉悦身心，舒缓情绪。多数香类药物中含有挥发油，这些芳香气体的发散，通经走络，开窍醒神或能镇静安神，具有调节人的情绪、养生保健的积极作用，在熏香弥漫间驱逐忧愁，消除抑郁情绪。

二、香文化精神之"敬"：内心深处的恭敬

香文化中的敬，是礼的表述。现代每每谈到香，便是以香论价、以香斗富，使用香更是为了适应快节奏的生活，大批生产电子香炉，焚香之时也毫无恭敬之态，只是机械地举行仪式。

古人焚香之时则始终怀着一颗敬仰之心，感恩之心。香的最初起源便是古人为了表达对天地的敬畏，感谢上天赐予的好收成。3000 多年前的殷商甲骨文已有了"紫（柴）"字，指"手持燃木的祭礼"，为祭祀用香的形象注释。以香祭天地，敬先人，在丝丝的青烟笼罩下，体现了对天地神明的敬畏，对先人的缅怀和尊敬。甚至晚辈向长辈请安都要配香，以表示对长者的敬仰。

图 7-1　香道表演

香也是大国表达礼的手段，以此彰显大国风范，更是国家政权存在的根基。周秦以来香文化便用于礼政、礼乐等，即使贵为最高阶层，也怀有敬畏之心，也要用香表达对天地，对自然的恭敬，敬天爱人，抛弃了恭敬

之心，目中无人，礼崩乐坏的局面便会不日出现。上至国家，下至个人也是如此，古代文人墨客有了香文化的熏陶，才有了恭敬之心，上敬天地，中敬国家，下敬父母，才有了文人雅士风范。

香成为衡量道德行为的标准，人们认为真正道德高尚的人能够周身散发出本性之香，这就是古人谓之的"明德惟馨"。佩香就是警示自己不可违道行事，要时时近君子而远小人，故有流芳百世与遗臭万年之说。孟子云："香为性，性之所欲，不可得而长寿"。儒家文化的境界用"香"得以提升、赋予内涵，自孔子"比德"出现后，各种香草也被赋予了道德特征的风尚——兰花的高洁象征君子、菊象征隐士、莲代表高洁清廉。

宗教的香文化更是体现了人们的恭敬之心，即香文化用于礼佛、礼道、礼儒。如设道场斋醮、求福祛祸、祈禳灾疫是道教活动的重要内容，而香汤沐浴、焚香是其中不可缺少的一种道教仪式，通过这一庄重的仪式来表达对道教诸神的虔诚和敬畏，祈祷得到诸神的佑助，以达到驱除鬼魔与灾疫的目的。

三、香文化精神之"清"：去除心灵尘埃，清净自身的意念

香文化是综合艺术文化，不只是包含简单地闻闻香料的味道和进行香席仪式的展示，更重要的是具有修身养性、净化身心的功能。可以为我们人体补充阳气，消除浊气，使我们心静神怡，身心愉悦，有助于摆脱日常生活中消极情绪的困扰，放松因快节奏生活而持续焦虑的心情，使身心逐渐归于安宁，并衍生出诗意、禅意与灵性。

"香气养神"一直都是中国传统制香的基本诉求，而在当代的制香已逐渐转变成"香味养鼻"的理念。中国传统香文化的核心理念，不但要求芳香养鼻的外在功能，而且还要有养神养生的内在功能，令人顿悟启发智慧。

并且从古至今，香一直被视为助缘的媒介，不仅启发了众多贤德高僧的智慧，还陶冶了一大批文人雅士的心灵，促成了人的性灵与大自然和谐统一，而且极大地促进了中国的人文精神以及哲学思想的快速形成和稳步发展。在中国传统典籍《诗经》《礼记》，还有《山海经》《周礼》和《左传》等都有很多关于用香品香陶冶性灵的记载。

四、香文化精神之"承"：历史与文明的传承

香的应用历史伴随着人类文明进步而发展，文明古国如埃及、中国和古印度等都是较早使用和记录香的国家。正如花之向阳，中国人喜好香是本性使然，更是对中华民族历史与文明的传承与发展。

香文化的研究是一门多学科的广义研究。从社会、人文、历史、地理、美学，到中医药学，植物学、动物学，气象学等。也是儒释道精神的体现，儒家在养生中提倡"修身、复礼、行仁"；佛家提倡"持戒清净、衣食具足、闲居静处"；道家主张"清静无为、返璞归真、顺应自然"。我们学习了解香文化，不仅仅是闻香，品香，用香，这只是视觉，嗅觉层面的体验，更重要的是我们要了解香文化在传承与发展过程中所涉及的优秀传统文化，掌握并运用其中的先人思想意志，如儒家的中庸之道等。

纵观中国香文化的发展史，与历朝历代当时的经济、文化的发展都是息息相关的，从最初的养生，到后来的养性、养德，也是符合人类进化的需求的。因此香文化更是人们生活方式改变的见证者。香文化在历史长河中默默见证了舜接受尧禅让的帝位时，在祭祀中燔木升烟，告祭天地；楚人在殷商时期采艾，采萧；汉朝的张骞出使西域之后，丝绸之路的开通等等，见识了中华民族如何一步步走向繁荣富强，如何从躬耕野织的原始社会发展为工业强国。

从宫廷佩香避秽，到民间祛疫疗疾；从庙堂宗教祀拜，到文人焚薰怡情，中国数千年用香的历史，已经形成了一种独特的香文化。就像中国传统文化中说的一样，不孝有三，无后为大，意思是没有后代传承香火是最大的不孝，如果我们丢弃了香文化，就是抛弃了中华民族的根源，是无法被原谅的，这也是中华民族文化自信的来源。"路漫漫其修远兮，吾将上下而求索"，越来越多爱香、懂香的人开始致力于对中国传统香文化的传承与弘扬，香文化的发展与创新依然在路上。

第四节　香文化创新发展对策

中国的香文化发展历史悠久，两汉时期，中国的香文化发展已经初具

规模，熏香风气在以王公贵族为代表的上层社会中流行起来，汉代用香进入了宫廷礼制。隋唐时期，香已经进入了精细化、系统化的阶段。香品的种类也更加丰富了，香的制作和使用也更加考究。宋朝香文化的发展进入了一个鼎盛的阶段，渗透到社会生活的方方面面，香药的进出口额占了国家进出口总额的四分之一。明清香文化继承了宋元时期的繁荣并继续发展，社会用香风气更加浓厚，香具的使用更为普遍。

但晚清以来中国社会受到了前所未有的冲击，香文化也进入了一个较为艰难的时期，焚香悟道这一雅事也渐趋衰落。在 20 世纪得到迅速发展的合成香料和化学加工技术也极大地改变了中国的香文化，生活的快节奏也让世人的焦点从充满自然气息的自然香转变为以人工合成化学制品为核心的香品。例如莞香于明清时期鼎盛发展，但近现代却濒危灭绝，这不得不引起我们的深思。

一、现存问题

（一）缺少规范管理，品质把控难

品质问题往往是各类产品的首要问题。香类产品主要是生长周期较长，在自然环境下生长是缓慢的，例如沉香甚至是以数十年为周期，但是现代生活节奏快，一切讲究效率，市场供不应求，且有巨大的经济效益，不良商家以现代科技手段催熟，或仿造，以次充好，因此各类假冒伪劣产品层出不穷，极大影响了消费者的用户体验和对香类产品的信任度。

其次是香类产品的种植以散户种植为主，施肥、授粉、打药、采摘等没有得到良好的技术培训，多依靠传统管理模式，种植水平参差不齐。且在经营管理上还未形成一套完整的技术规范和管理规程，导致产量低而不稳。许多家庭作坊式的生产企业，在加工工艺、生产设备和环境等方面缺乏科学管理，种植、生产和加工达不到标准化，产品的质量和安全难以得到保证。

（二）产业链条短，加工技术落后

市场上香类产品的生产加工多以原料销售为主，深加工进展缓慢，产业化程度低，产业链存在短板，存在科技含量低、投入少、设备落后等问题。虽然企业数量多，但是规模不大，难以形成市场竞争优势。

与加工技术落后相反的是，对于原料的处理依然延续传统，程序繁琐。例如传统的永春篦香制作过程步骤繁多，包括沾、挫、浸、展、抡、抛、晾、染、晒等九个流程。加上外来文化的吸引，当地年轻人流失严重，传统手艺人离世，香产品加工技术更加无人问津，渐渐失传，只有走进博物馆中才能看见往日的辉煌。

（三）产品缺乏创新，消费人群受限

香类产业链不完善，市场销售渠道还不通畅，严重影响着制香企业效益的提高。企业销售方式还是以产区批发市场、超市、专业市场为主，或通过传统方式直接销售给农村消费者。与之矛盾的情况往往是香类产区批发市场不发达，很多地区还没有形成专门的批发市场。以传统方式直接销售给农村消费者，但由于农村消费能力低，尤其是农村消费者受传统观念影响，不愿意购买香类制品，往往认为香类制品属于奢侈品行列，或者思想没有更新，没有了解香类产品的用途，仅仅将香类产品用来烧香祈福，祭祀先祖。

此外有的香类产品确实价格高昂，脱离普通大众，一份调查显示近年来购买莞香的顾客中，三成是慕名而来的新客，他们更想了解沉香文化，接触制作工艺，并购买莞香纪念品进行收藏。而剩余的七成，除了本身就是熟稔沉香的老饕，就还剩二次回购的顾客了。其实有的香类稀少，不可避免会价格偏高，但生产者可以多改良生产工艺，研发更多的相关周边产品，使产品的包容度更大。

（四）营销推广不足，品牌难打响

传统的香文化生产者往往有着自负的心理，在经营上，重种植、轻管理；在销售上，重生产、轻市场，可是酒香也怕巷子深。而北方或者部分南方地区对香类产品的认识和接受程度较低，受到地理环境对市场营销的影响较大，因此必须加大宣传力度。

在"一带一路"倡议之下，文化传播前景广阔，文化建设大有可为。虽然有历史因素的影响，但是"一带一路"的香料贸易、香品流通、香习交往并没有间断，一直非常繁荣。无论是中国市场上出售的印度线香、阿拉伯香水、尼泊尔线香，还是寺院、清真寺、教堂中比比皆是的香仪，无论是居家厨房中来自马来西亚的胡椒、阿富汗的丁香，还是中医保健里使

用的越南沉香、伊朗的苏合香，都是当代香料流通的现实例证。

所以更应该抓住这个文化发展的战略机遇期，将中国文化在更广泛的区域内传播，进一步加强文化产业。因此中国香文化的复兴和发展要牢牢地把握住历史机遇，在传统香文化的基础上，运用新的科技生产香料，利用国内外两个市场，两种资源，打造升级产业链树立民族品牌，从而更好地培育和提升中国的软实力和国家形象。

（五）缺乏文化自信

中国的香文化从上古时期就开始启蒙我们的先祖，在明清以前中国一直是实实在在的文化强国，但是随着时代的变迁，外来文化的入侵，科技对传统工艺发起的挑战，珍惜香文化的手艺人往往敝帚自珍，不珍惜的人又对香文化爱搭不理，中国的香文化腹背受敌，摇摇欲坠，在国际上的声音越来越小。

香文化自唐代传入日本之后便得到了长足的发展，成为"香道"。如今这门纯粹高雅的中国艺术却被日本注册成为自己的文化遗产。作为曾经的绝对的文化输出强国的我们，更应该重拾我们的民族特色，重新挖掘它的内涵和价值，让香文化在传承的过程中不断创新得以发展，挺起我们的胸膛，多一分傲骨，少一分傲气。

二、创新发展对策

（一）制定标准规范，加强技术支持

每一次的巨大发展都离不开国家的支持和帮助，一个人的力量是渺小的，只有集合众人的力量才能产生质的突破。香文化的发展需要有关部门牵头加大科技投入，组织专家深入田间地头开展技术指导服务，帮助群众解决生产中的技术难题，为当地香种植产业提供靶向式智力支撑和技术支持。此外政府部门应该提供政策引导与支持，制定和落实香品种植、加工等地方标准，大力推广应用优良品种、先进的管理技术及经营模式，完善产品安全监管体系，建立推广种植示范基地。

（二）扶持龙头企业，严格品质管控

现存的香类产业往往多而小，各自发展，不成体系，是以前家庭生产作坊的产物，不具有公信力，应该在现有的香类加工企业中筛选出一批规

模较大、管理规范、产品质量较好的企业进行扶持，培育科技含量高、市场竞争力强的龙头企业，树立行业标杆。对规模较大的企业可进行技术改造和设备更新，提高自动化和智能化水平，引进先进的加工生产线，对无规模生产条件和技术落后的小型加工企业应逐步淘汰，企业通过联合、合作实现资源优化配置，努力提升研发创新能力。

（三）科学规划生产，发挥引领示范

市场和生产息息相关，必须时刻根据市场变化调整生产方向，才能保证产业可持续发展。政府加大政策扶持力度，发挥龙头企业示范带动作用，采取"公司+农户"的模式，稳步推进订单农业，按照标准化生产要求规范生产过程，使之标准化生产、标准化品牌化经营，加强在市场、信息等方面的对接，增强企业抵御风险的能力。

当然政府更要起到主导作用，通过龙头企业带动，引导农户发展香类产业，同时大力实施品牌战略和标准化战略，提升香类产品的档次和价值，使香文化产业与当地产业相融合，成为当地的地标。同时更要注意人与自然的和谐发展，不能因为产业发展为由破坏当地的生态环境，要在政府的引导下将香融于生态链中的一环，增强当地文化自信，以此为契机发展香文化主题的特色旅游产业。

（四）加快产品研发，丰富产品种类

产品的迭代更新才是一个产业的活力源泉，因此必须加大香类产品研发的投入。首先要加强人才队伍建设，引进具备先进工艺技术和创新能力的研发人才团队，吸引更多创业大学生和企业老板加入制香产业。以产品的品质控制和深加工产品的开发为切入口，为产业发展注入"新鲜血液"，同时也要加强本土人才的培育和储备。同时鼓励地方联合大型龙头企业、科研院所、高校等建立孵化创新中心，促进技术成果转化。地方政府也可与社会资本合作，设立专项基金，共同促进产业技术升级和新产品研发，激发香类产业发展活力。

当然最重要的是产品需要有市场，香文化想要发展壮大，不仅要重视生产研发，还要与其他行业产生联系，环环相扣，形成良性循环，才能保证产业的可持续发展，因此必须打造上中下游全产业链。形成从上游种植，中游产品加工与研发，下游销售及生态、文旅、康养相结合的全产业

链。通过技术创新加文化创意，提高产品质量和附加值，丰富产业体系，扩大产业布局。

（五）做好市场营销，打响品牌标志

酒香也怕巷子深，再好的文化，再好的产品，如果没有宣传，没有足够的知名度，也只能是人们口口相传的桃花源，可望而不可即，因此必须做好市场营销，打响品牌标志。想要建立良好的香文化宣传平台，就要依托互联网。互联网具有高效且覆盖率广泛的特点，因此，打造互联网宣传平台进行香文化的传播，既能够保证文化传播的覆盖面和即时性，又能降低宣传成本，使人们足不出户就能了解香文化。

现今网络宣传平台众多，比如抖音、小红书等，这些平台的主要特征就是利用"短平快"的形式进行内容的传递和传播。充分发挥互联网作用，由地方政府引领，在互联网平台上开拓宣传、营销渠道。培养或引进一批电商人才，带动当地生产者学习电商知识，运用直播、短视频、微店等新模式，打通线上线下渠道，带动产品宣传和推广。以多元化的香类产品提升市场覆盖率和社会知晓度。结合赛事、展会和高规格论坛等活动，提升地方产业影响力。通过省级、国家级等传统媒体广告，扶持地方特色知名品牌，同时扶持市场推广队伍。依托大数据实现客户的精准营销，同时将 IP 进行推广。

（六）加强基建建设，扩大扶持面

鼓励金融机构加大对制香产业发展的信贷支持力度，并建立起多元化、多渠道的资金筹措机制。成立香类产业发展基金或风险投资基金，对基地建设和技术改造予以扶持，通过政策措施鼓励和引导民间资本参与到香类产业发展中来。加快走出去的步伐，重视招商引资，吸引国内外工商资本参与香类新产品开发、生产和推广。丰富产品体系，增加产品附加值，走多元化发展道路，加快香类产业向规模化、集约化和产业化方向的发展。

（七）挖掘古代典籍，弘扬古法

芳香疗法在世界范围内有着悠久的应用历史，为世界医学重视，中华药香是芳香疗法的重要构成。中华药香作为传统中医药的重要组成部分，在用药理论、药材选择、制作工艺、药香用器等方面深受中华传统文化影

响，也形成了有别于其他世界医学芳香疗法的理论和使用方法。例如合真药香以中医药理论为基础，通过燃点、佩戴、涂抹、熏香、沐浴等使用方法起到养生祛疾作用，是一种自然疗法。

特别是药香在疾病治疗中关注个人的身心状态，注重的是对人的生理和心理进行全方位的调整，对于某些情绪疾病的调节效果显著。药香养生祛疾是自然疗法，也是一种整体疗法，可以与现代医疗形成有效互补。目前在中国的部分地区芳香疗法已经作为缓和医疗进入病房，在很大程度上帮助患者和家属减轻了身体和心理上的痛苦，因而受到认可和欢迎。做好中华药香的传承发展与科学研究工作，对于完善疾病预防控制体系，做好中医药守正创新传承发展具有重要意义。全面推进药香在临床上的应用，还需要健全和完善中医芳香疗法的法规，保证优质药香产品的量化生产，培养药香专业人才等配套政策的保障。同时，也应该认识到，部分民众对药香的认知还停留在愉悦身心、敬天祈福的层面上。

（八）民俗与香文化双向发展

香文化是中国传统文化的重要组成部分，它蕴含着中国人的创造力和创新精神，因此发展香文化就是在发展民俗文化。香文化可以成为学校进行传统文化教育的重要课题，通过开展丰富多彩的校园文化活动来弘扬香文化，可以有效培养学生对于优秀传统文化和非遗项目的兴趣。通过实践教学活动、实地考察、课题研究等，以及开展香文化知识竞赛等，达到宣传香文化的目的。此外，还可以在社区开展以香文化为主题的讲座、诗歌朗诵、短视频比赛等丰富多彩的文体活动，通过丰富社区文化生活，传播香文化，深入民众日常生活之中，让人们感受传统文化的巨大魅力。

新媒体营销、品牌形象传播、营销渠道日益完善，5G时代即将来临，且自媒体的发展趋势大好，以抖音、小红书为主的短视频推广渠道日益成为当前的流行趋势。为契合当前主流消费群体，应当从传统的纸媒、电视传播转为互联网传播，构建出立体营销体系。将资源、平台、信息进行整合，分别对中国香文化博物馆、香市文化旅游区等方面进行推广报道，并结合节庆活动和景区活动进行宣传，结合当地民俗文化发展特色旅游景区和养生谷等旅游产业。

（九）雅俗共赏，香入生活

在各种香文化产品层出不穷的背景下，人们开始追寻、研究那些遗存下来的数量不多的古代"香谱"和"香方"。近年来，玩香意识逐渐在年轻一代群体中出现，这无疑是一个可喜的现象，因为在生活中用香、玩香也可以成为传承香文化的方式。

图 7 - 2　生活中的香文化

想要真正达到用香、玩香的程度，就要充分引导热爱香文化的人们开启专业系统的学香之旅。其最根本的方式是去学习中国传统文化之用香礼仪，制作古人所用之香，考究古人用香之道。如今在市面上，有关香文化的书籍也不少，如《中国香文化》《中国香学》等，可以通过这些古籍引导人们钻研香文化，从研究香方，购买各种香材，试验做香，然后再品香，最后分享心得。这种过程是要能够让每个人通过学习所形成的自己知识系统，述说与香结缘的故事，最终实现传承并发扬香文化的目的。

并且吉祥物常被应用于城市文化建设当中，但在香文化的宣传上能起到一个吸睛的作用，它的创作元素多样、传播速度极快、宣传效果出色，倘若将吉祥物与香文化相结合，不难碰撞出新的火花，为其做强有力的宣传。

参考文献

[1]　孙星衍、孙冯翼撰，载铭等点校. 神农本草经［M］. 北京：中国中医药出版社，2018.

[2]　湖南农学院. 长沙马王堆一号汉墓出土动植物标本的研究［M］. 北京：文物出版社，1978.

[3]　傅举有，陈松长. 马王堆汉墓文物［M］. 画册：长沙：湖南出版社，1992.

[4]　傅京亮. 中国香文化［M］. 济南：齐鲁书社，2008.

[5]　周一谋，萧佐桃. 马王堆医书考注［M］. 天津：天津科学技术出版社，1988.

[6]　何介钧主编；湖南省博物馆，湖南省文物考古研究所编著. 长沙马王堆二、三号汉墓：第1卷　田野考古发掘报告［M］. 北京：文物出版社，2004.

[7]　李良松. 中国香文献集成［M］. 北京：中国书店，2017.

[8]　司马迁. 史记［M］. 武汉：崇文书局，2010.

[9]　许慎. 说文解字［M］. 上海：上海古籍出版社，1981.

[10]　班固. 汉书［M］. 西安：太白文艺出版社，2006.

[11]　葛洪. 西京杂记［M］. 西安：三秦出版社，2006.

[12]　葛洪. 抱朴子［M］. 上海：上海书店出版社，1986.

[13]　葛洪. 肘后备急方［M］. 王均宁点校. 天津：天津科学技术出版社，2005.

[14]　范晔. 后汉书［M］. 郑州：中州古籍出版社，2017.

[15]　宗懔. 荆楚岁时记［M］. 姜彦稚辑校. 长沙：岳麓书社，1986.

[16]　陶弘景. 本草经集注［M］. 辑校本. 尚志钧，尚元胜辑校. 北京：人民卫生出版社，1994.

[17]　沈约. 宋书［M］. 冯广艺，王元汉主编. 北京：中国华侨出版社，1999.

[18]　贾思勰. 齐民要术译注［M］. 上海：上海古籍出版社，2009.

[19]　徐陵. 玉台新咏笺注［M］. 吴兆宜注；程琰删补. 长春：吉林人民出版社，1999.

[20]　陶弘景. 名医别录［M］. 尚志钧辑校. 北京：人民卫生出版社，1986.

[21]　巢元方. 诸病源候论［M］. 太原：山西科学技术出版社，2015.

[22]　孙思邈. 备急千金要方［M］. 北京：人民卫生出版社，1982.

[23]　苏敬. 新修本草［M］. 辑复本. 尚志钧辑校. 合肥：安徽科学技术出版社，

1981.

[24] 王怀隐. 太平圣惠方［M］. 北京：人民卫生出版社，1958.

[25] 陈元靓. 岁时广记［M］. 商务印书馆，1939.

[26] 苏轼. 苏东坡全集［M］. 上海仿古书店，1936.

[27] 赵佶. 圣济总录［M］. 王振国，杨金萍主校. 北京：中国中医药出版社，2018.

[28] 林洪. 山家清供［M］. 乌克注释. 北京：中国商业出版社，1985.

[29] 陈敬. 香谱［M］. 伍茂源编著. 江苏凤凰文艺出版社，2019.

[30] 李昉. 太平御览［M］. 北京：中华书局，1960.

[31] 孟元老. 东京梦华录［M］. 王云五主编. 商务印书馆，1936.

[32] 周密. 武林旧事［M］. 杭州：浙江人民出版社，1984.

[33] 宋太医局. 太平惠民和剂局方［M］. 北京：中国中医药出版社，2020.

[34] 忽思慧. 饮膳正要［M］. 赤峰：内蒙古科学技术出版社，2014.

[35] 危亦林. 世医得效方［M］. 王育学点校. 北京：人民卫生出版社，1990.

[36] 李时珍. 本草纲目［M］. 北京：中国中医药出版社，1998.

[37] 高濂. 遵生八笺［M］. 成都：巴蜀书社，1988.

[38] 吕震. 宣德鼎彝谱［M］. 商务印书馆，1936.

[39] 赵学敏. 本草纲目拾遗10卷［M］. 北京：人民卫生出版社，1957.

[40] 曹雪芹. 红楼梦［M］. 张琪主编. 呼和浩特：内蒙古人民出版社，2007.

[41] 周嘉胄. 艺文丛刊 香乘：上［M］. 雍琦点校. 杭州：浙江人民美术出版社，2016.

[42] 贾天明. 中国香学［M］. 北京：中华书局，2014.

[43] 《香市博览》编委会. 香市博览［M］. 北京：作家出版社，2009.

[44] 杨明主. 中医香疗学［M］. 北京：中国中医药出版社，2018.

[45] 周朝进，周慈海. 传统香疗法精华［M］. 上海：上海中医药大学出版社，1998.

[46] 李良松. 香药本草［M］. 北京：中国医药科技出版社，2000.

[47] 程志清. 香遇杏林 中医芳香应用指引［M］. 北京：中国中医药出版社，2022.

[48] 尤荣开. 百味中草药的传说［M］. 北京：人民军医出版社，2006.

[49] 刘良佑. 香学会典［M］. 中华东方香学研究会，2011.

[50] 黄霏莉，阎世翔. 实用美容中药学［M］. 沈阳：辽宁科学技术出版社，2001.

[51] 温翠芳. 中古中国外来香药研究［M］. 北京：科学出版社，2016.

［52］ 上海古籍出版社编委会. 汉魏六朝笔记小说大观［M］. 上海：上海古籍出版社，1999.

［53］ 陈藏器.《本草拾遗》辑释［M］. 尚志钧辑释. 合肥：安徽科学技术出版社，2002.

［54］ 苏弘毅. 香道［M］. 北京：中国商业出版社，2015.

［55］ 余振东. 中国香道［M］. 兰州：甘肃文化出版社，2008.

［56］ 王勇. 楚文化与秦汉社会［M］. 长沙：湖南大学出版社，2009.

［57］ 苏秉琦. 苏秉琦考古学论述选集［M］. 北京：文物出版社，1984.

［58］ 俞伟超. 先秦两汉考古学论集［M］. 北京：文物出版社，1985.

［59］ 楚文化研究会. 楚文化研究论集（第1集）［M］. 荆楚书社，1987.

［60］ 杨权喜. 楚文化［M］. 北京：文物出版社，2000.

［61］ 张正明. 楚文化志［M］. 武汉：湖北人民出版社，1988.

［62］ 潘富俊. 楚辞植物图鉴［M］. 上海：上海书店出版社，2003.

［63］ 黄灵庚. 楚辞章句疏证［M］. 北京：中华书局，2007.

［64］ 贾天明. 素馨萦怀·香学七讲［M］. 太原：三晋出版社，2012.

图书在版编目（ＣＩＰ）数据

马王堆香文化 / 葛晓舒，邓婧溪主编. -- 长沙：湖南科学技术出版社，2024. 11. --（让马王堆医学文化活起来丛书 / 何清湖总主编）. -- ISBN 978-7-5710-3024-7

Ⅰ．TQ65

中国国家版本馆 CIP 数据核字第 2024BY7294 号

马王堆香文化

总 主 编：何清湖
副总主编：陈小平
主 　编：葛晓舒　邓婧溪
出 版 人：潘晓山
责任编辑：李　忠　杨　颖
出版发行：湖南科学技术出版社
社　　址：长沙市芙蓉中路一段 416 号泊富国际金融中心
网　　址：http://www.hnstp.com
湖南科学技术出版社天猫旗舰店网址：
　　　　　http://hnkjcbs.tmall.com
邮购联系：0731-84375808
印　　刷：长沙沐阳印刷有限公司
　　　　　（印装质量问题请直接与本厂联系）
厂　　址：长沙市开福区陡岭支路 40 号
邮　　编：410003
版　　次：2024 年 11 月第 1 版
印　　次：2024 年 11 月第 1 次印刷
开　　本：710mm×1000mm　1/16
印　　张：15
字　　数：230 千字
书　　号：ISBN 978-7-5710-3024-7
定　　价：68.00 元